U0162592

The International
Energy Security and
Energy Diplomacy

国际能源安全与能源外交

（修订本）

罗英杰·著

时 事 出 版 社
北京

图书在版编目（CIP）数据

国际能源安全与能源外交／罗英杰著 . —修订本 . —北京：时事出版社，
2020. 9
ISBN 978-7-5195-0380-2

Ⅰ.①国… Ⅱ.①罗… Ⅲ.①能源—国家安全—研究—世界②能源政
策—对外经济政策—研究—世界 Ⅳ.①TK01②F416. 2

中国版本图书馆 CIP 数据核字（2020）第 115632 号

出 版 发 行：时事出版社
地　　　址：北京市海淀区万寿寺甲 2 号
邮　　　编：100081
发 行 热 线：（010）88547590　88547591
读者服务部：（010）88547595
传　　　真：（010）88547592
电 子 邮 箱：shishichubanshe@ sina. com
网　　　址：www. shishishe. com
印　　　刷：北京朝阳印刷厂有限责任公司

开本：787×1092　1/16　印张：21.5　字数：320 千字
2020 年 9 月第 1 版　2020 年 9 月第 1 次印刷
定价：120. 00 元
（如有印装质量问题，请与本社发行部联系调换）

目　　录

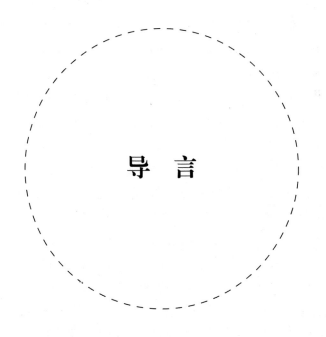

导 言

能源①是人类文明进步和现代社会发展的重要物质基础。自 1973 年第一次石油危机爆发以来，能源逐渐成为现代国际关系格局中一个不可忽视的变量，能源安全问题也随之受到国际社会的广泛关注。为保障能源安全，国家或地区组织纷纷制定与本国或本地区发展需求相适应的能源战略，并积极开展独具特色的能源外交。

能源安全是一个动态发展的系统概念，其核心是石油安全。能源安全既包括传统供应安全，即维持能源供应与需求之间的平衡状态，也包括使用安全，即能源的利用不应对人类的生存与发展构成威胁，这涉及到保护环境和应对气候变化等诸多新问题。冷战结束后，尤其是进入 21世纪以来，世界政治经济格局发生了巨大的变化，国际能源安全形势也呈现出新的阶段性特征，主要表现在以下几个方面：

第一，能源供需格局深刻变化。首先，供应格局向多极化发展。俄罗斯、中亚里海地区、美洲和非洲的石油储产量大幅增长。据英国 BP石油公司 2018 年统计，全球石油探明储量增长最快的是中南美洲，其中委内瑞拉的储量增长最快，2017 年比 1997 年增长 3.05 倍。② 随着美国和加拿大页岩气、页岩油等非常规资源开发取得重大突破，北美地区的天然气探明储量快速增长，2017 年的储量较 1997 年增长了 64%。③ 这促使美国加大本土能源资源开发，调整石油进口来源。其次，消费格局发生

---

① 本书所指的能源主要包括石油和天然气。这是因为目前石油和天然气在大部分国家的能源消费中仍然占据着重要的地位，具有很高的战略性质。尽管书中部分内容涉及到了煤炭、新能源、核能等其他形式的能源，但未作重点阐述，所占篇幅也极少。

② 《BP 世界能源统计年鉴（2018 年）》，https：//www.bp.com/content/dam/bp－country/zh_cn/Publications/2018SRbook.pdf.

③ 《BP 世界能源统计年鉴（2018 年）》，https：//www.bp.com/content/dam/bp－country/zh_cn/Publications/2018SRbook.pdf.

变化。西方发达国家的石油消费自 2006 年开始下降，全球石油消费重心出现从经合组织国家东移到以中国为代表的发展中国家的趋势。与此同时，全球天然气消费普遍增长，尤其是欧美地区的天然气消费量增长迅速。

第二，能源资源争夺依然紧张。20 世纪，西方国家围绕着石油资源（主要在中东地区）展开了激烈的竞争。21 世纪初，全球能源资源争夺态势依然紧张，相比 20 世纪而言，参与国家更多，涉及范围更广。由于长期形成的能源资源高消耗模式难以改变，发达国家的能源需求长期居高不下，而发展中国家工业化和现代化进程的加快使它们的能源消费需求也不断增加。为了保障本国的能源利益，发达国家竭力维护全球能源市场的主导权，不断强化对能源资源和战略运输通道的控制。能源出口国进一步加强对能源资源的控制，并构建战略联盟强化自身利益。中国等新兴市场国家缺乏强有力的军事实力和金融杠杆，难以撼动现有国际能源秩序，但日益增加的能源进口依赖使它们身不由己地卷进了新世纪复杂的全球能源争夺之中。纵观近十年国际能源格局的变化，不难发现，围绕着中东、中亚里海、北极和非洲（尤其是几内亚湾）等热点地区的能源争夺战进入白热化阶段，在这些地方，能源的战略属性和政治属性愈加凸显，世界各国的博弈日趋激烈。

第三，全球能源市场波动加剧。这主要反映在国际油价的变化上。自 2003 年以来，全球经济进入新一轮扩张周期。1999～2008 年世界经济增速达到 4.4%，增幅较 20 世纪 90 年代提高了 1.2 个百分点，特别是 2003～2007 年，世界经济增速高达 5%。经济的高速增长带动了石油需求的增加，直接导致了国际油价的飙升，并造就了 21 世纪初一场有史以来最为罕见的油价牛市。此后，国际油价虽出现短暂快速回调，但很快重返高位震荡。究其原因，经济持续发展是导致全球能源资源供给长期偏紧的主要因素，加上金融资本投机形成的"投机溢价"、国际局势动荡形成的"安全溢价"和生态环境标准提高形成的"环境溢价"，[1] 种种因素使国际石油价格上涨态势难以改变。由于发展中国家经济的发展对

---

① 《能源发展"十二五"规划》，http://www.gov.cn/zwgk/2013/01/23/content_2318554.htm。

能源的需求强劲，且没有完成经济结构的调整，因此国际油价的长期高位运行给发展中国家带来的风险和压力不容小觑。

第四，应对气候变化博弈激烈。气候变化已经成为全球性能源安全问题。目前，全球气候变化会对人类生存与发展造成巨大危害的观念已经为国际社会所广泛接受，各国在把温室气体的大气浓度稳定在某一水平，从而防止人类活动对生存环境产生负面影响这一问题上也基本达成一致。然而，由于气候变化问题涉及到各国的核心利益，这使各国难以就该问题综合治理所应采取的具体措施达成共识。近年，发达国家和发展中国家围绕着排放权和发展权的谈判博弈日趋激烈。发达国家依靠技术和资本优势发展节能、新能源、低碳等新兴产业，推行碳排放交易，强化其经济竞争优势，但同时通过设置碳关税①和"环境贸易壁垒"② 等贸易保护主义措施，进一步挤压发展中国家发展空间，使发展中国家不得不面对温室气体减排和低碳技术产业竞争的双重挑战。

为了应对国际能源安全形势的变化，最大限度地保障能源安全，世界各国，尤其是能源进出口大国纷纷调整本国的能源战略，积极开展能源外交。

在西方国家中，美国是开展能源外交最积极的国家。作为世界最重要的能源进口国和能源消费国，美国十分重视能源外交战略的制定并将其置于外交政策的首要位置，其目标是确保美国的霸权地位得以巩固和维持。为此，美国开展了全方位的能源外交，包括继续向全球能源供应基地进行渗透并加以控制，积极控制海陆能源运输通道，强化美国在国际能源合作机制中的主导地位，建立和完善石油储备机制，以及强化金融手段以争夺油价定价权等。欧盟的能源安全面临着能源供需矛盾突出、能源（尤其是天然气）对外依存度高以及能源进口来源地形势复杂等一系列问题。为解决这些问题，欧盟积极制定和实施了统一的能源政策，

---

① 碳关税这个概念最早由法国前总统希拉克提出，其目的在于使欧盟国家针对未遵守《京都协定书》的国家课征商品进口税，否则在欧盟碳排放交易机制运行后，欧盟国家所生产的商品将遭受不公平之竞争，特别是境内的钢铁业及高耗能产业。2009 年 7 月 4 日，中国政府明确表示反对碳关税。

② 环境贸易壁垒是 20 世纪 90 年代以来贸易壁垒方面的一个重要变化，其主要特点是以保护资源、环境和人类健康为名，制定一系列苛刻的标准，限制国外产品和服务的进口。

其终极目标是尽快建立一个紧密相连、充分运作的统一能源市场，以维护欧盟的能源安全。对外，欧盟努力加强与国际能源伙伴之间的关系，与包括挪威、俄罗斯、中东、北非、中亚里海等在内的国家和地区建立起了能源战略伙伴关系。日本是一个能源稀缺和进口依存度很高的国家。这一客观因素决定了日本必须长期积极关注国际政治经济形势的变化，研究世界能源发展态势，并在此基础上谋划本国的能源外交战略。日本能源外交战略的主要目标是：保证国外能源的长期稳定供应和进口来源多元化，积极参与双边和多边能源合作，加强与能源生产、出口国的外交关系，推动节能环保技术的交流与合作，提高全球能源资源的合理利用率。日本能源外交战略的重点地区依次是中东产油国、俄罗斯、亚太、中亚、非洲。在对中国的能源外交中，日本的能源进口多元化战略与中国发生了战略碰撞。这导致了21世纪初以来中日在俄罗斯东西伯利亚—太平洋石油管道的修建、中亚油气资源的争夺和东海油气田的开发等诸多问题上频频发生冲突。但不能忽视的是，双方在技术交流、节能环保以及区域能源合作等领域又具备合作的条件。

改革开放以来，经过40年的发展，中国已经形成了煤炭、电力、石油天然气以及新能源和可再生能源全面发展的能源供应体系，能源自给程度也保持在90%左右，但是能源安全形势依然严峻。2011年，中国一次能源消费总量超过美国，成为全球最大能源消费国。2012年，中国一次能源生产总量达到31.8亿吨标准煤，居世界第一。而根据国际能源署（IEA）2017年发布的《世界能源展望2017之中国特别报告》称，到2020年左右中国将成为世界第一大石油进口国。① 中国在国际能源格局中地位的巨大变化无疑增强了中国在全球能源治理中的话语权，同时也使中国的能源安全面临着更多的挑战和压力。目前，中国的石油天然气和煤炭的进口量逐年增加，2017年石油对外依存度达到67.4%（较上年上升3%），能源进口过于集中，储备严重不足，这些能源安全问题严重制约着未来中国经济的发展。为了缓解能源供需矛盾，保障能源供应安

① 《中国2020年成为全球最大石油进口国》，http：//news.cnpc.com.cn/system/2017/12/15/001672192.shtml。

全，近年来中国政府将能源外交在国家整体外交中的地位提升到前所未有的高度，深入实施"走出去"战略，扩大国际能源贸易，完善国际合作支持体系，取得了一系列重大成就。

纵观各个大国的能源外交，不难发现，无论是能源出口国还是进口国，其能源外交的背后都有着复杂的政治经济背景和国家战略考量，这使国际能源格局的发展变得纷繁复杂和难以预测。研究这些国家的能源安全和能源外交，不仅有利于增强我们对他国国情的了解，更有利于我们在参与全球能源治理的过程中与其他能源进出口国家共同建立和完善公平合理的国际能源新秩序，最终实现最大限度地保障我国能源安全的战略目标。

能源外交并不是一个冷门的研究领域。有关能源外交的研究成果较为丰富，一些国内外学者、政治活动家和企业管理者在这方面的著述较多。本书的写作是在笔者为大学生讲授相关课程时完成的。为了体现特色，本书采用了较为独特的写作方式：在整体构思上，本书将许多能源出口国（中东、中亚里海国家）放在"全球能源外交热点地区"中进行分析，而将某些重要的能源进出口国单独成章，这样既避免了遗漏，又突出了重点；① 在资料选择上，本书在写作中尽量选用最新的资料，如阐述每一个国家的能源安全形势时，为保持一致和反映客观，基本上采用的是英国 BP 石油公司 2018 年最新的统计数据；在写作行文上，为使本书显得更生动和更具可读性，笔者在分析中引用了一些经典案例，如在阐述普京第一任期俄罗斯的能源国有化政策时，就选用了"尤科斯事件"这一代表性极强的案例。

有关能源安全和能源外交的研究是一个极富挑战性的课题。由于该课题跨政治、经济和外交等多门学科，而笔者又是专门从事国际政治研究的，知识结构的局限使本书可能存在某些问题和错误。此外，随着写作的深入，笔者越来越发现这一课题所涉内容的庞杂，实在难以在有限的篇幅内将所有问题逐一点到。上述问题是本书最大的不足，也是今后笔者应该努力完善的方向。

---

① 本书主要分析了对国际能源安全有直接影响的能源进出口大国的能源安全与能源外交，这主要是因为大国在能源生产、进出口、消费上都扮演着重要角色，但是这并不意味着笔者否认小国在国际能源格局中的作用。

第一章

**能源安全与能源外交的
学理分析**

　　能源安全与能源外交是两个既相对独立，又有着密切联系的概念。一般来说，能源安全主要包括国际能源市场的变化，以及能源生产、运输、消费等多各个环节的状态。能源外交主要指的是包括政府在内的多个行为主体实施的外交手段或方式。能源安全问题不一定涉及到能源外交问题，例如国内能源的自产自销行为，但是能源外交行为与能源安全问题密切相关，任何一个国家的能源外交都是围绕着维护本国的能源安全而展开的。为了便于后面章节相关问题的研究，我们首先需要对前人已经形成的有关能源安全与能源外交的相关理论和概念做一个必要的梳理与分析，在此基础上对相关概念进行重新界定。

第一节　能源的定义和分类

一、能源的定义

　　能源（energy source）是一个含义广泛的概念，中国的《能源百科全书》将能源定义为可以直接或经转换提供人类所需的光、热、动力等任一形式能量的载能体资源。[①]《简明大英百科全书》则称，能源是指一个包括着所有燃料、流水、阳光和风的术语，人类用适当的转换手段便可让它为自己提供所需的能量。[②] 地球上所有的能源都来源于太阳热核反

---

①　《能源百科全书》，北京：中国大百科全书出版社，1997 年 1 月第 1 版，第 676 页。
②　《简明大英百科全书（中文版）》，台湾：台湾中华书局，1989 年版，第 252 页。

应释放的能量、地球形成过程中储存下来的化石和矿物资源以及太阳系
运行引发的能量如太阳能、潮汐能等。

二、能源的分类

根据《能源百科全书》的分类，能源可以划分为：

一次能源和二次能源。一次能源指的是直接从自然界获取的能源，
如河流中流动的水能，采出的原煤、原油、天然气、天然铀矿等。[①] 二
次能源是指一次能源经过加工、转换得到的能源，如电力等。[②]

可再生能源和非可再生能源。可再生能源包括太阳能、生物质能、
水能、风能、地热能、波浪、洋流和潮汐能，以及海洋表面与深层之间
的热循环等等，是可供人们取之不尽的一次能源。非再生能源指的是煤
炭、石油、天然气、煤成气等化石能源。

新能源。这一般是指随着科学技术的发展，人类开发利用的可再生
能源，除前面已经提到的能源类型以外，还有氢能、沼气、酒精、甲
醇等。

常规能源。它指的是已经被人类广泛利用的如煤炭、石油、天然气、
水能、核电等能源。

终端能源。它是指经过输送和分配，在各种用能设备中使用的能源。
终端能源所提供的服务，不仅是一种载体，而且是为了有效地利用其他
资源，诸如劳力、资本，尤其是技术的一种输入。

商品能源和非商品能源。商品能源是指经流通环节大量消费的能源，
主要有煤炭、石油、天然气、电力等。非商品能源是指不经流通环节而
自产自用的能源，如农户自产自用的薪柴、秸秆，牧民自用的牲畜粪便
等。非商品能源在发展中国家的能源供应中一般占有较大比重。

---

① 《能源百科全书》，北京：中国大百科全书出版社，1997年1月第1版，第678页。
② 同上，第112页。

三、能源与资源的区别

传统意义上的资源指的是自然资源，是人类赖以生存的物质基础，包括可再生性资源和不可再生性资源。这与能源的概念有一定的重合。但是随着时代的发展，尤其是人类进入知识经济时代以后，传统的资源概念发展成为一个包含有自然资源、社会资源和知识资源在内的资源系统。

资源定义的不断延伸反映了人类对客观世界认识的变化过程。在农业社会，资源主要指的就是自然资源。这一定义仅仅概括了资源的"物质性"内涵，并没有指出它的外延及与其他事物的联系。进入工业社会，资源是自然资源和社会资源的综合体。不同领域对于社会资源有着不一样的解读，经济学中的社会资源指的是经济资源，指人类可以利用的各种物质和能量。其中包括：自然资源，如土地、水、生物、矿产资源和气候资源；劳动的物质产品，如机器、设备、原料、燃料等；知识产品，如技术、工艺、信息等；社会交往关系的产物，如货币、信用、市场等；人自身的能力（包括体力、智力）等。[1] 社会学中的社会资源指的是社会中存在的各种资源，包括两种主要的类型：一类是经济性资源，如物质资源、货币资源、劳动力资源等；另一类是社会性资源，如文化资源、习俗惯例、合法性资源等的支持。

现代资源的定义是一个更加广阔的概念，将人类现在所能够利用的有形资源和无形资源全部囊括在内，甚至将还没有开发利用的空间资源及知识资源也包括在内。对于有形资源（涉及政治、经济、科技、教育、文化等各个领域），主要包括资金、设备、人员等有形的所有物，这些所有物都是可以看见的。无形资源则是相对有形资源而言的，指的是无形的所有物，如思想、理念、经验、影响等，这些元素主要存在于社会意识之中，在人类的进步中发挥着主要引导作用。

---

[1] 余陶生、刘兴斌、柳新元编著：《马克思主义政治经济学原理》，北京：首都经济贸易大学出版社，2000 年版，第 56 页。

可见，资源是一个内涵丰富的多元概念，而能源的内涵相对狭窄。能源作为一种自然资源，主要表现出来的是它的有形资源特性，就是一种可以直接观测和分析的物质资源。现代社会，随着能源的广泛运用，能源对世界政治、经济以及民众的行为方式的影响力迅速增强，这使能源开始具备一定的非物质特性。

第二节　能源安全的学理分析

能源安全的概念是伴随着第一次石油危机而出现的。1974 年以美国为首的西方发达国家成立国际能源署（IEA）时，首次提出了以稳定石油供应和国际石油价格为目标的"国家能源安全"的概念。这时候的能源安全还是一个经济概念。此后，随着经济全球化的发展、国内外形势的变化和国际社会认识的深入，能源安全已经由传统的供应安全向综合安全方向发展，能源安全也被赋予越来越多的新内涵。

近年来，全球能源热点地区持续动荡、国际油价不断推高，这引起了国际社会对能源安全问题的担忧，从客观上推动了能源安全理论研究的深化，这些研究成果为我们全面理解能源安全的内涵提供了不同的诠释视角。

欧美国家的学者最先涉足能源安全理论研究，取得的成果也较丰富。美国剑桥能源研究会主席丹尼尔·耶金（Dnaiel Yergin）认为，能源安全的目标是以合理的价格，通过不损害国家的主要价值和目标的方式，确保充足的能源供应。[1] 他还指出，能源安全会因技术、环境、国家间关系等因素的影响而变化。[2] 澳大利亚格里菲斯大学的米切尔·维斯勒教授（Michael Wesley）将能源安全定义为能源生产供应的有效性、政治

---

[1]　Dnaiel Yergin, "Energy Security in the 1990s," *Foreign Affairs*, Vol. 67, No. 1, 1988, pp. 111.

[2]　Ibid. , pp. 69 - 82.

动荡、自然灾害都可能影响到能源安全。[①] 英国伦敦大学学院的佛理克斯·丘塔教授（Felix Ciuta）认为，尽管根据不同的逻辑可以给能源安全以不同的解释，但能源是安全的"原动力"是毋庸置疑的，也就是说能源与安全是密切相关的。[②] 值得注意的是，许多西方学者都把能源安全等同于能源供应安全（energy supply security），认为能源安全就是在合理的价格保持可持续的能源供应，地缘政治格局、中东形势、国际经济体系、政府在经济活动中扮演的角色、石油产业规模、石油贸易和经济的关系这六大因素成为影响能源供应安全的最主要国际因素。[③] 有的学者注意到了从传统的供给安全角度定义能源安全存在着不足，试图从多维视角来解读能源安全。比如德国美因茨大学的弗洛里安·鲍曼教授提出了能源安全的四个维度：国内政策维度（internal policy dimension），主要是指为保持能源使用而开展的金融并购和能源网络的广度，尤其是指为适应不断增加的电力需要而增加的发电站投资；经济维度（economic dimension），是指国家或国际机构应该制定相关规则，使能源消费者以合理的价格获得能源；地缘政治维度（geopolitical dimension），主要是指能源从输出国运往消费国需要经历多国领土，能源安全则是保证在运输过程中不出现国家障碍（national obstacle）；安全政策维度（security policy dimension），主要是指国家通过军事力量防止能源设施遭到恐怖分子的袭击。[④] 俄罗斯学者把各类安全分为三个层次：个人安全，及其次领域健康安全；社会和国家安全；经济安全，及其次领域资源安全。能源安全则被放在经济安全层面。此外，他们还指出，能源安全是国家经济安全的重要组成部分，是政治、军事安全的基础，其对各种安全在不同程度

---

① Michael Wesley, "Power Plays: Energy and Australia's Security," *Australia Strategic Policy Institute*, 2007. http://www. aspi. org. au/publications/publication_details. aspx? ContentID = 142.

② Felix Ciuta, "Conceptual Notes on Energy Security: Total or Banal Security?" *Security Dialogue*, Vol. 41, 2010, pp. 123 – 143.

③ John V Mitchell, "Energy Supply Security: Changes in Concepts," November 2000, Ministry of Economy, Finance and Industry, Paris, November 2000.

④ Florian Baumann, "Energy Security as Multidimensional Concept," *Research Group on European Affairs*, No. 1. March 2008.

上发挥着作用与反作用。[①]

2000 年以来，随着我国能源安全问题日益突出，国内一些学者也开始对能源安全展开研究，并取得了较大的进展。其中，较有代表性的是上海财经大学曹建华教授在其主编的《国民经济安全研究：能源安全评价研究》（2011 年）中对能源安全所做的理论分析。文中指出，需要从几个方面全面理解能源安全的概念：第一，能源安全不仅是一个经济问题，更是一个政治问题；第二，能源安全概念中的供应安全是核心和基础，能源消费国和能源生产国都希望获得"供应安全"，但对"供应安全"理解不同；第三，能源安全已经延伸到包括能源使用的生态环境安全，能源安全正由"数量"向"质量"转变；第四，能源安全概念已由"单一"的石油安全向石油、煤炭、天然气、电力和核能等"多元"领域发展，但最重要的还是石油安全；第五，能源安全概念正由"国内"向"国际"转变。文中还归纳了能源安全的经济安全属性、环境安全属性、治理安全属性、国家安全属性及合作安全属性等五种属性。在此基础上，笔者提出了自己对能源安全的定义，即在国家经济发展的一定时期内，保障能源以合理的价格、持续足量稳定的供应满足国民经济和社会发展以及国防的需要，并且保证人口、资源与环境的可持续发展。[②]也有学者从量化的角度对中国石油安全形势进行评估。中国国土资源部何贤杰等研究员从国内资源禀赋、国内生产能力、国际市场可得性和国家应急保障能力四个方面，采用德尔菲法、主成分分析法，选取储采比、储量替代率、石油消费对外依存度、石油进口集中度、国际原油价格和国内石油储备水平等指标，设计了一套石油安全评价指标体系。他们将石油安全度的安全警戒划分为基本安全、弱安全、不安全、很不安全和严重不安全等五级，中国处于弱安全到不安全之间（1993～2004 年）。[③]此后，他们还把类似的研究运用到整个能源安全评价领域，通过相同的

---

① 郑羽、庞昌伟：《俄罗斯能源外交与中俄油气合作》，北京：世界知识出版社，2003 年版，第 68、69 页。

② 曹建华、邵帅主编：《国民经济安全研究：能源安全评价研究》，上海：上海财经大学出版社，2011 年版，第 2 - 6 页。

③ 何贤杰、吴初国、刘增洁、盛昌明、胡小平：《石油安全指标体系与综合评价》，载《自然资源学报》，2006 年第 3 期，第 245 页。

框架，对煤、石油、天然气、核能四种指标进行数学模型测算并以此作为评估某国能源安全的指标。[1] 实际上，他们所采用的研究方法类似于西方学者的"能源安全评估"（measuring energy security），在西方国家，这类研究主要从资源禀赋、能源进口、供求关系等角度评估能源安全。

由上可知，迄今为止还缺乏一个针对能源安全的权威定义。但通过上述分析可以看出，能源安全是一个动态发展的系统概念，它的内涵随着能源全球化的发展和人们认知水平的提高而不断丰富，这也决定了我们将来开展能源安全理论研究的方向。

第三节　能源外交的学理分析

一、经济外交的概念辨析

能源外交是经济外交的一个重要分支。因此，分析能源外交之前有必要对经济外交的定义进行界定。

国内外对于经济外交缺乏统一的认识。日本和欧美等国的学者对经济外交关注较早，对什么是经济外交研究较为深入。相比之下，中国学者起步较晚，但是近年也提出了自己的一些看法。

日本是十分重视经济外交的国家，并将经济外交作为其外交的最重要手段之一。这是日本开展经济外交理论研究的基础。1951年，日本成立了"经济外交研究会"，以专门研究经济外交问题。日本学界对于经济外交的理解主要有两种：一种将经济外交看作是日本政府的外交政策。如早期研究经济外交的日本学者山本进认为，经济外交是日本的对外经济政策，包括促进对后进地区国家的经济合作、交换技术专家、缔结通

---

[1] 吴初国、何贤杰、盛昌明、刘增洁、万会：《能源安全综合评价方法探讨》，载《自然资源学报》，2011年第6期，第965－966页。

商航海条约等内容。① 日本学者草野原认为，经济外交是"日本政府实施的各项政策，其中包括在贸易、资本、金融、服务等方面的市场开放，伴随着经济摩擦而实施的出口限制措施，以及有关经济制裁、经济援助等方面的政策"。② 另外一种是将经济外交视为外交的手段之一。如日本关东大学的徐承元将经济外交定义为"外交的手段之一，是使用经济手段施加影响力的方法"，认为经济外交主要包括"经济援助和经济制裁"等要素。③

欧美学者大多从纯经济的角度来解读经济外交。如英国学者杰夫·贝里奇和艾伦·詹姆斯认为经济外交包括两方面：一是处理经济政策的外交，包括派遣经贸代表团出席由国家经济机构组织的国际会议；二是使用经济资源进行的外交工作，也包括援助或制裁等方式，目的在于实现某项外交政策目标。荷兰学者贝尔格克指出，经济外交是由国家或非国家行为体所从事的、联系政治和经济等问题领域的意在影响跨境经济活动（出口、进口、投资、贷款、援助和移民）的行为。④ 美国加州大学李在进教授将经济外交定义为"政府或民间所进行的关于经济问题的谈判及履行协定的过程"。⑤ 俄罗斯学者则从政治与经济两个维度来剖析经济外交的内涵。苏联学者巴格丹诺夫将"经济外交"称为当代外交活动中的特殊领域，其中经济问题是外交斗争和国际合作的客体和手段。和一般外交一样，经济外交也是一个国家对外政策和国际行为的有机组成部分，对外政策决定经济外交的目标和任务，经济外交是实施对外政策所采取的措施、形式、手段和方法的总和。⑥ 曾任苏联驻英国特命全权大使的波波夫认为"经济外交是解决国际关系中贸易、投资、金融问题

---

① 山本進著：『東京・ワシントン：日本の経済外交』，岩波書店，1961 年版，第 12 頁。

② 渡辺昭夫編：『戦後日本の対外政策：国際関係の変容と日本の役割』，有斐閣，1991 年版，第 255 頁。

③ 徐承元著：『日本の経済外交と中国』，慶應義塾大学出版会，2004 年版，第 6－7 頁。

④ Peter A. G. Van Bergeijk, *Economic Diplomacy and the Geography of International Trade*, Cheltenham: Edward Elgar, 2009, p. 1.

⑤ Chae－Jin Lee, *China and Japan: New Economic Diplomacy*, Stanford, Calif. : Hoover Institution Pr. , 1984, Introduction.

⑥ Краткий внешнеэкономический словарь. Под редакцией О. С. Богданова. М. : Международные отношения, 1984г, c220.

的重要手段，同盟国家能够通过经济外交加强彼此之间的联系并争取共赢，同时经济外交也成为政治军事上对立国家制约对方发展的主要手段之一"。① 俄罗斯前外交部长伊万诺夫指出，"经济外交是在全球化条件下，为保障国家的经济发展及其经济安全，依据国家利益和国家与非国家组织的协调关系，在对外经济领域中组织和法律手段、效应的总和"。②

近年来，随着中国经济融入世界的步伐逐渐加快，中国学者对经济外交的研究也不断深入，逐渐形成了对经济外交概念的独特认识。其中，有的学者主张从纯经济的角度理解经济外交，如北京大学的张学斌教授认为"经济外交是主权国家元首、政府首脑、政府有关部门的官员以及专门的外交机构，围绕国际经济问题开展的访问、谈判、签订条约、参加国际会议和国际经济组织等多边和双边的活动。"③ 也有部分学者主张从政治与经济相结合的角度来认识经济外交。如外交学院的周永生教授指出，"经济外交包含两个方面的内容：一是由国家（国家间的国际组织）或其代表机构与人员以追求本国经济利益（本组织的经济宗旨或经济利益）为目的，制定和进行的对外交往政策与行为；二是由国家（国家间的国际组织）或其代表机构与人员以本国（本组织）经济力量为手段或依托，为实现和维护本国（本组织）战略目标或追求经济以外的利益，制定和进行的对外交往政策与行为。"他还界定了经济外交的四种表现形态，即国家或国际组织的外交政策、国家或国际组织的对外经济政策、国家或国际组织的对外经济交往行为、关于经济问题的国际协调政策与行为。④

通过对经济外交定义的简要分析，不难发现，这些定义的一个共性就是用外交手段来达到经济目标、或是用经济手段来达成外交目标。笔者认为，经济外交是一个系统概念和动态概念，鉴于政治经济的密切联

---

① Современная дипломатия – теория и практика. В. И. Попов. – М. : Научная книга, 2000г, c127 – 135.

② Хозяйственные интересы России и ее экономическая дипломатия. И. Д. Иванов – М. : 2001, РОССПЭН – МГИМО, c4.

③ 张学斌著：《经济外交》，北京：北京大学出版社，2003年版，第6页。

④ 周永生著：《经济外交》，北京：中国青年出版社，2004年版，第22、28页。

系，必须从政治经济两个维度对其进行综合界定，而经济全球化的深化则决定了这一概念的开放性，其内涵可以不断充实。能源外交作为经济外交一部分，它在很多方面的特性与经济外交类似，例如兼具政治性和经济性，参与主体的多元化等。因此，界定经济外交对于分析能源外交具有重要的指导意义。

二、能源外交的概念辨析

与能源安全一样，能源外交也是在第一次石油危机之后才出现的新概念。在 20 世纪七八十年代，能源外交主要局限于石油领域，当时中东石油输出国和欧美等重要消费国围绕石油的生产、运输、进出口展开了大量的外交活动。冷战结束后，尤其是进入 21 世纪以来，国际油价的上涨使能源外交进入新一轮活跃期，其范围也逐渐扩展至天然气、新能源、可再生能源、环境保护和气候变化等多个领域。由于不同的国家在国际能源格局中扮演的角色不同（分别属于出口国，过境国和进口消费国），它们的立场、视角和利益等也各异，这导致它们对能源外交概念的理解存在很大分歧。迄今为止，国际社会还缺乏对能源外交的准确定义。笔者认为，为了较为准确地把握能源外交的概念，可以从能源外交的实施主体和实施方式两方面进行分析。

（一）能源外交的实施主体

国家是能源外交的主要实施主体，是能源外交活动的中心。但是随着相互依赖的不断加深，非国家行为体的地位逐渐上升，在能源外交中发挥出越来越重要的作用。实施能源外交的国家主体，主要包括：

1. 国家元首和政府首脑

在当代国际社会，国家元首或政府首脑在能源外交实践中发挥着越来越重要的作用。国家元首和政府首脑在制定对外能源战略、开展能源战略对话、签订能源合作协定以及解决国际能源合作争端等方面都具有很大的权力，他们通过国事访问、双边或多边会晤、热线电话等多种形式参与能源外交，这种首脑级别的直接对话与沟通，能够迅速及时地协调行动、达成共识并解决争端。例如在中俄首脑会晤机制下，能源问题已经成为经常性热点话题，双方能源合作由此得以迅速推动。在八国集团（G8）① 框架内，能源问题也是每年首脑峰会的重要议题，在会议上，各国领导人围绕着全球能源安全形势、国际能源合作、气候变暖及环境保护等能源问题展开多变和双边会谈。在近年的亚太经合组织（APEC）非正式首脑会议上，各国领导人开始关注区域及全球能源合作和保障能源运输通道安全等重大能源问题。

2. 各级外交机构

外交机构包括各国政府内主管外交事务的外交部以及各国外交部的派出机构。随着能源外交的重要性受到越来越多国家的重视，许多国家的外交部门开始从事能源外交相关事务，并将能源外交作为国家总体外交工作的重要组成部分，例如俄罗斯就将能源外交列为其外交工作的最重要内容之一。另外，各国外交部的派出机构如驻外使领馆都充分利用自己所掌握的外交资源，与驻外企业、机构开展合作，开展能源外交。

3. 其他相关政府机构

除外交机构外，其他一些相关政府机构也是能源外交的主体之一。作为经济外交的一部分，能源外交涉及的领域更具体，包括贸易、投资、金融、环保等众多领域，这需要各个政府机构分工协作。2008 年组建的中国国家能源局的具体职责之一就是开展能源领域的外交工作，其职责包括："履行政府能源对外合作和管理的职能；负责能源重大对外合作项目的审核；负责能源勘探开发、生产建设和技术交流等对外合作的组织协调工作；负责与外国政府能源机构和国际能源组织、能源会议的对口联系；了解国外能源信息和政策"。② 此外，中国商务部下设的国际经贸关系司和外国投资管理司等机构在我国开展能源外交过程中都发挥了积极的作用。

从事能源外交的非国家主体主要有：

---

① 因克里米亚问题，2014 年 3 月 25 日，奥巴马和 G7 集团其他国家领导人决定暂停俄罗斯 G8 成员国地位。

② 《国际能源局主要职责》，http：//www. nea. gov. cn/gjnyj/index. htm。

（1）国际组织

国际组织是指"多个国家之间为了实现特定的目的和任务，根据国际法上的相关原则共同同意并签署国际条约而组成的国际团体"。[①] 从事能源外交的国际组织既有专门组建的国际能源机构，如欧佩克（OPEC）、国际能源署（IEA）和欧洲能源宪章条约组织（ECT）等，也包括具有开展能源合作、促进能源对话功能的国际组织，如世界银行（WB）、国际货币基金组织（IMF）、世界贸易组织（WTO）等全球性国际组织，以及欧盟（EU）和东盟（ASEAN）等区域性国际组织。在能源安全备受国际社会关注的今天，这些国际组织，尤其是国际能源组织参与多边能源外交的意愿越来越强烈，对国际能源合作的影响也越来越大。

（2）跨国能源公司

跨国能源公司是能源外交的直接参与者。跨国能源公司凭借雄厚的资本，通过各种方式影响本国的外交决策，以达到维护自身经济利益的目的。如美国的跨国能源公司每一次海外扩张的背后几乎都能看到政府的影子。美国政府把本国的跨国能源公司视为推行国家外交政策的工具，而同时也为这些跨国能源公司提供参与制定能源外交政策的机会。在2001 年美国副总统切尼制定新能源政策时广泛征求各石油公司的意见就可见一斑。随着经济的发展，跨国能源企业的经济实力也迅速膨胀，一些跨国能源公司甚至"富可敌国"。如随着2013 年3 月21 日俄罗斯石油公司收购秋明－英国石油公司（TNK－BP）全部50% 股份交易的完成，俄罗斯石油公司成为世界上开采量和储量最大的上市石油天然气公司，其460 万桶油当量的日产量与伊朗全国的石油产量不相上下。实力的增加使跨国能源公司通过其跨国经营活动干预东道国的内政与外交变得越来越容易，这也为东道国及其所属地区局势的动荡埋下了伏笔。

（3）能源利益集团

利益集团是指那些关心政府的决策和执行的人们组成的集合体，是

---

① 鲁毅、周启朋等著：《外交学概论》，北京：世界知识出版社，2004 年版，第211 页。

企图对决策施加影响力的集团。① 与其他利益集团一样，能源利益集团也是通过各种方式来影响政府的对外能源政策，以保障本集团的海内外能源权益。例如美国的石油利益集团就在美国的能源外交中发挥着重要作用，甚至可以说是美国中东外交和军事行动的主要幕后推手之一。石油利益集团对小布什政府能源政策的影响在其任内饱受非议。客观地说，如果把小布什政府的对外能源政策和军事决策完全归咎于石油利益集团的利益驱动有失偏颇，但石油利益集团对小布什政府能源外交和对外军事政策产生的巨大影响同样是不可否认的事实。

案例 1 – 1   小布什政府中的石油利益集团及其影响

在美国，小布什政府被称为"石油商人俱乐部"。小布什和切尼都曾是美国得克萨斯州石油产业的巨头。小布什出身石油世家，其家族从1917 年开始涉足石油领域，号称拥有得克萨斯州"能源爵位"。切尼在进入美国政府部门之前（他曾任老布什政府的国防部长），曾是全球第二大炼油设备生产商哈里伯顿公司（Halliburton）的首席执行官，当时切尼的个人年收入是 3600 万美元。正是由于两人与美国能源公司的密切关系，2001 年小布什竞选总统期间获得了能源公司特别是石油公司的巨额捐助。在大选中，美国石油和天然气公司共向共和党候选人捐献了2550 万美元，几乎是他们向民主党候选人提供捐款的四倍。其中，美国的核能公司捐款 1380 万美元。在 2004 年大选中，小布什又从该行业募集到了 2950 万美元，为能源行业向民主党捐款的三倍。

小布什入主白宫后，组建的内阁是美国历史上首次出现总统、副总统和国务卿都曾经担任过能源公司高级管理人员的政府。除小布什和切尼以外，先后担任小布什国家安全事务助理和国务卿的赖斯还曾任美国雪弗龙石油公司的董事，该公司还曾以赖斯的名字命名了一艘万吨级油轮。副国务卿阿米塔奇是加州联合石油公司"尤诺考"的前代表，这家公司是策划建造横跨阿富汗输油管道的主要股东。在小布什第一任期内，

---

① ［日］辻中丰著，郝玉珍译：《利益集团》，北京：经济日报出版社，1989 年版，第 14页。

商务部长埃文斯曾是一家独立经营的能源公司——汤姆·布朗公司的董事长。小布什竞选总统时埃文斯作为小布什总统竞选委员会主席,帮助小布什筹集了1亿多美元的竞选资金。

被石油商人"送入白宫"之后,小布什政府此后实施的扩张性能源政策就不可避免地与这些石油利益集团的利益绑在一起。如在2001年2～5月美国《国家能源政策报告》制定过程中,切尼及其领导的能源小组曾与美国不下150家能源公司、商会、工会及环境组织的400多名主要人物会面。为此,美国众议院民主党领导人格普哈特批评小布什政府的能源政策看起来"更像是埃克森－美孚石油公司的年度报告"。而小布什任内拒绝批准执行《京都议定书》,以及开放美国本土油气资源开采的政策也被媒体称为"亲能源公司的行为"。此外,为了维护美国石油公司的利益,小布什政府与中东国家签订贸易协定时坚定地为这些公司"撑腰"。2006年1月,美国就要求阿曼与之签署贸易协定之后,阿曼政府就不得再给本国国有石油公司提供任何优惠政策,此举被外界解读为美国政府替美国石油公司进入阿曼扫平障碍。

在伊拉克战争问题上,尽管美国为首的西方国家及国际石油企业曾公开声称对伊拉克石油"没兴趣",但是美国商务部曝光的"机密伊拉克油田地图"事件揭露了这一谎言。该事件揭示出,由于美伊敌对,美国能源公司无法参与伊拉克石油开发,这使小布什政府对其他国家(以俄罗斯、中国、法国为主)的60多家石油公司参与伊拉克石油开发尤其是签订"产品分成协议"十分关注并深感忧虑,这被外界认为是美国发动伊拉克战争的直接诱因。事实证明,战后美英石油公司都积极参与了切分伊拉克的"石油蛋糕",且获利丰盛,其中与切尼关系密切的哈里伯顿公司在伊拉克重建过程中获得巨额利润,尽管有人指责其手段不正当,但最终不了了之。

(资料来源:《〈高盛阴谋〉:谁在操纵美国》,http://www.nbd.com.cn/articles/2012/02/02/631287_7.html;《布什家族染指石油之都——得克萨斯的重重黑幕》,http://www.china.com.cn/chinese/2002/Jun/166413.htm。)

(二) 能源外交的实施方式

能源外交有多种实施方式,既可以根据表现方式划分,也可以根据目标划分。如果根据表现方式划分，根据参与能源外交行为的主体可以分为双边能源外交和多边能源外交。

双边能源外交是能源外交的最主要形式之一。双边能源外交包括能源出口国与进口国之间的能源外交（这种形式最普遍），能源出口国之间（如中东国家之间），能源进口国之间（如中国和日本之间），能源过境国与进（出）口国之间（如乌克兰和东欧国家之间，以及乌克兰和俄罗斯之间），其中能源出口国与进口国之间的能源外交比较常见，也比较稳定，其他类型的双边能源外交则或多或少具有一定的竞争性。以俄德能源外交为例。俄罗斯与德国之间的双边能源外交就是当代能源外交中比较成功的范例，对于俄德维护本国的能源利益，推动双边关系的发展起到了积极的作用。苏联解体后，德国是欧洲国家中与俄罗斯关系最密切的国家。德国是俄罗斯最大的贸易伙伴，俄罗斯是德国主要能源供应国，德国近47%的天然气和35%的石油来自俄罗斯。从1998年起，俄德两国之间建立了政府间定期能源对话机制，两国领导人每年都要举行定期会晤，就双边能源贸易与投资合作进行广泛交流。这种对话机制自2000年普京任总统以来得到了突破，俄德两国政治关系在能源合作的推动下也取得了前所未有的进展。对于能源消费大国德国来说，与俄罗斯的能源合作保障了本国经济的平稳发展，有利于德国的社会稳定，有利于德国在欧盟的框架中发挥更重要的作用。作为能源出口国，俄罗斯通过与德国的能源合作不仅获得了经济上的收益，而且加强了与德国，这一欧盟和北约重要成员国的联系，具有十分重要的战略意义。普京曾表示："在新欧洲的建设中，俄德关系起着骨架作用，因为它是在欧洲的优先方向（能源合作）的轨道上建立起来的。"[①]

多边能源外交是经济全球化时代越来越突出的一种能源外交形式。近年来，由于双边能源外交所涉范围有限，中国开始重视多边能源外交。在东亚，中国开始拓宽合作渠道，把俄罗斯、东盟等地区和国家纳入中国的周边能源外交框架之中。中国与日本和韩国一起建立了"10＋3"能源伙伴关系，以共同探索保障东亚地区能源供应和石油储备的有效途径。对于

---

① 《普京文集》，北京：中国社会科学出版社，2002年版，第599页。

因领土纠纷而产生的能源开发问题，中国一贯主张采取"搁置争议，共同开发"的务实合作态度，以实现多边共赢。在中亚，中国除与哈萨克斯坦、土库曼斯坦和乌兹别克斯坦等国开展双边能源外交以外，还积极推动多边能源外交的进程。2013 年 9 月，在吉尔吉斯斯坦首都比什凯克举行的上海合作组织第 13 次首脑峰会上，习近平主席再次提出建立上合组织能源俱乐部的倡议。[1] 对此，外界给予高度评价，称这是本次首脑峰会的最大亮点。相对于双边能源外交而言，中国开展多边能源外交既能满足各利益攸关方对能源开发的需求，同时也能达到维护国家利益的目的。

如果根据外交目标划分，可以将能源外交划分为以能源合作（贸易、投资等）和能源制裁等手段来实现政治利益诉求的外交活动，和以外交手段（协调、谈判、斡旋等）等来实现能源利益诉求的外交活动。

第一种外交活动的特点是，外交行为主体实施能源外交的最终目的是为了实现他们的政治利益诉求，而不是单纯意义上的经济合作与竞争。以能源合作为手段追求政治利益最大化的外交案例很多，绝大多数国际能源合作都具有此类意义。以能源制裁为手段的案例也不少，如最近欧盟和美国对伊朗实施石油禁运就是很好的例子。2006 年 1 月，伊朗内贾德政府宣布恢复中止两年多的铀浓缩活动，引起国际社会强烈反应。西方国家尤其是自伊斯兰革命以来与伊朗分道扬镳的美国对伊朗采取了数轮制裁。从 2011 年年末至 2015 年 7 月 20 日伊核协议签署前，欧美相继出台新一轮对伊制裁措施，直击伊朗经济的命门——石油产业，对伊朗石油贸易与国际石油市场造成巨大冲击。[2]

---

[1]　在上海合作组织框架下建立能源俱乐部是由 2006 年俄罗斯总统普京最先提出的。此后，虽然召开了几次能源部长会议和能源合作研讨会，但是成效不显著。

[2]　2012 年 1 月 23 日，欧盟顶着自身经济危机以及部分成员国如希腊、西班牙、意大利较为依赖从伊朗进口石油的困境下，推出了欧盟版"石油禁运"。其中与石油制裁相关的内容包括：禁止欧盟进口、购买、运输伊朗原油、石油和石化产品；禁止欧盟人（欧盟个人与实体）就前述物项提供直接的或间接的相关财政援助，这种财政援助包括保险和再保险服务，以及金融衍生产品；制裁针对欧盟人为伊朗石化工业销售、供应或转让"关键设备和技术"的情况，禁止欧盟人向在伊朗从事石化行业的企业，或被伊朗石化企业所拥有的位于伊朗外的企业，给予任何金融贷款或信贷，或对这些企业进行收购或扩大对这些企业的所有权；限制欧盟人与伊朗企业及其控制的子公司或关联企业在石化行业的合资行为。从 2012 年 7 月 1 日开始，欧盟对伊朗石油和天然气实行全面禁运。

第二种外交活动的特点是，外交行为主体间进行的外交协调、谈判和斡旋的主要目的是为了实现自己的能源利益诉求。以应对全球气候变化的国际谈判为例。为了应对全球气候变暖给人类经济和社会带来不利影响，各国政府之间展开了长久的有关气候变化问题的国际谈判，取得了一系列成果。1992 年 6 月 4 日，在巴西里约热内卢举行的联合国环发大会（地球首脑会议）上通过了《联合国气候变化框架公约》（UNFC-CC），这是世界上第一个全面控制二氧化碳等温室气体排放，以应对全球气候变暖给人类经济和社会带来不利影响的国际公约，也是国际社会在对付全球气候变化问题上进行国际合作的一个基本框架。1997 年 12 月 11 日，149 个国家和地区在日本京都通过了《京都议定书》，这是 UNFCCC 的补充条款，其中第一次将各国的温室气体减排目标以国际法律文件的形式规定下来。不能否认，UNFCCC 和《京都议定书》就是各国政府通过多边谈判的方式维护本国能源利益的范例。

第二章

**国际能源安全形势的变化
与能源外交的发展**

　　20 世纪 70 年代以前，世界石油资源基本上被英美大石油公司控制，石油生产国缺乏应有的话语权。1973～1991 年，随着三次石油危机的爆发，国际能源安全问题日益凸显，石油外交被推上了国际外交舞台。以欧佩克成员国为代表的石油生产、出口国和以国际能源署成员国为代表的石油进口国围绕着石油产地、石油价格和石油市场展开了激烈的博弈，对全球能源安全产生了重要影响。进入 21 世纪以来，国际石油价格的剧烈波动引发了能源领域里新一轮"洗牌"，新兴能源大国如俄罗斯登台亮相，清洁能源、新能源的关注度逐渐提升。与此同时，能源外交开始受到各国的重视，各种形式的国际能源对话与合作全面展开，这对新时期国际能源格局的构建无疑起到了积极的作用。

第一节　国际能源安全形势的变化

　　以 1973 年第一次石油危机爆发为转折点，国际能源安全形势发生了巨大的变化。相比之前的世界石油格局，1973 年之后的世界石油形势变得愈加复杂。尤其是进入 21 世纪以来，国际能源领域的矛盾不断激化，竞争日趋激烈，这都给国际能源安全带来了很大的变数。根据不同时期的特点，我们可以将国际能源安全形势的变化划分为以下三个阶段：

一、第一阶段（1973 年以前）：稳定但不公平的世界石油体系

1973 年以前的世界石油体系总体是稳定的，这与西方石油公司对世界石油市场的垄断有着直接的关系。但正因为如此，这一时期的世界石油体系也是一个不公平的体系，其中，西方石油公司是绝对的主导者，而中东、南美的石油资源所有国处于从属地位。

在第一次石油危机爆发之前，世界石油资源主要由英美大石油公司控制，它们包括埃克森、德士古、海湾、雪佛龙、美孚、英荷壳牌和英国石油公司（前五家公司是美国石油公司），这些公司被外界称为"石油七姐妹"。1954 年，以英美石油公司为核心的伊朗参股者集团对伊朗石油权益进行了瓜分，这标志着埃克森等七大石油巨头最终形成了"石油七姐妹"国际石油卡特尔，完成了对所有资本主义国家石油工业和世界石油市场的寡头垄断。

国际石油卡特尔掌握了除美国和加拿大以外 90% 以上的石油和天然气资源，还控制着全球石油贸易，操纵着国际石油价格。以中东为例，在西方石油公司的控制之下，相当长时期之内该地区的石油开采成本和售价都很低。二战期间，沙特阿拉伯每桶石油的生产成本约 19 美分，巴林每桶石油开采成本约 10 美分，直到 1952 年伊拉克每桶石油开采成本仅为 24 美分。20 世纪 50 年代，中东石油开采成本不及在美国石油开采成本的 10%，每桶油价不超过 3 美元。[①] 正是廉价的石油源源不断地流入西方国家，推动了西方经济二战后 20 多年较快的增长，成就了二战后西方经济的"黄金时期"。

国际石油卡特尔的势力遍及全球各个石油生产国，其经营活动得到了英国殖民主义势力和美国以"门户开放"为幌子的新殖民主义势力的全力支持，故而能牢牢控制着世界石油资源和国际石油市场。例如，英国石油公司（BP）和壳牌公司在英国政府的支持下，在中南美的墨西哥和委内瑞拉，在中东的伊朗、伊拉克和科威特等国家获得了大量的石油

---

① 《"富得流油"的中东 大国觊觎从来没有停止》，载《经济参考报》，2012 年 1 月 10 日。

租借地。而埃克森和德士古等美国石油公司则同样在美国政府的帮助下进入了南美洲和中东地区。由于这些地区的石油生产国大多处于殖民地和半殖民地状态，这导致英美石油公司和它们签订的石油租赁合同都是以维护英美石油公司利益的不平等的合同。借助这些合同，国际石油卡特尔以极小的代价获得了当地的石油资源所有权和勘探开采权，石油资源所有国所拥有的仅仅是矿区使用费和所得税。国际石油卡特尔与石油资源所有国之间这种不平等的关系引起了后者的强烈不满。不仅如此，国际石油卡特尔还掌握着国际石油市场的定价权，石油价格完全受到英美的控制，石油资源所有国毫无话语权。20 世纪初美国经济危机后期至二战后初期，世界石油市场总需求旺盛，供给偏紧，国际石油卡特尔就按"阿克纳卡里协定"① 商定的规则，一律按成本最高的美国原油在墨西哥湾港口离岸价作为基准，这样就保护了英美等西方资本主义国家的利益。20 世纪 50 年代末 60 年代初，世界石油市场出现供大于求的现象，"石油七姐妹"一致全力压低石油标价以缓解危机。英美这种随意抬压价行为极大地损害了产油国的利益，最终导致了产油国的联合抗争。

案例 2-1 美国对世界石油资源的掠夺

美国是亚非拉地区石油资源的最大掠夺者。在七家大石油垄断公司中，美国资本占了 5 家（埃克森、德士古、雪佛龙、海湾、美孚），它们控制了世界原油开采的 31.9%，亚非拉原油开采的 45.9%。在世界的最大产油区中东，美国资本拥有很大实力，占有这里 2/3 的石油租借地和一半左右的石油开采。此外，美国还控制了拉美原油开采的 45.7%。在亚、非、拉的许多产油国，尤其是在中东地区，具有储油量大、油层浅、钻井成功率高；单位油井出油量大、油质好等等有利于开采的条件。另外，这些国家拥有大量廉价劳动力，工资水平很低，只相当于美国的 1/5 甚至 1/7，而且劳动时间往往长达 10 小时以上。因此，这里的原油开采成本很低。中东、北非的原油开采成本只相当于美国的 1/10 至 1/

---

① "阿克纳卡里协定"是 1928 年由壳牌在英国苏格兰阿克纳卡里发起的有关瓜分世界石油市场的协定。关于此协定将在本书第四章中进行详细叙述，此处不做赘述。

30。亚、非、拉产油国的原油开采成本，在其售价中所占的比重很小，一般只占2%左右。例如1972年，一桶原油的成本只为0.20美元，而在消费市场上的售价最高达到12.5美元，成本还不到售价的1/62。帝国主义石油垄断公司租用矿山所付出的租用费和石油税，即产油国的收入，每桶为1.60美元，只占售价的12%，而公司所得的所谓商业费用等等却占到33%，即4.10美元。其余的如进口国税收、加工费、海运费等等合占65%，达6.60美元，实际上它们也大部分落入了帝国主义垄断资本的腰包。

[资料来源：《帝国主义对世界能源的控制和掠夺》，《世界经济》（第三册），第165页。]

1960年9月，石油输出国组织——欧佩克（OPEC）正式成立。欧佩克的成立宣告了以"石油七姐妹"为核心的旧的世界石油体系的终结，一个新的石油时代诞生了。从1960年开始，欧佩克的力量不断增强，阿拉伯国家掌握的石油权力逐渐扩大，其石油产量迅猛增加。二战结束初期，中东阿伯国家的石油产量仅占世界石油总产量的20%，而到1973年初增加到43%，增长了一倍多。石油产量的大幅增加提升了阿拉伯产油国的国际地位，增强了它们与英美石油公司斗争的信心。20世纪60年代末，国际油价在欧佩克产油国的不断争取下提高到每桶近3美元，然而欧佩克并不认同这一价格，认为仍然过低，于是要求继续提价，但是英美大石油公司拒绝让步。此后，阿拉伯产油国和英美石油公司围绕石油价格问题产生的矛盾变得越来越尖锐，最终导致了世界性的石油危机。

二、第二阶段（1973～1991年）：世界石油危机频发

1973～1991年间，世界上接连爆发了三次石油危机，它们之所以被称为"石油危机"是因为，它们在波及全球的石油价格动荡中表现出快速和不可预测的特征，从而导致全球各地无一幸免。[1]

---

① 托伊·法罗拉、安妮·杰诺娃著：《国际石油政治》，刘显法、王震编，王大锐、王翥译，北京：石油工业出版社，2008年版，第127页。

（一）第一次石油危机（1973~1974 年）

石油危机是经济危机在世界石油领域的一种表现。[①] 第一次石油危机爆发于 1973 年，这场危机的起因虽然是战争，其本质确是对中东石油资源的争夺。

1973 年 10 月 6 日，埃及、叙利亚和黎巴嫩等 12 个阿拉伯国家联合向以色列发动了"斋月战争"，也是第四次中东战争。战争源于埃及与叙利亚分别打算收复六年前（第三次中东战争）被以色列占领的西奈半岛和戈兰高地。战争前两天埃叙联军占据上风，但此后随着美国紧急通过"五分钱救援行动"援助以色列，战况得以很快逆转，最终埃叙联军失利，埃叙与以色列签署和平协议。这场战争成为了引发第一次世界性石油危机的导火索。

战争爆发以后，随着军事行动的展开，欧佩克中的阿拉伯产油国联合其他中东非欧佩克成员国对英美等西方国家展开了"石油战"，打出了包括提价、国有化、禁运等一整套石油"组合拳"。10 月 6 日，即战争爆发当天，叙利亚切断了一条重要的输油管，黎巴嫩则关闭了南部石油出口港。7 日，伊拉克宣布将巴士拉石油公司中埃克森和美孚石油公司的股份收归国有。16 日，欧佩克决定将中东原油价格提高 17%。17 日，欧佩克宣布对美国等支持以色列的西方国家的石油供应逐月减少 5%。18 日，阿拉伯联合酋长国、利比亚、卡塔尔、阿尔及利亚、沙特阿拉伯、科威特、巴林等阿拉伯产油国宣布实施对美国的石油禁运。12 月，欧佩克中的阿拉伯成员国宣布收回原油标价权，并将基准原油价格从每桶 3.011 美元提高到 10.651 美元。至 1974 年 1 月，原油价格涨至 12.6 美元，较最初的 3.011 美元上涨了 4 倍有余。

这次石油危机对欧佩克产油国和英美等西方资本主义国家产生的影响是截然不同的。

对于西方资本主义国家而言。首先，原油价格的飙升对西方工业化国家的经济造成了巨大打击。这些国家的经常项目收支从 1973 年的 141

[①] 董秀成编著：《石油权力与跨国经营》，北京：中国石化出版社，2003 年第 1 版，第 3 页。

亿美元盈余变为 1974 年的 214 亿美元赤字。美国道琼斯指数从 1973 年 1067
点的高点狂跌 495 点，下跌了近 46%。石油危机最终触发了 1973~1975 年
的世界经济危机。受危机影响，美国的工业生产下降了 14%，日本下降
了 20%，其他西方工业化国家也无一幸免，世界经济增速在经历了 60
年代的高速增长后明显放慢。其次，这次石油危机提高了西方资本主义
国家对石油在国家安全中重要性的认识。这些国家不得不承认，"石油
七姐妹"的辉煌时代已经过去，以前那种仅由少数几个大型石油公司垄
断某个阿拉伯国家的石油生产和销售等活动的日子成为了历史。经历了
这次石油危机之后，西方国家明白了，即使这些大型石油公司完全归属
于西方国家，但在复杂的国际环境中，这都难以保证本国的石油利益得
到充分的保障。为此，西方国家开始调整其石油政策，逐步加强了国家
对本国和外国石油资源的储备、生产和销售的直接控制。此外，为了应
对可能再次出现的新的石油危机，1974 年 2 月在美国的倡议下，13 个西
方发达国家在华盛顿召开了石油消费国会议，决定成立能源协调小组来
指导和协调各国的能源工作。1976 年 1 月 19 日，国际能源署（IEA）宣
告成立。国际能源署是一个由西方发达国家控制的国际能源合作机制，
它的主要职能最初是制衡欧佩克，为此，它积极促进各成员国建立紧急
石油储备机制或其他形式的战略石油储备，以便在石油供应中断时紧急
协调成员国之间的石油供应，维护成员国的石油利益。

　　对于欧佩克而言。一方面，石油危机改变了阿拉伯产油国的经济面
貌。与西方国家经济衰退相反的是，阿拉伯产油国借助石油危机造成的
高油价积聚了巨额财富，它们的经济实力得以迅速增强。在 1973~1977
年间，阿拉伯石油出口国的收益增长了 6 倍，达到 1400 亿美元，其中最
大的产油国沙特阿拉伯表现最为明显，1971 年它的政府财政收入只有 14
亿美元，而石油危机爆发后迅速超过 1000 亿美元。国家财富的增加为曾
经十分落后的中东产油国改变国家面貌奠定了坚实的物质基础。这些国
家纷纷制定全方位的经济发展计划，加快偿还债务，加强基础设施建设，
大幅增加国民的福利待遇等等。另一方面，这是欧佩克以石油为武器与
英美等西方发达工业国家开展斗争的开端，取得了明显的效果，极大鼓
舞了阿拉伯国家的斗志。这次石油危机不仅使欧佩克在世界石油舞台上

的地位变得越来越重要，而且在整个国际格局中的话语权得以提升。石油危机中，欧佩克与其他一些非欧佩克产油国一起行动，采取了一系列斗争手段，沉重地打击了西方资本主义国家的嚣张气焰，改变了国际政治经济秩序。石油危机帮助欧佩克产油国废除了与西方国家之间以租让制为特征的殖民地半殖民的生产关系，成功地从西方石油卡特尔手中夺回了石油标价权，打破了西方国家对石油的垄断，在世界石油格局中获得了本该属于自己的重要地位。

（二）第二次石油危机（1979～1980 年）

第二次石油危机源于 1978 年底伊朗爆发的"伊斯兰革命"。伊朗是一个具有重要地缘战略位置的国家，其南面扼守着波斯湾通向印度洋的出海口，西接中东阿拉伯世界，拥有丰富的石油资源，是当时世界上第二大石油出口国。从 19 世纪起，伊朗就沦为英国和沙俄等大国角逐的场所。二战结束后，伊朗被纳入美国的势力范围。第一次石油危机后，国际石油价格的暴涨虽然使伊朗的经济得以快速发展，但伊朗社会的各种潜在矛盾也空前激化，最终导致其经济高速发展还没有走完十年的路程，就爆发了规模空前的推翻亲美巴列维国王的革命运动。1979 年 1 月 26 日，巴列维国王被迫出走，"伊斯兰革命"取得成功。

"伊斯兰革命"的成功严重影响到伊朗对美国的石油出口，从而引起了石油价格的再次上涨，原油价格由 1977 年的每桶 13 美元上涨至 1979 年的每桶 28 美元，涨幅高达 115%。1980 年 9 月 22 日，"两伊战争"爆发，伊朗和伊拉克的石油生产几乎完全停顿，两国的石油产量从原来的每天 580 万桶骤降到不足 100 万桶，仅约占世界总消费量的1/10，供应的紧张进一步加剧了油价的动荡，原油价格很快创下每桶 41 美元的新纪录，从而触发了第二次世界石油危机。

这次石油危机对西方资本主义国家造成的影响相比前一次更大。危机导致 20 世纪 70 年代末的经济陷入全面衰退。不久前因第一次石油危机而元气大伤的资本主义国家经济还没有获得喘息的机会就再次受到重创。从 1979 年 4 月到 1982 年 12 月，美国的工业下降和停滞了 3 年零 8 个月，其国内生产总值同期下降近 3 个百分点，其他资本主义国家如欧共体各成员国的经济也持续下降近 3 年。值得注意的是，这次石油危机有力地推动了西方发达国家节约能源技术和新能源的研发进程。以欧共体和日本为代表的西方国家先后推出了相关研发计划，开始利用本国雄厚的科研力量，探索各种节能技术和新能源开发。

石油价格的不断上升带来的巨额利润使得苏联等非欧佩克产油国的原油产量不断地增加。以苏联为例，1980 年，苏联的石油产量创下历史记录，达到 6.03 亿吨，占世界石油总产量的 21%，居世界第一位。[①]

这次石油危机使得欧佩克中的阿拉伯产油国出现分裂。20 世纪 80 年代以后，石油输出国组织出现分化，石油生产大国伊朗和伊拉克持续 8 年的战争彻底破坏了中东国家在国际石油市场上的统一立场，欧佩克的石油权力开始分散。80 年代中期后，石油价格持续下降，阿拉伯产油国的政治影响力逐渐衰退。

案例 2 - 2 伊朗石油国有化运动

二战中，为了保护石油供应线，英国占领了伊朗。战后，英国通过英伊石油公司继续控制伊朗的石油。英伊石油公司对伊朗石油的掠夺是残酷的。据统计，从 1914 年到 1950 年，英伊石油公司从伊朗榨取的利润达 50 亿美元，而伊朗所得却微乎其微。1950 年，英伊石油公司的纯利润接近 2 亿英镑，英国政府获得 5000 万英镑的税收，而伊朗政府仅从石油产地使用费和税款中获得 1600 万英镑。受墨西哥石油国有化政策影响和沙特争取到分取阿仑柯石油公司 50% 利润的鼓励，伊朗要求收回石油权利。

1951 年 3 月，伊朗亲西方总理阿里·拉兹马拉遇刺身亡。伊朗国会随后通过了石油产业国有化计划，宣布将成立伊朗国家石油公司。5 月，国有化运动的积极推动者摩萨台出任伊朗总理。6 月，摩萨台政府解散英伊石油公司，成立伊朗国家石油公司，伊朗石油国有化运动由此拉开帷幕。伊朗石油国有化直接触及到了英国的利益。为了抵制伊朗的石油

---

① 邓定宇：《苏联石油工业的发展趋势和存在的问题》，载《国际科技交流》，1987 年第 3 期，第 31 页。

国有化，英国关闭了当时伊朗最大的炼油厂——阿巴丹炼油厂，并发动了对伊朗的贸易禁运和经济封锁，这给伊朗经济造成沉重打击。1952年，伊朗的石油产量从 1950 年的每天 66.6 万桶锐减到 2 万桶，国家经济状况严重恶化。陷入困境的摩萨台政府不得不请求美国援助。

时任美国总统杜鲁门因忙于处理朝鲜半岛战事而无暇顾及伊朗，同时也不想因维护英国在伊朗的利益而影响到美国的中东战略，因此不愿干预伊朗事务。1953 年艾森豪威尔就任美国总统后，英国首相丘吉尔说服艾森豪威尔推翻伊朗摩萨台政府。8 月，在美英的直接支持下，伊朗的亲英势力、不满现状的伊朗人和巴列维国王发动了一次政变，摩萨台被赶下台，这就是"艾杰克斯行动"。这次政变也使得巴列维国王对美国推崇备至，此后伊美关系迅速发展。

政变之后，英国曾一度希望让英伊石油公司回到伊朗，以便继续掌控伊朗石油。但美国另有打算。美国提出组建伊朗石油参股者集团来取代英伊石油公司的建议，在这个集团中美国公司的股份不能低于 40%。对此，英国最初极力反对。后来考虑到实力已远不如美国，而且美国又是助英国推翻摩萨台政权的盟友，此外该方案也被巴列维国王接受，英国最终同意了美国的建议。1954 年 10 月，伊朗巴列维国王批准了组建伊朗参股者集团的方案。其中，英波公司（自此改名为英国石油公司BP）保留 40% 的股份，5 家美国石油公司——埃克森、美孚、雪佛龙、德士古、海湾也获得 40% 的股份（各占 8%），壳牌和法国石油公司分享 14% 和 6% 股份。

在这次伊朗石油国有化运动中，英国是最大的输家，曾属于英国的60% 的伊朗石油利益被瓜分，其独霸伊朗的局面宣告结束，英国在中东的统治地位被彻底颠覆。最大的赢家是美国，美国石油公司得到了伊朗石油工业 40% 的份额，美国在伊朗和中东的势力大为增强。对于伊朗而言，尽管这场轰轰烈烈的石油国有化运动被镇压下去了，但是伊朗并非一无所获。首先是它成立了伊朗国家石油公司，国家石油公司掌握伊朗全部石油资产，可以自主同外国公司签订新的合同，其次，伊朗石油销售所得利润从原先的 20% 提高到 50%，伊朗财政收入大大增加。

此后，伊朗的石油国有化的进程并没有终止，国家石油公司逐渐发展自营业务。1954 年，它引进了意大利埃尼石油公司和美国的阿莫科石油公司，同它们建立了崭新的合作关系，实现了共同经营。1973 年 10 月，在欧佩克成员国国有化斗争的支持下，伊朗从参股者集团手中收回了全部经营权、出口权，把财团转化为服务公司，最终实现了本国石油国有化。

（资料来源：严润成：《合作与冲突：伊朗石油国有化中的英美关系》，《人民论坛》，2012 年第 30 期。）

（三）第三次石油危机（1985～1991 年）

第三次石油危机发生在 1985 年至 1991 年之间。与前两次危机不同的是，这次石油危机是一次由低油价引起的石油危机，但它们的相同之处在于全世界仍然没有完全做好准备，仅仅是凭直觉行事。[1]

第二次石油危机之后，石油价格的高涨为欧佩克成员国带来了巨额"石油美元"，为了获得高利润，它们惜产惜售，以使原油价格保持高位运行。但是受高油价的刺激，世界石油工业投资猛增，全球一大批新勘探的油田接连投入生产，非欧佩克成员国的石油产量迅速增加。例如苏联在 20 世纪 80 年代的年石油产量基本维持在 6 亿吨左右，超过了部分欧佩克成员国。石油总产量的增加使得油价的下跌成为必然。为了保住市场份额，欧佩克成员国不得已采用了降价销售的方式。然而欧佩克很快发现，石油价格下降趋势一旦形成就难以控制。于是欧佩克决定限产保价，一度想把石油价格稳定在 18 美元左右，但是最终没有成功。1986 年，石油价格降到每桶 10 美元以下，这导致国际石油市场出现一片混乱，世界经济和金融体系受到猛烈冲击。进入 1990 年以后，国际油价的波动更加剧烈。1990 年 1 月至 6 月，国际油价从每桶 21 美元跌到每桶 14 美元。欧佩克成员国中的伊拉克等国提出一个方案，即提高石油最高产量的限额和维持每桶 18 美元的基本参考价格，但是该方案遭到沙特阿拉伯、科威特和阿联酋的反对，双方最终也没有达成一致，欧佩克成员国之间的矛盾由此凸显。1990 年 8 月初，伊拉克入侵科威特，为此伊拉

---

[1] 托伊·法罗拉、安妮·杰诺娃著：《国际石油政治》，刘显法、王震编，王大锐、王翥译，北京：石油工业出版社，2008 年版，第 128 页。

克受到国际经济制裁，伊拉克的原油供应中断，国际油价随即出现暴涨。为了保证海湾石油的正常供应，美国等西方国家联合阿拉伯国家组成美阿联合部队进驻海湾，海湾战争爆发。受此影响，国际石油市场开始出现动荡，石油价格大幅波动。从 1990 年 7 月到 10 月，欧佩克一揽子原油价格从每桶 15 美元迅速上涨到每桶 34 美元，涨幅超过一倍。面对这次国际油价的飙升，国际能源署启动了紧急释放计划，每天向市场投放 250 万桶原油。此举很快稳定了国际石油市场，国际油价在 1991 年 1 月又下降到每桶 17 美元。至此，第三次石油危机基本结束。

与前两次相比，这一次的高油价持续时间不长，对世界和各个国家经济发展的冲击虽然不太大，但也仍然是存在的。世界经济增长率从 1989 年的 3.8% 跌至 1990 年的 2.9%，1991 年更低至 1.6%。美国、英国、日本等八个发达工业国家 1991 年的 GDP 增长率仍然有很大幅度的下降，其中美国从 1989 年 3.5% 跌至 1991 年的 -0.2%，日本则从 5.0% 跌至 3.4%。

第三次石油危机对欧佩克产生的影响是不容忽视的。海湾战争中伊拉克入侵科威特的行为直接破坏了欧佩克内部的团结，也给两个国家带来了深远的影响。伊拉克因此受到长期的经济制裁，科威特的石油生产和生态环境遭到严重的破坏。欧佩克其他成员国也需要为海湾战争付出经济上的代价。可以说，经过这次危机，欧佩克成员国之间的矛盾被激化，团结局面被破坏，力量受到严重削弱。而与前两次危机处理不同的是，西方工业国家行动较为一致，其应急反应机制发挥了积极的作用，其经济所受的冲击也小得多。总的来看，海湾战争是国际能源格局发展变化的一个重要转折点。从此，欧佩克彻底结束了自 20 世纪 70 年代以来在国家石油价格定价上一家独大的时代，国际石油市场进入了以欧佩克、西方工业国和新兴产油国等多方力量博弈的新时期。

三、第三阶段（1992 年至今）：国际能源安全形势日趋复杂

20 世纪 90 年代，国际油价跌至 20 美元以下并持续低位徘徊，没有

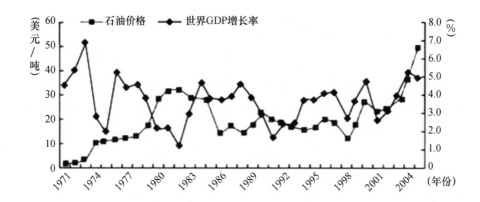

图 2 – 1   1971～2004 年世界经济增长率和石油价格变化

资料来源：宗建亮等：《石油危机对世界经济周期性波动的影响》，载《国际贸易问题》，2008 年第 1 期，第 5 页。

出现七八十年代那样的大起大落，天然气也几乎无人问津，总体上看国际能源安全问题并不突出。导致这一现象的主要原因是：80 年代世界石油探明储量剧增，这使"世界石油储量枯竭、石油供应短缺"的言论在 90 年代基本销声匿迹；世界经济尤其是西方国家的经济增长率在 90 年代保持着低、中速发展水平，期间还因金融危机引发了一次经济衰退（1997 年），世界石油消费也因此缓慢增长；在 70 年代两次石油危机中，石油的大幅度提价引起的一系列连锁反应（新油田的投产、产量的激增等）所造成的巨大剩余石油生产能力一时难以被低速增长的市场需求所吸收；[①] 此外，经济全球化与信息技术的应用，使虚拟经济无限膨胀，人们认为世界经济已进入"新经济"时代，以能源为基础的"旧经济"影响减弱。[②]

进入 21 世纪以后，经济全球化使世界各国经济发展深度交融，能源安全问题的国际化倾向越来越突出，全球能源格局正经历着一系列新的

[①] 陈悠久：《九十年代国际原油价格趋势展望》，载《世界经济》，1990 年第 7 期，第 39 – 40 页。

[②] 陈凤英：《国际能源安全的新变局》，载《现代国际关系》，2006 年第 6 期，第 41 页。

变化，国际能源安全形势也变得更加复杂。

（一）全球能源供需格局发生变化

首先，全球能源供应格局向多极化发展。俄罗斯、中亚里海地区、美洲和非洲的石油储产量大幅增长。据英国 BP 石油公司的统计，全球石油探明储量增长最快的是中南美洲。截至 2017 年底，中南美洲的石油探明储量为 3301 亿桶，占全球的比例为 19.5%，比 1997 年的 934 亿桶增长了 2.53 倍，其中委内瑞拉的储量增长最快，比 1997 年增长了 3.05 倍。非洲的探明储量也增长了 68%。与此同时，2017 年中东的石油探明储量虽仍然稳居全球首位，但其份额仅占全球的 47.6%，相比 1997 年的 70.1%下降了 22.5 个百分点。[①] 从 2007～2017 年的 10 年间，上述地区的石油产量也出现了大幅增长。其中，美国增长了 90.3%，巴西增长了 49.3%，俄罗斯增长了 12%，哈萨尔克斯坦增长了 29.7%。而中东地区的石油产量增长了 24.2%，增长相对较为平稳。[②] 委内瑞拉的石油产量并未跟随其探明储量同步增长。随着俄罗斯、中亚里海地区、中南美洲、非洲等地的石油储量和产量的增长，国际石油供应格局也随之发生了变化。全球对中东地区的石油依赖下降，中东虽然还是全球石油供应的最主要地区（主要出口地为中国、印度、日本等亚洲国家），但同时出现了以美国、加拿大、委内瑞拉为核心的北美、中南美供应中心（主要出口美国），以俄罗斯、哈萨克斯坦、阿塞拜疆为代表的苏联地区供应中心（主要出口欧洲）和以安哥拉、苏丹等为核心的非洲中心（主要出口美国、中国、欧洲）。

近 10 年间更值得注意的是全球天然气产业的蓬勃发展。据英国 BP 石油公司的统计，自 2007 年以来，全球天然气探明储量快速增长。其中，北美地区的天然气探明储量增长居全球之首，增长了 28.5%，其次是独联体地区，增长了 43.7%，这两个地区的天然气探明储量增长分别比全球平均增速（18.3%）高出 10.2 个百分点和 25.4 个百分点。从天

---

① 《BP 世界能源统计年鉴（2018 年）》，https：//www.bp.com/content/dam/bp - country/zh_cn/Publications/2018SRbook.pdf。

② 同上。

然气产量的增速来看，全球天然气产量在 2007～2017 年间增长了
25.1%，而同期石油产量增幅仅为 12.5%。地区分布中，中东地区增速
最高，增幅为 79.5%。2017 年，得益于页岩气的开发，全球最大的天然
气生产国依然是美国，其天然气产量达到 7345 亿立方米，占全球的
20%，其次是俄罗斯，天然气产量达 6356 亿立方米，占全球
的 17.3%。①

其次，全球能源消费格局发生变化。一方面，全球石油消费重心从
经合组织国家转向以中国为代表的发展中国家。从消费区域格局来看，
近年北美洲和欧洲地区的石油消费出现下降，中东地区和亚太地区消费
持续递增。2006 年，亚太地区每天消费石油 2512.4 万桶，首次超过北
美洲 2500.2 万桶的消费量。2017 年，全球石油消费增长 1.8%，即 170
万桶/日，和 2016 年基本持平，明显高于过去十年的平均水平（大约
110 万桶/日）。这也是全球石油消费连续第三年超过十年平均增速
（1.2%）。其中，中国（50 万桶/日）和美国（19 万桶/日）贡献了最多
的增量。② 另一方面，全球天然气消费普遍增长，尤其是欧美天然气消
费增长迅速。据统计，2017 年是全球天然气的"丰收年"，全球天然气
消费增加了 3.0%（960 亿立方米），产量增加了 4.0%（1310 亿立方
米），均为金融危机以来的最高增速。天然气消费增长以亚洲为主导，
尤其是中国（15.1%，310 亿立方米），其次是中东（伊朗 6.8%，130
亿立方米）和欧洲。2017 年，中国天然气需求激增成为拉动全球天然气
消费增长的最主要因素：中国天然气消费增速超过 15%，约占全球天然
气消费增长的 1/3。如此快速的扩张主要追溯到 2013 年中国国务院印发
的《大气污染防治行动计划》，该计划确定了未来五年空气质量改善的
目标。随着期限临近，中国政府在 2017 年春天针对北京、天津和周边

---

① 《BP 世界能源统计年鉴（2018 年）》，https：//www.bp.com/content/dam/bp－country/zh_
cn/Publications/2018SRbook.pdf。

② 自 2006/2017 年超级周期触顶以来，石油需求在过去 5 年的增长最为强劲。尽管石油需
求峰值论，车辆使用效率提高，电动汽车增长等因素仍在打压石油需求，但持续的低油价对需
求的提振作用更大。参见《BP 世界能源统计年鉴（2018 年）》，https：//www.bp.com/content/
dam/bp－country/zh_cn/Publications/2018SRbook.pdf。

26 个城市出台了一系列政策措施，以实现环保目标。[①]

（二）国际石油价格剧烈波动

自 2003 年以来，全球经济进入新一轮扩张周期。根据国际货币基金组织（IMF）的报告，1999～2008 年世界经济增速达到 4.4%，增幅较 20 世纪 90 年代提高了 1.2 个百分点，特别是 2003～2007 年，世界经济增速高达 5%。经济增长带动了石油需求的增加，全球石油需求增量也随之增加到 160 万桶/日，2004 年石油需求增量更是达到 270 万桶/日。石油消费的大幅增加直接导致了国际油价的飙升，也造就了 21 世纪初一场有史以来最为罕见的油价牛市。

自 2003 年 5 月伊拉克战争结束后，美国西得克萨斯轻质原油期货价格（WTI）由每桶 25 美元左右的价位逐渐攀升，由此开始了历时近五年的国际油价高涨期。进入 2004 年后，油价一路突飞猛进。从 1 月 5 日的每桶 33.78 美元，涨到 10 月 22 日的 55.65 美元。2005 年油价继续震荡上行，期间在"卡特里娜"飓风等因素的刺激下，油价从每桶 46 美元一度冲高至 70 美元以上，后来在国际能源署释放战略石油储备的压力下，油价从每桶 70 美元回落到 57 美元左右。进入 2006 年后，产油国特别是中东地区产油国令人担忧的安全局势使油价继续震荡冲高。尤其是 4 月中旬，伊朗顶着安理会压力宣布成功提炼浓缩铀，美国随即以动武相威胁，这些促使油价再次急遽走高。7 月 14 日，油价一度涨至每桶 78.40 美元的历史高位，此后略有回落。进入 2007 年，尽管多数机构普遍预测油价将低于 2006 年的水平，但其走势却令人大跌眼镜。从 2007 年 1 月底开始，油价直线上涨。11 月 21 日，国际油价触及 99.29 美元/桶，最终收于 98.39 美元/桶。至此，油价突破百元大关只是时间问题了。2008 年的国际原油市场出现历史罕见的大起大落。在以色列威胁袭击伊朗、尼日利亚国内冲突升级、巴西石油工人罢工和美国原油库存下降等一系列消极因素的影响下，7 月 11 日，国际油价创下 147.27 美元/

———————

① 《BP 世界能源统计年鉴（2018 年）》，https：//www.bp.com/content/dam/bp - country/zh_cn/Publications/2018SRbook.pdf。

桶的历史最高水平，并最终收于 145.08 美元/桶，这也是 2003~2008 年这轮历史性牛市的巅峰。然而，正当人们对油价继续看涨，特别是高盛等国际投行鼓吹油价将达到 200 美元/桶甚至更高时，金融危机的恶化引发了国际油价的急遽暴跌。至 12 月 19 日，油价最低触及 31.27 美元/桶，收于 33.87 美元/桶，最低价和收盘价均创近五年来的新低。此后，虽然在各国政府宣布加大救市力度抗击金融风暴和欧佩克宣布减产等积极因素的推动下，油价有所回升，在 2008 年最后一个交易日暴涨超过 14%，收于 44.60 美元/桶，但还是宣告了 2003~2008 年国际油价牛市的结束。

对于这次国际油价"不可思议"的走势，一方面，应该看到其过程是资本市场对世界经济增长的客观反应，这再次证明石油供需关系依然是决定价格变化的基础；另一方面，不能忽视导致这次石油价格暴涨暴跌背后的其他非市场因素。因为如果说油价前期的上涨是供需关系推动的，那么油价从最高处的自由落体过程中，国际原油市场的供需关系并没有发生大的改变。实际上，石油作为一种特殊的大宗商品，其价格的变化不可能仅受单一市场因素的影响，而世界经济形势的变化、热点地区的动荡、大国争夺的加剧、产油国形势的不稳定、国际投机商的炒作等诸多因素及其互动才是主导国际油价走势的综合因素。

（三）国际能源安全脆弱性凸显

相比 20 世纪的世界能源安全形势而言，21 世纪初的国际能源安全形势更加复杂和严峻。其复杂性主要表现在，受诸多内外因素的交织和搅动，各国对能源问题的敏感度大大提升，彰显维护本国能源安全和参与国际能源竞争的强烈意愿，这些又进一步加剧了国际能源安全的脆弱性。

首先，影响能源安全的因素明显增多。进入 21 世纪后，世界经济出现了强劲的增长势头，其中欧洲和美国的经济连续稳步增长，日本经济走出衰退并开始恢复增长，以中国、印度新兴经济体为代表的亚太地区经济持续高速增长，这使各大经济体对能源的需求增长明显加速。2001 年入主白宫的小布什为了维护其背后大石油财团的利益，极力推行新保守主义、单边主义和霸权心态强烈，以反恐的名义先后发动了阿富汗战争和伊拉克战争，对伊朗采取持续的军事威慑，导致国际形势和中东地区局势发生剧烈变化，2009 年上台的奥巴马在"阿拉伯之春"动乱中，实施双重标准，偏袒沙特阿拉伯等亲美政权，支持西方盟友对利比亚进行军事打击，西亚、北非等石油储藏丰富的地区陷入严重动荡，这对原本就很脆弱的中东地区局势无异于"雪上加霜"。而地缘政治形势的不稳定，国际恐怖活动的猖獗，又给实力雄厚的国际石油机构炒家提供了极好的机会。这些机构的背后一般都有大国操纵，为了牟取暴利，它们抓住一切机会不断兴风作浪，哄抬国际石油价格。不难发现，每次世界石油市场发生震荡、油价飙升之时，总有大量的西方对冲基金入市，加上舆论的造势，油价被一步步抬高，制造出空前泡沫，这也是近几年油价居高不下的主要因素之一。

其次，大国纷纷出台对外能源战略，客观上加剧了世界能源资源的争夺。如今，能源问题受到国际社会的普遍关注，能源安全已经成为牵动国际形势和大国战略的重要政治、经济、外交和安全问题。近年，各大国不断强化海外能源安全在国家能源战略中的地位，均制定了符合国家能源需要（进口的、出口的）的对外能源战略，开展了积极的能源外交。从维护国家利益的角度看，这些战略和措施并非无可厚非，但是鉴于能源问题的特殊性，它往往与大国争夺、地缘政治、地区利益和民族纠纷等矛盾相互交织在一起，使得各大国的能源外交战略的实施不可避免地发生了碰撞，导致了能源热点地区"高烧不退"。现阶段，国际能源争夺已经不仅仅局限在能源生产国和能源消费国之间（在 20 世纪后期表现为欧佩克与国际能源署之间的二元博弈特征），而且在能源消费国与消费国之间（如美国、欧盟和日本之间），能源生产国与生产国之间（欧佩克内部、欧佩克与俄罗斯等新兴产油国之间）也都存在着复杂的矛盾和斗争。在能源聚集地，各种国际力量的争夺更加明显。近 10 年，在中东地区、中亚里海地区、非洲和拉美地区，包括美国、欧盟、俄罗斯、日本、中国、印度等国在内的大国或地区组织为控制该地区能源资源的开发运输主导权展开了激烈的角逐。其中，俄美在中亚里海地区的油气资源勘探、开发、运输等问题上的斗争尤其引人关注。

第二节　能源外交的兴起与发展①

自 20 世纪 70 年代石油危机爆发以来，石油作为一种稀缺的和不可再生的战略资源逐渐受到世界各国的高度重视，石油外交也因此迅速登上国际外交舞台。进入 21 世纪后，在经济全球化的大背景下，石油外交的内涵进一步延伸，并开始向全球能源外交转化。如今，能源外交已经被国际社会广泛接受，并成为各国对外战略中的最重要组成部分。

对于不同的国家，能源外交的含义是不一样的。对以西方发达国家为主的能源进口型国家而言，能源外交的目的是为了获取安全稳定的能源供应，而对以欧佩克成员国为代表的能源出口型国家来说，能源外交的目的则是在避免价格剧烈变化的前提下，尽量争取以适度高的价格出口能源。由于上述两类行为主体之间存在着明显的利益差别，导致双方在开展能源外交时不可避免地出现矛盾和冲突，进而对现有国际关系和地缘政治格局造成强烈冲击。但同时，为了避免"零和博弈"结果的出现，这些国家一般又会建立起战略协作伙伴关系，并积极推动区域和大国能源合作以及全球能源安全对话。

一、双边能源外交

双边能源外交是能源外交的基本形式，大体上可以分为对邻国、与能源进口大国和与能源出口大国三种类型。在经济高度交融的全球化时代，无论是能源进口国还是能源出口国，几乎都不能回避这三种类型的能源外交行为，而这些能源外交行为又常常交织在一起，使国际能源合

---

① 能源外交是一个含义相当广泛的概念，除本章中提到的双边、多边、全球三个层面外，还有国际跨国公司的能源外交、非政府组织的能源外交等多种类型，限于篇幅，这里没有一一列举。

作变得更加复杂。以能源出口国哈萨克斯坦为例，作为一个以能源为支柱产业的地区大国来说，它的能源外交是全方位的。其中对俄罗斯的能源外交行为比较复杂，因为哈方既向俄方出口原油，又从俄方进口成品油，还借道俄罗斯管道向西方出口原油，在此，俄方扮演着能源进口国、出口国和过境国三种角色，从中也可见哈俄在能源领域的密切合作关系。对于同为能源进口国的国家来说，开展双边能源外交主要是为了协调双方对外能源外交行动中的政策和立场，难免引发利益冲突。以中国和欧盟为例，由于中国和欧盟均属能源进口方，又都属于能源进口和消费大户，在能源领域保持紧密的沟通与协调不仅符合双方的利益，也是维护世界能源市场稳定的需要，但是由于双方都将对海外能源利益的追求置于国家和地区的战略高度，因此，在对非洲和中东地区等地的能源外交中，双方经常因谋取利益的态度和方式有所不同而引发争论，最后甚至上升为政治分歧。[1] 相比之下，同为能源出口国的国家之间开展双边能源合作较为容易，因为这些国家有一个共同之处，即它们都对保持适度高的油价，避免油价的剧烈变化抱有浓厚的兴趣。[2] 但同时，由于它们也是国际能源市场和投资市场上的竞争对手，这使它们在面临危机的时候又很难联合起来有效地保护它们的集体利益。如在 2011 年因利比亚战争引发石油短缺导致国际油价大幅上涨之时，欧佩克海湾产油国在增加石油产量的问题上就未能达成一致，最终促使国际能源署联合释放战略储备石油以平抑油价。

二、多边能源外交

多边能源外交的参与者包括国际社会的多个行为主体，这些行为体可以是国家、国际能源组织（也可能是国际组织下属的能源机构）或者非政府组织。由于参与主体较多，多边能源外交具有典型的区域性特点，

---

① 中国社会科学院欧洲研究所、中国欧洲学会编：《欧盟的国际危机管理：2006—2007 欧洲发展报告》，北京：中国社会科学出版社，2007 年版，第 103 页。

② ［俄］斯·日兹宁著，强晓云、史亚军、成键等译，徐小杰主审：《国际能源政治与外交》，上海：华东师范大学出版社，2005 年 8 月，第 195 页。

这对区域内的国家无疑是有利的，但对区域外的国家排斥功能也很明显。
以欧盟和上海合作组织为例。自 1951 年欧洲煤钢共同体成立以来，欧共
体/欧盟一直将加强组织内部的能源合作，建立统一的能源大市场，实施
统一的能源外交视为组织的最重要战略任务。在整合内部行政资源和制
定统一的能源政策之后，欧盟开展能源外交时积极寻求用一个声音说话，
以最大限度地维护欧盟的能源利益。如在 2006 年 6 月召开的维也纳欧盟
峰会上，欧盟表示，将采取外交和共同安全政策以及欧洲安全和防务政
策等，来推动欧盟对外能源政策的实施。2009 年 7 月，欧盟通过了有关
对欧盟的天然气和电力市场进行改革的法案，其主要内容就是要求"厂
网分离"，避免大型能源生产企业同时控制输送网络，由于该法案也适
用于进入欧盟市场的外国企业，因此引发了俄罗斯的强烈不满。俄方认
为欧盟此举就是专门针对俄罗斯天然气巨头——俄罗斯天然气工业公司
的，希望欧盟能够在制定相关政策时考虑俄方的利益。[1] 2011 年 10 月，
欧盟委员会通过一份有关能源供应安全和国际合作的提案《欧盟能源政
策：与非成员国合作伙伴建立联系》，首次为欧盟能源外交设定了一份
综合性战略。提案中，欧盟委员会指出，改进各欧盟成员国确定和执行
外部能源政策优先级的协调性是首要问题，确保欧盟内部联合行动，对
外用一个声音说话。[2] 2001 年 6 月成立的上海合作组织的前身是解决成
员国之间边境问题的上海五国机制，本来没有下属的能源机构，但是其
内部的原苏联成员国之间 · 直有着密切的能源关系，而随着中国与俄罗
斯、哈萨克斯坦、土库曼斯坦和乌兹别克斯坦等国的能源合作的不断深
入，建立一个协调各国能源关系的能源机构就显得尤为必要了。2006 年
6 月，在上海举行的上合组织元首峰会上，俄罗斯总统普京正式提出成
立能源俱乐部。2007 年 6 月底，在莫斯科召开了上合组织成员国能源部
部长会议，重点讨论了在上合组织框架内的能源合作和能源安全，以及

---

① 《欧盟希望扩大从俄罗斯的天然气进口》，http：//news. xinhuanet. com/world/2011/12/01/c_122364748. htm。
② 《欧盟公布能源外交战略提案》，http：//scitech. people. com. cn/h/2011/10/10/c227887 - 1662261033. html。

建立上合组织成员国能源俱乐部及其工作构想的问题。① 2011 年 9 月，中国、吉尔吉斯斯坦、俄罗斯、塔吉克斯坦四国的能源部长在中国西安召开专门会议，就启动上合组织能源俱乐部事宜进行磋商，并发表了《西安倡议》，指出有必要加快启动上合组织能源俱乐部的工作。② 2013 年 12 月，上海合作组织能源俱乐部正式成立，这是上合组织框架下发展和扩大能源合作的开放性多边平台。俱乐部前三次高官会分别在哈萨克斯坦、俄罗斯和土耳其举行。俱乐部会员包括中国、俄罗斯、哈萨克斯坦、塔吉克斯坦、印度、巴基斯坦、蒙古国、阿富汗、伊朗、白俄罗斯、土耳其和斯里兰卡。③ 2018 年 5 月 15 日，上合组织能源俱乐部第四次高官会在北京举行。来自各成员国和观察员国的代表参会。会议上，各国代表重点介绍了本国发展新能源的情况，中方代表介绍了中国在能源技术创新方面取得的进展。

三、全球能源安全对话

能源外交在全球层面的表现就是全球能源安全对话日渐频繁。近年来，国际能源安全形势的变化使得各国的能源安全意识显著增强。为确保能源安全，美国、欧盟、日本和俄罗斯等能源消费、生产大国纷纷制定新的能源战略，并积极推动全球能源安全对话。

一方面，出台新的能源战略。小布什政府在 2001 年出台的美国《国家能源政策》中强调，"增加国内能源生产、能源市场多元化、能源储备现代化、增强国家能源基础设施，是 21 世纪美国能源安全蓝图"。④ 2005 年 8 月，小布什政府又颁布了《2005 年能源政策法》，其中突出了

① 《上合组织成员国能源部长在莫斯科商讨建立能源俱乐部问题》，http：// www. mofcom. gov. cn/aarticle/i/jyjl/m/200707/20070704841423. html。

② 《欧亚四国发起〈西安倡议〉，拟加快启动上合组织能源俱乐部》，http：// energy. people. com. cn/GB/15746717. html。

③ 《上合组织能源俱乐部第四次高官会在京举行》，http：//www. nea. gov. cn/2018/05/23/ c_137200592. htm。

④ Abraham Statement, "US. Energy Secretary on Second Anniversary of Presidentps National Energy Policy Announcement," http：//www. energy. gov/news/1044. htm。

节能增效，降低美国对国外能源的依赖。2006 年 2 月，小布什总统在
《国情咨文》中又要求美国能源部实施《先进能源计划》，以加强洁净能
源的研究与开发，减少从局势动荡地区的石油进口，保障美国的能源安
全。2009 年，奥巴马政府出台了《美国清洁能源与安全法》，提出通过
减少对国外石油依存度来提升美国的国家安全，通过减少温室气体排放
来减缓全球变暖。[1] 对欧盟而言，维护地区能源安全一直是其共同外交
政策的核心内容。2002 年 9 月，欧盟委员会出台了《建立内部能源市
场：加强石油和天然气供应安全》的政策性倡议。欧盟委员会认为，
"鉴于地缘政治的不确定性，有必要建立一个有效机制，以保证获得价
格合理的能源供应，因为能源安全已成为广受关注的大事，欧盟成员国
必须联合行动，加速内部单一能源市场建设，统一管理石油和天然气储
备，加强与生产国的合作与协调"。[2] 2006 年 3 月，欧盟委员会发表能源
政策《绿皮书》，确定了能源政策的三个战略目标，即环境可持续性、
有竞争力和供应安全，同时强调"团结、一体化、互助、可持续性、有
效性和创新是欧洲能源政策的首要任务"。[3] 2010 年 11 月，欧盟委员会
发布了《能源 2020——寻求具有竞争性、可持续性和安全性能源》（简
称《能源 2020》）的最新能源战略文件，再次强调了"强化欧盟能源市
场的外部层面，加强欧盟的国际伙伴关系的重要性"。[4] 对日本来说，保
障日本海外能源供应安全是日本能源安全的重要目标。为实现能源消费
结构多样化，减少对海外能源进口的依赖，降低能源安全风险，2006 年
5 月，日本经济产业省出台了《新国家能源战略》，其核心目标是，"确
立受到国民信赖的能源安全保障体系；确立能源问题与环境问题一体化
解决的可持续发展基础；为亚洲及世界克服能源问题作出积极贡献"。[5]

---

[1] *The American Clean Energy and Security Act of 2009*，http：//www. c2es. org/federal/congress/
111/acesa – short – summary.

[2] Commission of the European Communities，*Internal Energy Market*：*Commission Proposes
Strengthening Security of Oil and Gas Supplies*，September11，2002.

[3] Commission of the European Communities，*Green Paper – A European Strategy for Sustainable*，
Competitive and Secure Energy，March 8，2006.

[4] *Energy 2020 – A Strategy for Competitive*，*Sustainable and Secure Energy*，http：//eur –
lex. europa. eu/LexUriServ/LexUriServ. do？uri = CELEX：52010DC0639：EN：HTML：NOT.

[5] 日本经济产业省：『新·国家エネルギー战略』，2006 年 5 月，第 15 ～ 19 頁。

对于能源生产、出口大国的俄罗斯而言，其丰富的油气资源是立国之本和强国之源。为有效利用好这一战略性资源，2003 年 5 月俄政府通过了《2020 年前俄罗斯能源战略》，其中指出，为了促进经济的迅速恢复，俄罗斯需要采取外交手段巩固其在国际能源市场上的地位，使国家以平等的身份参与国际能源合作，最大限度地扩大油气的出口能力，提升能源产品及服务在国际市场上的竞争力，在合理和互利的条件下，吸引外资进入俄能源领域，并鼓励本国能源公司进入国外能源市场、金融市场，获取先进的能源技术等。①

另一方面，推动全球能源安全对话。在全球化时代，能源安全也具有全球属性，这使开展全球能源安全对话成为解决能源问题的必然选择。如今，全球能源安全对话已经在消费国和输出国联盟之间、西方发达国家之间、发达国家和新兴经济体之间等多个层面广泛开展起来。随着经济全球化和世界石油市场一体化的发展，能源消费国与能源输出国之间的矛盾不仅远不如 20 世纪七八十年代突出，而且其相互依赖程度还在不断加深，这为双方间的能源对话与合作奠定了基础。冷战结束后，由西方能源消费国组成的国际能源署和以阿拉伯产油国为核心的欧佩克间的合作逐渐增多，逐渐建立并完善了能源对话机制，并共同召开多次国际能源会议，议题涉及世界能源市场的变化、国际能源热点问题等。相比国际能源署和欧佩克之间的能源对话，欧盟与欧佩克之间的能源战略对话似乎更加富有成效。从 2005 年双方在布鲁塞尔举办首次能源战略对话以来，类似高层能源对话已经举办了 9 次。对话的主要内容包括交流各方能源政策、介绍能源领域最新行动和经验、探讨国际能源热点问题等。对于对话的成效，双方均认为对话促进了双方建设性地交换意见，有助于兼顾能源生产国和消费国的利益，共同保证能源市场稳定。② 1975 年，七国集团（G7）/八国集团（G8）诞生之初，能源问题就是峰会的核心议题。自 2005 年以来，G8 峰会开始关注与温室气体排放相关联的能源

---

① Энергетической стратегии России на период до 2020 года. http：//www. minprom. gov. ru/docs/strateg/1.

② 《欧佩克与欧盟举行第八次能源对话》，http：//www. people. com. cn/h/2011/07/05/c25408 - 486398462. html。

安全问题，并且每年都将这些问题纳入峰会的核心议题之中。由于 G8
成员国在国际能源署中拥有较大的制度性权力（俄罗斯除外），G8 峰会
从 2005 年开始有意加强同国际能源署的合作，其目的在于扩大国际能源
署的作用，促使其将治理功能延伸到能源效率和清洁能源领域，以应对
使用化石燃料所导致的气候变化问题。[1] 1999 年成立的二十国集团
（G20）原本是应对全球金融危机的产物，但如今其首脑峰会也成为了全
球能源安全对话的新平台。由于 G20 成员既包括英美等西方发达国家，
也有中国、印度等新兴市场国家，因此峰会所涉能源安全议题更具全球
性。2013 年 9 月 5 日，在俄罗斯圣彼得堡召开的 G20 第八次峰会上，与
会领导人不仅讨论了加强稳定能源市场以及能源的可持续性等问题，而
且一致认为，在全球化格局下，国际能源合作是保障能源安全，实现多
方共赢的重要途径，这对未来继续推进各层次的全球能源安全对话无疑
具有重要的指导意义。

---

① Dries Lesage, Thijs Van de Graaf and Kirsten Westphal, "The G8's Role in Global Energy Governance Since the 2005 Gleneagles Summit," p. 260.

第三章

国际能源组织与全球能源治理*

<hr>

* 除本章重点阐述的几个国际能源组织以外，还有八国集团、联合国、欧盟、东盟、亚太经济合作组织和上海合作组织下属的能源机构以及国际能源论坛等非正式的对话型国际能源组织。限于篇幅，本章不做详细阐述。

近年来，随着国际政治经济和国际能源形势的变化，全球能源治理开始受到国际社会的广泛关注，其目的是推动能源领域的对话与合作，缓解能源供需矛盾和解决国际能源争端等。在全球能源治理过程中，国际能源组织的地位日益突出，成为了各国开展国际能源合作，维护本国能源安全的重要舞台。

国际能源组织最早出现于20世纪60年代。此后，随着国际能源形势的变化，国际能源组织逐渐增多。进入21世纪以后，国际能源市场供需矛盾日益突出，能源问题与地缘政治之间的互动明显增多，关系日趋复杂，这为国际能源组织的发展提供了一个良好的历史机遇，各种国际能源组织纷纷成立，并在处理国际能源危机和解决国际能源冲突中发挥着越来越重要的作用。

第一节　生产国主导的国际能源组织

由生产国主导的国际能源组织包括石油输出国组织欧佩克（OPEC）和天然气输出国论坛（GECF）等。

一、欧佩克

欧佩克的成立是中东民族主义觉醒的产物，标志着西方"石油七姐妹"对国际石油垄断时代的结束，世界石油史从此进入一个崭新的时代。

1959 年 4 月，在埃及首都开罗召开了首次阿拉伯石油会议。会上，在时任埃及总统纳赛尔（1956~1970 年）的支持下，阿拉伯国家代表首次提出建立欧佩克的倡议。1960 年 7 月，美国新泽西埃克森公司董事会单方面决定降价的决定是欧佩克成立的直接导火索。在董事会上，新上任的埃克森公司董事长门罗·拉思伯恩不顾公司其他董事，尤其是公司驻伊朗财团代表霍华德·佩奇的反对，决定再次降低油价。8 月 9 日，埃克森公司单方面把中东石油标价下降 14 美元/桶，降幅近 70%。在中东的其他西方石油公司随即也跟风降价。这次降价使中东产油国每年的石油收入减少了 2.31 亿美元。面对着西方石油垄断资本无止尽地盘剥，1960 年 9 月 9 日~14 日，沙特阿拉伯、科威特、伊朗、伊拉克及拉美的委内瑞拉五个石油资源丰富的国家在巴格达召开会议，决定五国联合起来共同成立石油输出国组织以对付西方国际石油卡特尔，维护产油国的石油利益。9 月 14 日，五国向世界宣告成立石油输出国组织（Organization of the Petroleum Exporting Countries—OPEC），中文简称"欧佩克"。

欧佩克现有 15 个成员国，除上述五国外，另十个国家分别是：卡塔尔（1961 年），利比亚（1962 年），阿拉伯联合酋长国（1967 年），阿尔及利亚（1969 年），尼日利亚（1971 年），厄瓜多尔（1973 年，1992 年至 2007 年 10 月被暂停成员资格），加蓬（1975 年加入，1995 年被终止成员资格，2016 年 7 月恢复资格），安哥拉（2007 年），赤道几内亚（2017 年），刚果（布）（2018 年）。此外，早期成员国印度尼西亚（1962 年加入，2009 年 1 月 1 日被暂停成员资格，2015 年重新加入）于 2016 年底欧佩克大会后再次暂停了成员资格。根据不同情况，欧佩克内部还将这 15 个国家分为创始员国和正式成员国。依据欧佩克成立之初的组织条例规定："任何国家，只要是原油保持大幅净出口，从根本上（与创始员国）有类似的利益国家，如果接受由超过 3/4 的正式成员表决同意，都有可能成为该组织的正式成员。"[1] 作为一个由石油输出国组成的国际能源组织，欧佩克的使命是协调和统一其成员国的石油政策，并确保石油市场的稳定，以确保向消费者提供高效、经济、定期的石油

---

[1] Member Countries, http：//www. opec. org/opec_web/en/about_us/25. htm.

供应，同时保证给予石油投资者（生产者）一个稳定的收入和公平的资本回报。①

成立至今，欧佩克已经走过了50多个年头，其发展历程大致可以分为六个阶段，每一个阶段欧佩克采取的石油政策各不相同，对国际石油市场产生的影响也不一样。

第一阶段：1960～1973年。这一阶段欧佩克并没有达到成立之初确定的基本目标，即争取国家的经济独立，控制本国自然资源的开发和销售权，而仅仅是成功地抵制了西方石油公司单方面改变油价的做法。但是不能否认的是欧佩克将中东产油国，无论是君主国还是共和国团结起来，共同加入到反对殖民主义经济体系的斗争中去，这本身就具有划时代的历史意义。而期间发生的一系列历史事件则从政治、经济上增强了欧佩克主导中东石油的信心。1967年第三次中东战争虽然以阿拉伯国家的失败告终，但是这场战争激发了阿拉伯国家的民族主义热情。1968年初英国撤出中东后，美国迅速填补权力真空，与伊朗签署协议，支持其现代化，沙特阿拉伯也向美国寻求"政治寻租"，将美国视为本国安全的保护者。1969年9月的利比亚革命更增强了中东产油国的政治自信心。1971年2月和1972年4月，欧佩克产油国和西方石油公司在德黑兰和的黎波里举行谈判并达成协议，据此，西方石油公司缴纳给主权国的税率从50%提高到55%，为抵消通货膨胀和美元贬值给产油国造成的损失，每年另外再提高2.5%。这标志着中东产油国和拥有特权的西方石油公司之间关系的彻底改变，西方石油公司对中东石油的垄断地位不复存在。该阶段欧佩克政策的基本思想来自国际石油卡特尔的"生产配额"策略，成立不久就开始讨论实施配额制度以达到提高油价的目的，不过当时生产配额制度不仅在制定还是在实施方面，都仅限于计划层面，其成员国也没有贯彻执行，但这一举动为欧佩克以后的生产配额制度提供了借鉴。

第二阶段：1973～1981年。1973年第四次中东战争引发的第一次石油危机改变了中东的石油格局，海湾的欧佩克成员国通过提价、禁运、

---

① Our Mission，http：//www.opec.org/opec_web/en/about_us/23.htm.

涨税、取消销售回扣、实现"参股制"或国有化等措施沉重打击了西方势力，将石油资源牢牢抓在手中，真正控制了石油的定价权，彻底获得了经济上的独立。通过提价，石油现货价格一涨再涨，从1973年初的每桶5美元提高到11美元，再又上升到1977年2月的12.7美元，最后达到1980年的34美元。油价的上涨使欧佩克成员国石油收入暴增，1973年欧佩克的石油收入为1300亿美元，1980年上升到2800亿美元，石油美元的剧增为海湾国家迅速实现现代化奠定了坚实的物质基础，从此中东迎来了长达数十年的石油经济繁荣时期。值得注意的是，这一阶段石油价格虽总体走高，但是大幅上涨只是在1973年和1978年以后，1974～1978年油价只是小幅上涨，而且涨幅基本上被西方国家的通胀和美元的贬值抵消掉了。尤其是20世纪70年代后期，受越南战争的影响，美元大幅度贬值，西方国家的通胀率不断上升。由于国际油价受美元汇率的影响，石油的真实价格反而出现了降低。为了避免损失，欧佩克采取了提价保值的石油政策，其中包括调整石油标价和石油产量。也正是在这一政策实施的过程中，在围绕着油价提升的幅度问题上，以伊朗为代表的强硬派和以沙特为代表的温和派发生了激烈的冲突，尽管最终双方妥协并达成一致，但这无疑暴露出了欧佩克内部的矛盾和分歧，这实际上也反映了欧佩克成员国与西方关系的变化。而每次欧佩克成员国石油产量的调整并非出于维护基准油价的需要，更是出于自身利益的考虑。如1975年，当国际市场石油需求出现下降时，欧佩克大多数成员国都采取了削减石油产量的政策，但是这主要是因为欧佩克成员国不愿意贱卖国内石油资源。在1978年伊朗爆发伊斯兰革命期间，欧佩克成员国都上调了石油产量，这尽管有平抑油价的要求，但其中也有借高价抛售石油的因素。

第三阶段：1981～1985年。这一时期国际石油价格逐级走低，欧佩克成员国对市场的影响力也逐渐减弱，为了维护其对市场的控制，欧佩克采取了限产保价政策。1981年6月，国际石油市场出现需求过剩，国际石油价格随之回落。出现这一现象的主要原因有西方发达国家（以经济合作与发展组织为主）陷入经济衰退导致石油需求减少，高油价导致非欧佩克产油国产能的大量释放以及替代能源的发展等。为了阻止油价的下跌，欧佩克推出了限产保价政策。其主要内容包括：首先，结束双重价格。此前欧佩克内部实行的是两种石油基准价格，沙特采用较低的每桶 32 美元基准价，其他国家采用的是 36 美元的基准价。在 1981 年 10 月召开的欧佩克第 61 次会议上，将基准价格统一为每桶 34 美元。其次，确立配额制。1982 年 3 月份召开的第 63 次会议上，欧佩克宣布将该组织的产量限定为每天 1800 万桶，各成员国按照产量配额生产。配额制遵循的是富国为穷国让步的原则，如果将欧佩克成员国 1982 年 4 月的配额和 1977 年产量进行对比，富国的比例一般是 50% 左右，科威特更是低至 40%，像厄瓜多尔等穷国高达 90%。但事实上，该阶段的限产保价政策带来了反面效应：一方面，西方主要石油消费国的经济由于高油价受到了巨大的抑制；另一方面，为了避免更大的损失，西方开始寻求替代能源，以及开发新的能源技术，这使得国际石油贸易市场发生了结构性转变，与此带来的是石油消费需求的降低以及油价的下跌。尽管配额制确定下来，但是受此约束的国家却并不多，其中伊朗表示不会遵守配额制、阿尔及利亚和委内瑞拉也表达了对本国配额的不满。由于没有严格按照配额进行生产，这使得 1982 年欧佩克每天的石油产量超过原计划近 100 万桶，这也导致欧佩克的限产保价政策难以有效执行，不得不一次次调低基准油价。1985 年 9 月，沙特宣布放弃基准油价，不再执行限产保价政策。

第四阶段：1985～2005 年。这一时期国际油价长期低位徘徊，虽然在海湾战争期间有过短暂的上涨，但也仅是昙花一现，为了保证产油国的经济利益，欧佩克实施了低价保额的政策，并确立了新的目标石油价格体系。1985 年 9 月沙特放弃基准油价，转而采用现货市场价格销售石油的行为引发了其他欧佩克成员国的连锁反应，随后非欧佩克成员国也开始降价销售，双方之间的价格战一直持续到 1986 年底欧佩克第 80 次会议上重新实施配额制才告结束。然而新配额制中的配额结构与之前并无多大区别，仍然采用富国照顾穷国的原则，这引起了沙特、科威特和阿联酋等国的不满，它们不仅没有遵守配额制，相反扩大产量争夺市场份额。但 90 年代前期受包括洛克比空难、海湾战争等一系列突发事件和战事的影响，欧佩克成员国或者不愿意提高产量（沙特、阿联酋等），或者无法提高产量（伊拉克、科威特等），这使得它们之间的产油配额结构维持在相对稳定水平。这种情况一直延续到 1992 年 11 月，在欧佩克第 92 次会议上欧佩克成员国才就各国配额达成一致。根据新的产量分配原则，欧佩克成员国的配额均大幅提高，沙特、科威特和阿联酋等被长期限制扩大产量的国家的配额甚至增加了近一倍。自此以后，欧佩克的配额结构基本稳定下来，内部矛盾和斗争得以大大缓解。在保证石油价格的稳定方面，欧佩克还确定了新的石油价格体系。与之前以沙特轻质原油价格为基准油价制不同的是，新石油价格采取的是一揽子油价，即 7 种原油的综合油价。[①] 可见，新的石油价格反映了所有欧佩克成员国的石油利益，更具有代表性。

第五阶段：2005～2014 年。该阶段欧佩克主要采取的是"维持市场适度紧张战略"，它其实是三个政策的综合：实行逐渐松动配额制、调整石油产量、调整石油产能。从 2003 年开始，国际油价进入一个快速上涨的阶段，这与中国、印度等新兴国家经济的高速发展导致对石油需求的迅猛增加有着直接的关系。油价不受控制的上涨意味着欧佩克实行的石油价格体系失去了约束力。迫于压力，欧佩克于 2005 年 1 月第 134 次会议上宣布放弃之前设定的价格带政策，即把国际石油市场的指导价格设定在 22～28 美元之间。这标志着，在经历了基准油价制和新石油价格制之后，欧佩克认识到国际油价已经不再受自己的控制，欧佩克不再是决定国际油价的唯一主导力量。此后，欧佩克主要通过根据国际石油市场供需状况调整其产量来干预国际油价的走势。但是，产量调整能力并不是欧佩克所有成员国都具备的，而是仅存在于沙特等极少数国家之中。2005 年以后，面对国际市场对欧佩克剩余需求增加带来的油价上涨，沙特等具有产量调整能力的国家只会满足国际石油贸易市场的正常需求，而不会满足"超额需求"的增长，而这通常反映在石油库存上。如果石油消费国的石油库存量能满足消费需求的上涨，那么该国的正常需求已经得到满足，沙特等国便不会为了抑制油价上涨而增加产量。调整石油

---

① 7 种原油包括 6 种欧佩克原油，分别是阿尔及利亚 44.1°撒哈拉布兰德原油、印度尼西亚 33.9°米纳斯原油、尼日利亚 32.47°博尼轻油、沙特阿拉伯 34.2°轻油、阿联酋 32.4°迪拜原油、委内瑞拉 32.47°提亚瓜纳原油，以及墨西哥 32.8°伊斯玛斯原油。

产能是指欧佩克在确定国际石油市场现有产能不能满足未来新增需求之前，这些国家不会在上游领域投入过多资金，而仅是向石油市场保证一定的产量调节能力。① 如在 2007 年 6 月至 2008 年 6 月，当国际石油市场石油需求剧增时，欧佩克成员国都按照本国最大产能生产石油，其中沙特就将其每天的石油产量增加了 100 万桶。而 2008 年底国际石油市场受金融危机影响转冷时，欧佩克又及时调低了产量，其中沙特更是每天减产近 300 万桶。但是事实证明，欧佩克石油产量的调整只能对国家油价造成短暂的冲击，并不能产生决定性的影响，这是因为国际石油市场已经进入一个多方博弈的阶段。

第六阶段：2014 年至今。这一阶段的突出特点是不稳定的产量政策以及不协调的组织行动力。在 2014 年 11 月的维也纳会议上，沙特成功拒绝了委内瑞拉等国对减产的呼声并宣布 2015 年实行不减产政策。国际油价在短短两个月内迅速暴跌，最低价位跌破了每桶 45 美元。此次不减产政策的主要原因在于美国近年来兴起的页岩气革命导致国际能源市场出现过剩产能。如果将这些产能全部由欧佩克承担，它将损失 6% 的市场份额。但不减产带来的油价下跌必然会产生负面影响，2015 年欧佩克成员国的经济出现了全面负增长的状况，其中有 7 个国家的 GDP 降幅超过 10%，3 个国家降幅超过 20%，受损最严重的科威特 GDP 下跌了26.27%。2016 年初，在巨大的财政和经济压力下，欧佩克就减产问题进行协商，但具体协议由于内部分歧在长达 9 个月的时间内始终难产。11 月底，欧佩克达成了初步减产协议并同时成立了监督机构，虽然该机构并没有强制的法律约束力，但它也能在集体行动中起到一定的推动作用。2017 年减产协议的执行使当年布伦特油上涨了约 10 美元，但各国完成情况相差甚大，委内瑞拉、安哥拉、卡塔尔和沙特的减产执行率超过 100%，其他几国却出现了超产作弊现象。2018 年各产油国计划将协议将持续到 12 月，但花旗银行和摩根大通等投行对此持消极态度。本阶段的市场反应说明了欧佩克政策对石油市场的巨大影响能力，但也反映

---

① 所谓的"上游领域"是指对石油资源进行开发却不进行实际生产，而是对这些油田进行维护。

出了其内部矛盾与不合，加之后伊核协议时代中东地区的进一步不稳定，组织的行动力可能日渐式微。

总体来看，无论哪个阶段欧佩克都没有对国际油价形成绝对的有效控制，而只是根据现货市场的变化情况调整其油价和产量政策。但是，尽管如今欧佩克的影响力已不如 20 世纪七八十年代的顶峰时期，甚至被人称为"时尚绅士俱乐部里上了年纪的常客"，① 其中一个重要原因在于组织内部派系斗争的扩大和成员国间矛盾的激化。不可否认的是，成立至今，欧佩克在国际石油市场和世界经济发展中一直扮演着举足轻重的角色，虽然近年随着国际能源格局各种力量的此消彼长，其地位有所下降，但仍然是一支不可忽视的重要力量。

二、天然气输出国论坛

天然气输出国论坛是一个由世界主要天然气生产国组建的国际能源组织。2001 年 5 月，在拥有世界天然气储量前三位的俄罗斯、伊朗、卡塔尔发起下，天然气输出国论坛在伊朗首都德黑兰召开了第一次部长级会议，目的是加强天然气生产国之间的交流与合作。出席会议的有包括俄罗斯、伊朗、卡塔尔在内的 11 个天然气生产国的代表。本次部长级会议被外界认为是该组织的成立大会。尽管各国部长们在公告中强调论坛并不以追求一个产量分成协议和配额制度为目的，但国际社会对其能否成为一个类似于欧佩克的卡特尔组织表示十分关切。

天然气输出国论坛包括阿尔及利亚、玻利维亚、埃及、赤道几内亚、伊朗、利比亚、尼日利亚、阿曼、卡塔尔、俄罗斯、特立尼达和多巴哥和委内瑞拉 12 个成员国和阿塞拜疆、哈萨克斯坦、荷兰、挪威、伊拉克、阿曼、秘鲁 7 个观察员国。这些国家控制着世界天然气储量的 70%以上，管道贸易的 38% 和 85% 液化天然气（LNG）的生产，其中俄罗斯、伊朗、卡塔尔 3 个储量最大的成员国就控制了世界天然气储量

---

① 《欧佩克——时尚绅士俱乐部里上了年纪的常客?》，载《石油知识》，2012 年第 5 期，第 58 页。

的 57%。

自成立以来，天然气输出国论坛就只是一个结构松散的对话平台，由于缺乏具体的章程和固定的成员结构，使它对国际能源格局的影响极为有限。这种状况一直延续到 2008 年。

2008 年 12 月 23 日，天然气输出国论坛第七次部长会议在莫斯科召开。在俄罗斯总理普京的大力推动下，本次会议正式签署了成员国宪章和相关协定，根据宪章规定设立执行委员会和秘书处，并确定将组织的总部设在卡塔尔首都多哈。这标志着经过近七年的酝酿，天然气输出国论坛已经由"结构松散的俱乐部"变成了正式的国际能源组织。尽管俄罗斯等国一再表示该论坛并不是天然气领域的"欧佩克"，但这个刚刚成立的组织依然被各国媒体冠以"天然气欧佩克"的非正式名称。作为国际能源市场的新生事物，天然气输出国论坛备受瞩目，而作为组织领袖的俄罗斯更成为其中的焦点。

俄罗斯拥有世界上最大的天然气储备和最强的生产能力，对成立一个世界性的天然气合作组织充满热情和期望，近年来一直积极推动天然气输出国论坛的组织建设和完善。2002 年，普京就向土库曼斯坦总统尼亚佐夫建议，由俄罗斯和中亚国家成立一个"欧亚天然气联盟"，以协调彼此之间的生产。2007 年 1 月，伊朗精神领袖哈梅内伊向俄罗斯提议，成立一个类似欧佩克的天然气输出国组织。对此，普京 2 月公开通过媒体回应，成立天然气输出国组织是一个"非常有意思的想法"。同月普京在出访卡塔尔时建议，4 月在多哈举行的世界天然气出口国论坛第六届部长会议上应该讨论有关成立天然气输出国组织的议题，为表示重视，俄方决定派遣俄工业和能源部部长赫里斯坚科和俄罗斯天然气工业公司总裁米勒出席多哈会议。遗憾的是，2007 年的多哈部长会议由于多种原因各方并未取得任何实质性的突破。进入 2008 年后，俄罗斯明显加快了工作进程。10 月 21 日，俄罗斯联合伊朗、卡塔尔在德黑兰宣布将组建天然气输出国组织。为尽快成立正式组织，俄、伊、卡三国决定成立一个高级技术委员会起草组织条例，提交年底在莫斯科举行的世界天然气出口国论坛部长级会议审议。12 月 23 日，12 个天然气出口国的能源部长在莫斯科就成立天然气输出国组织正式达成一致。有西方评论认为，未来俄罗斯完全有可能通过多种途径主导该组织的活动，进而左右世界天然气市场的走势。

俄罗斯之所以不遗余力地推动成立天然气输出国组织，客观上是因为进入 21 世纪以来世界能源市场中天然气的需求量不断增长，而随着全球天然气市场的形成，天然气输出国开展实质性的协调与合作势在必然。但其背后还有俄罗斯更深远的战略考虑。

第一，掌握天然气的定价权，防止国际能源价格持续下跌。2008 年 8 月以来，受金融危机和随之而来的经济危机的影响，国际油价大幅跳水，从高峰期的每桶 147 美元跌至每桶 40 美元以下，下跌幅度近 75%。这毫无疑问影响到了价格与石油挂钩的天然气市场。以俄罗斯天然气工业公司为例，2008 年中期公司初步估计，受益于 2008 年上半年的高油价，公司 2008 年的利润可能达到 300 亿美元，但如果油价长期徘徊在 70 美元左右，2009 年的利润将锐减至 30 亿~50 亿美元，2010 年的利润可能出现负增长。尽管 2008 年 12 月 23 日召开的部长会议强调，该组织并非真正的"天然气欧佩克"，不是卡特尔，不会为天然气定价，然而普京却表示，由于现有的气田资源逐渐枯竭，而未来具有利用前景的气田又远离消费中心，"天然气勘探、开采和运输的费用无疑将上涨"，这意味着廉价天然气时代的结束。①

第二，实现利益平衡，保证俄罗斯和全球的能源安全。能源供应的不平衡使得有关必须保证全球能源安全的问题变得十分迫切。普京在第七届部长会议上指出，"个别没有自己的油气资源或没有为将来储备油气的国家，常常只是以优惠条件获取他国资源的愿望提出能源安全问题"。普京认为，天然气过境政治化和天然气消费国一味地压价都是这一问题的反映。为了保障国家能源储量的主权和对消费者负起连续不间断供应的责任，俄罗斯需要保持世界天然气领域的供应平衡。为此，俄罗斯必须在世界天然气市场制定"长期游戏规则"，也就是建立透明和长期的市场关系，制订长远投资计划，实现生产国、消费国

---

① 《普京说廉价天然气时代即将终结》，http://news.xinhuanet.com/world/2008/12/23/content_10549767.htm。

和过境国之间的利益平衡。此外，由于天然气价格与石油价格关联度极高，普京认为经济危机对天然气行业的影响甚至比石油业还要强烈得多，成立于这一非常历史时期的天然气输出国组织无疑将有利于有关各方加强沟通与合作，使各项政策令行禁止，使各项调控措施更加稳定。

第三，提升俄罗斯在世界政治经济中的地位。俄罗斯是一个油气大国，俄相信"资源优势使俄罗斯有能力在21世纪世界经济中居于领先地位"。截至2008年底，俄因石油出口增收5000亿美元，普京直言能源出口"帮助俄罗斯站了起来"，表示"发展能源产业没什么不好，建立世界上最好的现代化能源企业是俄罗斯的重中之重"。为了打造"能源超级大国"，巩固和扩大天然优势，努力将资源潜力转化为竞争优势，2008年金融危机后，俄在能源领域频频出招：在主办G8峰会上提出构建全球能源供求体系的倡议；力促在上海合作组织内部建立上合组织能源俱乐部；在圣彼得堡成立以卢布交易俄产"乌拉尔"石油的石油交易所；修建密布蛛网般的油气管道以加剧欧洲对俄罗斯的能源依赖等等。此次组建天然气输出国组织，无疑是俄为继续以"能源武器"提高国际政经话语权而布下的一颗新棋子，它使得俄不仅能加强对欧洲市场的垄断，还可以通过联合伊朗、卡塔尔、委内瑞拉等能源大国打击美元霸权，增加自己在对美谈判中的地位。

天然气输出国组织的前景如何，能否成为一个类似于欧佩克的天然气卡特尔呢？这是国际社会关心的一个重要问题。不可否认，这个组织具有成为卡特尔的基本要素。那就是它拥有数量相对较少的生产者，而这些生产者占有较大的市场份额。但是，如果它们不能在制定并执行生产配额，控制生产能力的扩张，限制边缘竞争者等关键性问题上达成一致，那么即使俄罗斯等国家积极推动，并尽可能赋予其更多的政治经济意义，离成为天然气卡特尔的目标还是很遥远。

第二节　消费国主导的国际能源组织①

在消费国主导的国际能源组织中，成员国大多是西方发达国家。这些国家虽然拥有雄厚的经济实力、先进的管理经验和领先的科学技术，但是能源消费量都很大，国内能源供需矛盾都很突出，它们结成能源同盟的主要目的就是要通过集团的力量尽最大可能维护本国的能源安全。这类组织的代表机构是国际能源署（International Energy Agency，IEA）。

国际能源署是经济合作与发展组织（OECD）下属的一个独立机构，也是西方消费国主导的最主要的国际能源组织。该组织成立之初的主要目的是制衡欧佩克，后逐渐发展为协调各成员国的能源政策、负责成员国之间综合性能源合作事务的国际能源组织。

一、国际能源署的成立

国际能源署诞生于第一次石油危机期间。1973～1974年，阿拉伯产油国对以美国为首的西方石油消费国实行石油禁运，并将石油价格提高了3倍多，这直接引发了世界范围内的石油危机。为了应付和减轻这种紧张局面，1973年12月，美国国务卿基辛格建议成立国际性的能源组织。1974年2月11日～12日，在美国的倡议下，13个西方发达国家在

---

① 此类组织还包括八国集团（G8）下属的能源机构。八国集团的前身是第一次石油危机之后成立的七国集团（G7），其成立本身就有应对石油危机的战略考量。能源问题一直都是G7首脑峰会的重要议题，但在20世纪90年代后半期之前，G7并没有就能源问题召开过专门的部门会议。俄罗斯加入后，G8开始把能源问题作为一个独立问题加以对待。1997年，在丹佛举行的G8首脑峰会上俄罗斯倡议举办八国能源部长会议。1998年3月底，在莫斯科召开了G8和欧盟的第一次能源部长会议，讨论世界能源问题。2002年5月，在美国的底特律召开了第二次G8和欧盟能源部长会议，讨论了能源安全和能源市场问题。2006年初，俄罗斯成为G8轮值主席国，将全球能源安全问题列为当年八国集团峰会的主要议题。从2007年在德国举行的G8首脑峰会开始，与能源安全密切相关的气候变化问题成为主要议题。

华盛顿召开了石油消费国会议，决定成立能源协调小组来指导和协调各国的能源工作。同年11月15日，经济合作与发展组织的成员国在巴黎开会，通过了建立国际能源署的决定。18日，国际能源机构16个会员国举行第一次工作会议，签署了《国际能源纲领协议》。1976年1月19日该协议生效，国际能源署正式成立，总部设在法国巴黎。

国际能源署共包括30个成员国，其中签署国16个，包括奥地利、比利时、加拿大、丹麦、德国、爱尔兰、意大利、日本、卢森堡、荷兰、西班牙、瑞典、瑞士、土耳其、英国和美国，其他成员国14个，分别是澳大利亚、捷克、芬兰、法国、希腊、匈牙利、新西兰、挪威、波兰、葡萄牙、韩国、斯洛伐克、爱沙尼亚、墨西哥。

根据《国际能源纲领协议》的相关规定，成为国际能源署成员国的基本条件是，该国必须是经济合作与发展组织的成员国。但是，拥有经济合作与发展组织成员资格的国家并不能自动使其成为国际能源署的成员国。如智利、爱沙尼亚、冰岛、以色列、墨西哥和斯洛文尼亚都是经济合作与发展组织的成员国，但不是国际能源署的成员国。为了成为国际能源署的成员国，这些国家还必须满足一个必备条件，那就是必须维持至少相当于90天石油净进口量的石油储备。

国际能源署的组织结构包括理事会、管理委员会、常设小组和秘书处。理事会的职权主要包括：制定国际能源机构的政策，确立成员国的义务，协调该机构内部各机关的工作，批准新成员的加入和发展对外关系；任命国际能源机构的执行主任，通过年度工作计划和机构的预算；做出为该机构本身的职能所必需的决定和建议；对有关国际能源形势的发展，包括任何成员国或其他国家的石油供应问题及其对经济和金融的影响，进行定期审议和采取适当的行动。管理委员会是理事会的执行机构，它根据《国际能源纲领协议》所赋予的职责和由理事会所委派的任何其他职责开展工作，它可以就协议范围内的任何事项进行检查并向理事会提出建议，还可以应任何会员国的请求召开会议。国际能源署下设了紧急情况、石油市场、长期合作、与石油生产国和其他石油消费国关系的四个常设小组，其主要职权是为理事会准备报告、提出建议。秘书处主要根据理事会依多数表决所做出的决定来开展工作。

国际能源署确定的主要工作目标是：保持和提高系统应对石油供应中断的风险；促进合理的能源政策，在全球范围内通过与非成员国家、行业和国际组织的合作关系；维持一个永久性的国际石油市场信息系统；优化世界能源供应和需求结构，开发替代能源和提高能源利用效率；促进国际能源技术协作；协调环境和能源政策。① 国际能源署的具体工作涉及应急反应体系的建设与完善、加速替代能源发展、开展石油市场情报和协商制度、对能源和环境的关系采取相应行动、对世界能源前景作出预测等，其中建立应急反应机制是国际能源机构长期以来的工作重点，也是西方发达国家集体能源安全保障体系的核心内容。

二、国际能源署的石油应急反应体系

国际能源署的成立标志着西方发达国家石油应急反应体系的初步形成。该体系包括短期石油应急反应机制、能源应急法律法规、能源应急信息共享机制、长期能源合作机制、应急响应模拟演练机制等部分。

（一）短期石油应急反应机制

国际能源署的重要战略目标就是要建立针对短期石油危机的"应急反应机制"，以减少成员国在面临石油供应短缺时的综合风险，减轻成员国的损失。短期石油应急反应机制主要包括：

建立石油共同储备与紧急石油分享机制。国际能源署要求每个成员国根据计划履行"紧急储备义务"，要求成员国的石油公司、石油储备机构或政府储备足够的应急石油储备，以达到90天需求的石油储备需要。当石油供应中断危机持续，某个或某些成员国的石油供给不足超过普通消费的7%或以上时，该组织执行"紧急石油分享计划"，各成员国根据相互协议采取分享石油库存、限制原油消耗、向市场抛售库存等措施。

采取应急石油需求限制措施。应急石油需求限制措施主要包括：采

① International Energy Agency, http://www.iea.org/aboutus/history/.

取劝告和提供公众信息，鼓励公众节约石油；采取行政和强制性措施，限制石油需求的增长，即如果某个成员国石油供应短缺 7%，那么其当年石油消费总量与头年相比必须相应减少 7%；实行分配和配给制，即不同的国家根据其需求、经济结构及应急计划来实施石油需求限制。

其他应急反应措施。如改用非油类燃料和增加石油产量。前者是指把石油消费转换到其他燃料，目的是在短期内实现从石油向可替代燃料转变。该措施主要在交通和工业领域实行，在国际能源组织成员国中日本较早实施这些措施。增加石油产量主要是指本组织中的石油生产国（加拿大、挪威和英国）在危机时期可以增加本国石油产量。

（二）能源应急法律法规建设

国际能源署成立后，相关国家立即启动了立法工作，加快了能源安全法的制定。经过数十年的努力，各成员国能源应急法律法规不断完善，逐渐形成了一个涵盖应急能源储备、应急需求限制措施、应急组织监管、储备动用和分配程序、应急能源替代、情报收集与应急数据库建设等内容的综合体系。如德国（1974 年《能源安全法》）、英国（1976 年《能源法案》）、美国（1990 年《能源部组织法》、1992 年和 1998 年《能源政策与节能法》、2005 年《能源政策法》），日本（《石油储备法》1978年，1981 年和 2000 年两次修订）等制定的一批法律法规的出台，为开展国际合作、采取共同行动奠定了政策和法律基础。

（三）国际能源应急信息共享机制

信息共享机制是石油应急机制的有效补充。根据《国际能源纲领协议》第 27 条至第 31 条的规定，成员国应定期向秘书处报告各国石油公司的所有经营情况，包括公司财务、资本投资、原油成本等，以供理事会决策时作参考。为了应对石油供应中断，国际能源署要求各石油公司直接向其提供有关的信息，在此基础上建立起"综合石油市场信息系统"。该信息系统向国际能源署所有成员国开放，有利于增加国际石油市场的透明度，有利于增强成员国和秘书处对石油价格的变化机制的理解。对于信息系统难以获得的个别石油公司的情况，石油市场常设小组通过单独协商方式获取相关信息，向理事会报告并提出合作行动建议。

（四） 实施长期的能源合作计划

长期合作计划既包括加强能源供应安全，维护全球能源市场稳定，推动替代能源的发展，促进新能源的研究与发展等措施，也包括限制汽车、工厂和火力发电厂二氧化碳的排放，推广清洁能源的使用等。

（五） 建立能源应急模拟演练机制

能源应急模拟演练是应对能源危机的有效手段。1998年和2002年国际能源署组织实施了2次石油供应中断应急模拟演习。1998年应急模拟演习的主要目的是对各石油公司人员、国际能源署及各国政府官员进行应急程序方面的培训，并对现有应急程序的有效性进行检验。2002年，国际能源署举行了石油供应中断应急演习，以测试各成员国在应对石油供应中断时的反危机能力。2004年国际能源署举办了第三方应急反应训练，对所有成员国和候选成员国的应急反应能力进行了综合检查与测评。国际能源署与各成员国政府和石油公司联合实施的应急响应模拟训练，为有效应对石油短缺和中断危机积累了实践经验。

三、国际能源署的应急石油储备体系

应急石油储备体系是国际能源署应急反应机制核心内容。根据《国际能源纲领协议》的要求，国际能源署的每个石油进口国都必须建立能满足90天需求的战略石油储备。而对于英国、丹麦和挪威等石油出口国，尽管没有被要求建立相应的石油储备，但是这些国家都建立了与其消费量相适应的战略石油储备和紧急实施计划。目前国际能源署所有的成员国都建立了关于紧急储备的国家立法或政府法规，规定石油公司、储备机构或政府建立符合组织规定标准的战略石油储备。

国际能源署成员国的战略石油储备分为公共储备和工业储备两种类型。公共储备包括政府和机构储备。公共储备完全用来满足国家战略石油储备的要求，除政府直接持有外，一些国家还设立机构独立负责持有公共战略石油储备，这些储备一般只在紧急情况下投入使用。工业储备由石油企业持有，既可以用来满足企业的商业需要，也可以用来满足国家的战略石油储备要求。多数成员国都要求其国内的一些石油进口、炼化、批发企业建立工业战略石油储备。只拥有工业储备的国家有澳大利亚、奥地利、比利时、希腊、意大利、卢森堡、新西兰、葡萄牙、瑞典、瑞士和土耳其11个石油进口国，以及加拿大、挪威和英国3个石油出口国。拥有工业储备和机构储备的有捷克、芬兰、法国、匈牙利、荷兰和西班牙6个石油进口国，以及石油出口国丹麦。拥有工业储备和政府储备的国家有日本和美国。拥有工业、政府和机构储备的国家有德国和爱尔兰。国际能源署的成员国在建立战略石油储备时，都坚持工业储备与公共储备共同发展的模式，但总的趋势是工业储备在战略石油储备中的地位不断增强，已经由20世纪80年代初的2∶8上升至目前的4∶6。

国际能源署成员国的战略石油储备一般储备在国内，但是受某些条件约束，有的国家也选择将部分储备放在国外，但总体所占比例不大。如2006年各成员国国外战略石油储备在总战略石油储备中占比较低，仅为3%；不过也有一些国家所占的比例较高，如卢森堡达到84%，爱尔兰和比利时也都超过了30%。在国外进行战略石油储备主要有两种方式：一是储备方式，即本国将拥有的石油直接储备在外国；一是租赁方式，即签署相关协议，规定本国在危机时拥有从外国获取一定数量石油的权利，同时本国给予外国一定的费用。

战略石油储备的释放是国际能源署及其成员国为应对突发性石油短缺或中断采取的必要措施。美国、日本和德国的战略石油储备占国际能源署成员国总量的绝大多数。其中美国的战略石油储备约为7.27亿桶，全部是原油，战略石油储备由政府管理。在石油危机最初三个月内，美国可以以每天430万桶的速度释放储备，此后这一速率逐渐降低，到第七个月结束。日本拥有5.73亿桶的石油战略储备，全部为原油。日本国家石油公司在第一个月可以以每天230万桶的速度释放储备，此后逐渐下降，到第六个月结束。德国拥有1.85亿桶的战略石油储备，由原油和石油制品构成，这些石油储备由特殊机构——德国石油储备协会（EBV）控制。德国的储备释放计划是第一个月以每天230万桶释放，此后速度下降，在五个月内结束。其他拥有公共战略石油储备的成员国中，大部分国家的石油储备可以应对两个月的需要，一般第一个月每天可以释放360万桶，第二个月每天为50万桶。这样，如果发生石油危机，第一个月上述国家每天可以释放1250万桶的石油储备，第二、三个月保持在800万桶的规模，此后逐步减少，到第六个月基本结束。由此可见，国际能源署的石油储备应付中短期（六个月以内）中等规模的国际石油供应中断是没有问题的。而1990～1991年的海湾战争、2005年美国遭受"卡特里娜"飓风袭击和2011年利比亚战争期间的联合释放也证明，国际能源署的战略石油储备能够有效抵御国际石油中断的风险。

案例3-1　美国六次释放战略石油储备

战略石油储备的释放是美国应对地区冲突、金融危机、突发自然灾害等严重影响石油供需和价格的事件而采取的应急措施。历史上美国共六次释放战略石油储备，每次释放在一定程度上维护了国际石油市场的稳定。

第一次释放发生在1990～1991年海湾战争期间。1990年8月2日，伊拉克入侵科威特，这使中东局势骤然紧张，导致全球石油供应下降，国际石油价格随之暴涨，月平均暴涨58%。为缓解国际石油市场的压力，美国首先停止了战略石油储备的购买，随后以"测试性销售"方式向市场释放500万吨原油。战争爆发首日（1991年1月17日）美国开始大规模释放战略石油储备，与此同时，国际能源署也采取了相应行动。从1990年10月26日至1991年4月5日的近半年内美国连续释放战略储备石油2114.1万桶，成功地平抑了国际市场油价。这是自1977年10月美国实施战略石油储备以来第一次大规模释放战略储备行动，得到了美国政府乃至整个西方的高度评价。这次行动积累的成功经验在2003年伊拉克战争中再次发挥了功效。伊拉克战争前，美国及国际能源署都表示在必要情况下将采取一致行动释放战略石油储备，这有效地消除了石油市场的恐惧心理，避免了国际石油市场的巨大动荡，油价基本保持了稳定。

第二次释放始于1995年10月13日，止于1998年11月6日。有别于海湾战争期间的紧急出售，这次是为了缓解美国联邦政府财政预算赤字，利用在油价相对高位时出售战略石油储备。其间国际油价一度攀升至每桶 25.18 美元，美国借机向国际市场出售了 2825.7 万桶战略石油储备。在 1998 年底国际油价跌至 10 美元以下之时，美国又陆续补充战略石油储备 800 万桶。这种"高抛低吸"的策略大大降低了美国战略石油储备的成本。

第三次释放始于 2000 年 9 月 22 日，止于 2001 年 3 月 30 日。这是为了满足美国东北部冬季取暖用油需求，建立取暖油储备，更换储备中的旧油而采取的释放行为。从 1999 年下半年开始，国际油价不断攀升，为应对 2000 年冬季用油高峰油价的上涨，2000 年 7 月美国政府决定建立东北部冬季取暖原油储备。为此，美国从战略石油储备库中提取了 2907.4 万桶原油作为取暖用油，之后从国际市场上采购等量的高质量原油回补缺口。

第四次释放源于 2005 年 8 月底美国受到"卡特里娜"飓风袭击。飓风"卡特里娜"袭击了美国石油生产重要地区——墨西哥湾，造成其附近一些油田、炼油厂和原油出口设施关闭或停产，国际原油价格随之飙升。在此背景下，为缓解石油供应短缺，2005 年 9 月 2 日至 2006 年 1 月 6 日小布什政府紧急释放了 1620 万桶战略储备石油。为了表示对这次美国行动的支持，国际能源署也向国际市场释放了一定数量的战略储备原油。西方国家联合释放战略储备原油使得国际原油价格在释放期间下跌了近 20%。

第五次释放发生在 2008 年美国次贷危机引发的全球金融危机期间。受金融危机的影响，国际油价加速下行。为了降低储备成本，小布什政府从 2008 年 8 月 8 日至 12 月 26 日共出售了 539.1 万桶战略储备原油，期间国际原油价格从每桶 113.03 美元暴跌至 33.73 美元。但是 2009 年初，当国际石油价格还在每桶 30～40 美元徘徊的时候，小布什政府又开始趁低迅速补充战略石油储备，再一次成功实施了"高抛低吸"策略。

第六次大规模释放是 2011 年 6～7 月间。由于利比亚石油供给受到利比亚战争的严重影响，而欧佩克又不能及时增产以弥补利比亚造成的缺口，国际能源署 2011 年 6 月 23 日宣布，包括美国和欧洲在内的 28 个成员国将在未来一个月内联合释放 6000 万桶战略石油储备，其中美国将拿出 3000 桶投放市场，以应对西亚、北非局势导致的石油供应短缺。这是国际能源署在历史上第三次动用战略石油储备。对此，中国国家能源局给予了高度评价，称国际能源署各成员国联合释放战略石油储备的措施，将增加全球原油供应，有助于稳定国际原油价格。

（资料来源：《被储备的石油：影响油价隐形之手》，http：//www. in－en. com/article/news/intl/2007/01/25/2007012565001. html；《国际能源署宣布各成员国将联合释放战略石油储备》，http：//www. china. com. cn/international/txt/2011/06/24/content_22855229. htm；《中方支持国际能源署释放石油储备》，http：//www. chinanews. com/ny/2011/06/24/3136237. shtml。）

第三节 西方消费国主导、多方参与的能源协调组织

在国际能源组织中，还有一类是由西方消费国主导建立，但是有多方参与的能源协调组织，这些组织不完全受西方消费国控制，其中最具代表性的是能源宪章条约组织。

能源宪章条约组织是一个依照《能源宪章条约》（以下简称《条约》）建立的独立国际能源机构。该组织涵盖石油、天然气、煤炭和可再生能源等在内的各种能源资源，涉及从能源勘探、开发、运输到消费的各个能源环节，包含能源贸易、投资、运输以及能效等诸多内容，被称为"能源领域的世界贸易组织"。

能源宪章条约组织的最高决策机构是能源宪章代表大会。代表大会由所有成员国的代表组成，代表大会定期召开会议，讨论成员国在能源合作中存在的问题，负责监督《条约》的进程，研究制定相关能源政策，批准秘书处的工作和财务计划。代表大会的工作目标主要包括：如何促进一般措施的协调以执行《欧洲能源宪章》（以下简称《宪章》）和《条约》的原则；如何鼓励合作以促进市场导向的改革和经济转型国家能源部门的现代化；如何增加私人能源投资的可能性；如何改善能源过

境运输条件。[①] 1996 年，在布鲁塞尔成立了能源宪章条约组织秘书处，它的任务是为能源宪章代表大会的活动提出建议，并经代表大会授权处理具体事务，如帮助调停过境运输争端等。

能源宪章条约组织的成员包括：阿尔巴尼亚、亚美尼亚、澳大利亚、奥地利、阿塞拜疆、比利时、白俄罗斯、保加利亚、加拿大、克罗地亚、塞浦路斯、捷克、丹麦、爱沙尼亚、芬兰、法国、格鲁吉亚、德国、希腊、匈牙利、冰岛、爱尔兰、意大利、日本、哈萨克斯坦、吉尔吉斯斯坦、拉脱维亚、列支敦士登、立陶宛、卢森堡、马耳他、摩尔多瓦、荷兰、挪威、波兰、葡萄牙、罗马尼亚、俄罗斯、斯洛伐克、斯洛文尼亚、西班牙、瑞典、瑞士、塔吉克斯坦、土耳其、土库曼斯坦、乌克兰、英国、美国、乌兹别克斯坦 50 个国家和欧共体。

一、《能源宪章条约》的诞生

能源宪章条约组织源于《宪章》。《宪章》是 1991 年 12 月 17 日由包括苏联在内的 15 个加盟共和国、欧共体成员国、中东欧国家、美国和日本等在内的 50 个国家和地区签署的一个涉及全欧洲国家的能源政策纲领性文件，也是各成员国推动欧洲能源合作，保障欧洲未来能源安全的政治宣言。

《宪章》的目标是建立一个完善的全欧洲能源市场，为此确定了发展能源贸易、加强能源领域的合作以及提高能源利用效率和保护环境三大任务，其合作领域包括：能源资源的获取和开发，能源市场的准入，能源贸易和能源工业的自由化，能源投资的促进和保护，能源安全原则和指标，新技术的开发、革新和推广，能源效率和环境保护，教育和培训。尽管《宪章》加强欧洲能源合作的目的很突出，但是它的推出正好是苏联解体、冷战结束时期，因此其政治动机也十分明显。

20 世纪 80 年代末、90 年代初的东欧剧变和苏联解体使西欧面临着

---

① 国家发展计划委员会编：《能源宪章条约（条约、贸易修正案及相关文件）》，北京：中国电力出版社，2000 年版，第 11 页。

一系列新问题，其中一个突出的问题是如何使苏联，这个东西欧最重要的能源供应者的"和平演变"过程尽可能少地影响到欧洲地区的能源供应安全。为此，在 1990 年 6 月德国柏林召开的欧共体 12 国首脑会议上，时任欧共体轮值主席国荷兰首相路德·卢柏斯（Ruud Lubbers）提出了建立欧洲能源共同体的建议和"欧洲能源宪章"的设想。他提出这一设想的依据是，苏联拥有丰富的能源资源，而且能源工业体系十分完备，在国民经济中占有十分重要的地位，此外西方（尤其是西欧国家）也十分需要苏联的能源资源，同时也具有开发这些资源所需要的资金、技术和管理经验。因此，卢柏斯认为，"帮助"苏联（当时还未解体）的最好办法就是"在东方建立一个经济活跃圈，而不是靠给苏联集团各成员国提供大量国际援助"。① 该提议得到欧共体各成员国政府首脑的广泛响应。1991 年 2 月，欧洲委员会正式提出成立《宪章》的构想。在欧共体理事会对委员会的提案讨论之后，欧共体于 7 月在布鲁塞尔召开国际会议开始就《宪章》的内容进行谈判。经过各方第一轮谈判，《宪章》（草案）于 1991 年 12 月初形成。12 月 16 日 ~ 17 日，在荷兰海牙参加"欧洲能源宪章代表大会"的欧共体各成员国、西欧国家（非欧共体成员）、中东欧（除南斯拉夫部分地区外）的所有前社会主义国家、地中海地区三国、波罗的海三国、原苏联的十二个独立共和国、美国、日本、加拿大和澳大利亚四个欧洲以外的经合组织（OECD）成员国等 50 个国家的代表签署了《宪章》（草案）。截至 1998 年，已经有包括欧共体在内的 53 个国家和欧共体签署。

《宪章》（草案）的出台代表了几乎所有欧洲国家的政治意愿，但是不能否认，它只是一个对东西方能源合作的政治承诺，不具有法律约束力，它提出的构建全欧开放性国际能源市场，并促进和保护这个市场中的贸易和投资等理念仅具有宏观指导意义，不具备实际可操作性。因此，能否建立一种能够切实保障投资者合法权益的机制是落实《宪章》的关键。正是出于这一考虑，各缔约国开始了有关《基本协议》（后来被称为《能源宪章条约》）的谈判，同时还开始了有关能源效率、核安全和

---

① 胡国松、邓翔：《欧洲能源宪章条约述评》，载《欧洲》，1996 年第 6 期，第 46 页。

碳氢化合物领域的议定书的谈判。

围绕《基本协议》各单项条款的谈判持续了三年时间，期间谈判各方克服了一系列问题，主要包括：一方面，《基本协议》条款涉及领域广，各方分歧大。尽管《基本协议》涉及的只是能源领域，但能源领域涵盖投资保护、贸易自由化、公平竞争、环境保护、能源获取、运输自由以及投资争端（缔约方之间和缔约方与投资者之间）解决等诸多问题。要在如此之多的问题上使各方达成一致意见本身并非易事。而且，有关投资保护和贸易自由等重大问题和其他国际论坛正在讨论的同类问题重叠，这些问题的实质是各方利益冲突的反映，分歧难以弥合。例如关于贸易规则的统一和应用是世界贸易组织乌拉圭回合谈判一直讨论的话题，关于投资保护是经合组织多年讨论和试图解决的问题。此外，投资保护和自由贸易也是美国和欧共体之间长期存在的问题，关于能源跨国界运输则是东欧各国之间存在着明显利益冲突的问题。

另一方面，谈判各方成分复杂，政治经济诉求各不相同。参加谈判的发达国家中既有欧共体国家，也有非欧洲的部分经合组织成员国，这些国家虽然经济发展水平接近，但也经常因为贸易投资保护而发生经济摩擦。在欧洲国家中，除欧共体成员国外，还有非欧共体的西、北欧国家，尚处于政治、经济急遽动荡的东欧国家，以及 15 个刚从苏联独立出来的国家，这些国家还没有"在宪法的基础上建立它们的法律体系，为它们紧密联系的且一直被中央计划管理的贸易创建合同和协议条约规则，建立和吸收基于市场经济的合同法、财产法和核算标准。"① 总的来看，这些国家政治制度迥然不同，经济制度和经济发展水平也有较大差异，而在能源政策和法律制度等方面也有差异，例如在能源补贴政策上，西欧国家通常是补贴生产，而东欧国家则是补贴消费。东西欧国家政治经济大环境和能源领域政策、法律的小环境决定了双方在某些具体问题上不太容易取得共识，此外，东西欧在能源资源储备、能源进口依赖和能源利用效率等国情的差异使各方谈判目标不一致，难以在某些问题上达

---

① 国家发展计划委员会编：《能源宪章条约（条约、贸易修正案及相关文件）》，北京：中国电力出版社，2000 年版，第 2 页。

成一致意见。

为了解决上述问题，围绕《条约》的谈判持续了整整 3 年，直到 1994 年谈判才结束。同年 12 月 16 日~17 日，欧洲能源宪章大会的最终全体会议在里斯本召开，49 个国家及欧共体的代表出席并签署了具有法律约束力的多边能源协议——《能源宪章条约》（Energy Charter Treaty，缩写为 ECT）。1998 年，南斯拉夫的马其顿共和国正式批准了《条约》，成为能源宪章大会成员。

《条约》为《宪章》所倡导的全欧洲能源领域的合作建立和完善了法律框架，具有非常重要的意义。《条约》是第一个包括所有苏联加盟共和国、中东欧以前实行中央计划经济体制的国家、欧共体及其所有成员国以及日本、澳大利亚、挪威、土耳其和瑞典等国的经济协定，是第一个具有法律约束力的多边投资保护协定，是第一个同时覆盖投资保护和贸易的多边协定，是第一个将过境运输条例应用于能源网络的协议，是第一个将具有法律约束力的解决国际争端的方案作为总则的多边条约。

二、《能源宪章条约》的目标与主要内容

（一）目标

《条约》依照《宪章》的原则准备谈判的时候，苏联还没有解体，因此《条约》的主要目标是"在以前敌对的铁幕两边建立一个能源联合体，它是建立在西方国家的市场、资金和技术与东方国家自然资源的互补关系的基础之上，通过减少政治风险来吸引外资，阻止当时苏联经济的衰退，通过在一个关键的经济部门的紧密合作加强安全性"。[1] 苏联解体后，《条约》侧重的主要目标是，"为能源的市场经济体系建立标准；创建法律法规基础，特别是为协助那些不能够与政府单独达成协议的小公司的发展；建立一个以合同和贸易关系为基础的体系，以代替已经崩溃的体系"。

---

[1] 国家发展计划委员会编：《能源宪章条约（条约、贸易修正案及相关文件)》，北京：中国电力出版社，2000 年版，第 2 页。

在 1994 年出台的《条约》正式文本中，其确立的目标是依照《欧洲能源宪章》的目标和原则，在利益互补和互惠原则基础上促进能源领域的长期合作，具体包括：在非歧视性原则和市场决定价格的基础上，促使所有缔约方发展开放的和竞争的能源市场，并且要注意环境问题；通过实行市场原则，创造一个有利于企业运作和资金、技术流动的环境；加强安全的能源过境运输。《条约》强调，它并不谋求决定某一个国家的能源政策，它也不是一个发展援助工具，它不会将私有化或第三方干涉强加于别国，它重申国家对能源资源的主权，特别是国家有权决定勘探能源资源的地域、使用及储存的发展政策和税收，并且有权决定是否参加开采和生产。[①]

（二）主要内容

《条约》是一个内容涵盖广泛的多边能源合作协议，主要涉及保护和促进投资、贸易、运输、争端解决程序等方面的内容。[②]

1. 保护和促进投资

《条约》中关于保护和促进投资的条款适用于缔约方的投资者与能源部门任何经济活动有关的投资，它们包括与开采、提炼、精炼、生产、陆路运输、过境运输、分配、贸易、市场或能源原料及产品的销售等经济活动，也包括如建造能源设施、勘探、咨询、管理和设计以及所有旨在提高能源效率等的服务。《条约》适用于在能源领域的投资者和政府所达成的一切协议，不管这些协议是在《条约》签署前还是签署后达成的。该规定的意义在于，当某公司（无论是本国的还是外国的）在协议的执行中与当地政府发生冲突时，可以通过《条约》规定的仲裁机构诉诸仲裁。

在《条约》中，国民待遇（national treatment）概念得到广泛应用。国民待遇意味着政府必须对外国投资者和国内投资者一视同仁，而不应采取任何歧视行为。《条约》确定其他缔约方的投资者的投资至少应获

---

① 国家发展计划委员会编：《能源宪章条约（条约、贸易修正案及相关文件）》，北京：中国电力出版社，2000 年版，第 3 页。

② 同上，第 3 - 9 页。

得不低于本国投资者或第三方投资者的待遇。如《条约》规定绝大多数
双边投资保护协议中都应包含以下法律要求，包括：履行一个缔约方对
另一个缔约方的投资者所附有的职责；允许投资者根据他们的选择雇佣
重要职员，这些职员只要有工作和居住许可证即可，不受国籍的限制；
在战争或国内动乱的情况下，如果由于东道国自己的行为对外国投资者
造成不必要的损失，那么东道国对外国投资者的赔偿至少要与对本国投
资者的赔偿等同，并且赔偿要快速、充分和有效；快速、充分并且有效
地赔偿被征用的财产，而且赔偿要等同于财产征用前的市场价值；允许
外国投资者将其资本及相关的收入自由兑换成外币，并转移出被投资国。

为保障外国投资者的利益，对于政府的许多行为，诸如宏观经济调
控、环境保护和安全立法的引入可能导致的投资者收益的损失（这并不
是绝对的，因为任何政府都不会有意破坏自己的工业体系），东道国必
须保证外国投资者至少应获得本国投资者相同的待遇。此外，国民待遇
的原则也适用于证券投资，这是为保证购买东道国公司控股企业的股票
时保护外国投资者的利益。

2．贸易

1994 年签署的《条约》是以 1947 年的关贸总协定（GATT）和相关
措施（如东京回合谈判协议）为基础制定的。1998 年，《条约》中的贸
易条款被同年出台的贸易修正案进行了修正，该修正案的贸易规则扩大
到与能源有关的设备、原料和产品，同时还保证了《条约》相关法规与
世贸组织（WTO）的一致性。可以说，1998 年的贸易修正案是执行
《条约》所有贸易规则的基础。

《条约》的主要目标是，一方面为在能源部门建立可持续的贸易关
系创建基本条件，以刺激经济增长；另一方面，实现能源领域的贸易自
由化。考虑到某些参与谈判的国家（主要是独联体国家）不是世贸组织
成员国，为了使谈判更加顺利，《条约》为成员国中的非世贸组织成员
国之间的能源贸易提供了世贸组织的贸易法规，这就是说将《宪章》缔
约国中的非世贸组织成员也视为世贸组织成员国（仅限于能源贸易领
域）。这一规定意味着，非世贸组织成员国在能源领域的国际合作中享
有世贸组织成员国的权利，但同时也必须履行相应的义务。《条约》认

为，非歧视性原则（例如在世贸组织中的最惠国待遇）的持续实施和许多基于世贸组织且更具体的义务不仅有助于改善成员国之间的贸易环境，还有助于加速非世贸组织成员国入世的进程。

增强法律责任、规则、制度和措施及其相应的透明度，包括通过法规强制的公布和申报体系，是《条约》贸易框架的主要指导方针。例如，在能源贸易关税方面，《条约》要求缔约方遵循公开透明的原则，提前申明与能源原料和产品或能源设备的进出口贸易有关的关税和相关费用。

此外，为了保证《条约》贸易法规和贸易修正案的切实实施，《条约》还包含处理国家之间贸易争端的解决机制，该机制参照的也是世贸组织的磋商和组织机制。

3. 过境运输

关贸总协定第五条规定了自由过境运输的原则和有关非歧视性和合理性的规则，这些都是《条约》解决缔约方之间越来越多的有关能源贸易载体的新旧固定运输管线或输电网络中出现的特殊问题的指导原则。过境运输的定义本身就决定了这是一项涉及到多边关系的特殊合作领域。在《条约》中有关过境运输的内容也是最具创新性的部分，其中规定，即使能源在缔约方的境外生产或是将要运到该缔约方境外，过境运输条款也同样适用。条款不仅包括了管线和运输网，也包括了其他的固定基础设施，特别是用来装卸能源原料和产品的海运港口。

《条约》的过境运输条款基本上是以世贸组织的相关条款为基础，例如：世贸组织要求来自或运到其某一成员国的过境运输至少要获得来自或运到其他成员国或第三国的过境运输相同的待遇。《条约》也要求过境运输商品至少要受到同过境国家自己的商品或运往过境国家的商品相同的待遇（即享受国民待遇）。

《条约》要求各缔约方在发生争执（如在能源运输关税、在交易中运输量不能完全满足）时，政府应该依照与自由过境运输和非歧视性原则一致的相关法律通过争端解决机制努力解决争端，不能采取极端措施切断运行中的能源输送系统。值得注意的是，在世贸组织规则中，不包含解决因缺乏过境运输基础设施或者没有多余运输能力而产生的国际争端的条款，《条约》是第一次在国际协议中制订这样的专门规则，这主要是为了应对在苏联地区潜在的能源过境运输问题。

如果一个过境国家试图以危害本国的能源系统的安全效率为理由，阻止新的运输能力或者原有的运输能力超负荷使用，它必须向其他相关国家做出明确说明（不仅仅是申明）。

为了保护对消费者和生产者的供应安全，《条约》规定，在《条约》授权机构调停过境运输争端的 16 个月内，过境国家不得为了满足本国的要求而干扰过境运输。

4．解决国际争端

《条约》包含了非常完善的解决国际争端的条款，这些条款可以向外国投资者保证所有的缔约方将公平、一致、有依据地解决国际争端。

如果属于某缔约方的外国投资者认为东道国政府没有完全履行投资保护条款规定的责任，投资者可以在东道国政府无条件同意下，按照以前协商同意的解决争端的程序，选择将争端递交给仲裁法庭或者递交给国际仲裁机构（解决投资争端国际中心、解决投资争端国际中心的附属机构、联合国解决争端国际中心或斯德哥尔摩商会）。除澳大利亚、匈牙利和挪威外，其他缔约国的投资者有权选择解决争端的程序，即使争端与政府加入的某个投资协议有关，而与《条约》的条款无关。仲裁决定一旦做出，缔约方承诺立即在其国内执行。

此外，政府可以将非贸易条款的争端提交到仲裁法庭，法庭决议对与争端有关的政府是最终的决议，具有法律约束力。对于涉及到非世贸组织成员的贸易争端的解决程序，可以依照世贸组织最新的解决争端协议执行。

5．其他内容

竞争。《条约》要求每个缔约方都要针对单方面的或共同关心的有悖于公平竞争的行为实施必要的和恰当的竞争法。这些法律应包括在制定和实施这些法律时需要的国际协助与合作。

技术转让。《条约》要求缔约方消除技术转让过程中的政府障碍，但并不要求修改现行的法律。

资本准入。《条约》原则上要求在进入资本市场时，缔约方至少要给予其他缔约方的公司和个人与自己的公司相同的待遇。这条义务是"最佳努力"（best efforts）原则之一，因为资本市场一般在私人利益控制之下，所以他们会因为特殊利益而有意歧视。

环境。《条约》包含一个要求各缔约方对能源领域环境问题承担相应责任的条款。这是一条重要的预防措施，它遵循的是"谁污染谁负责"的原则。这些条款也是软法规，对各缔约方并不具有多大的法律约束力。之所以如此，是因为各缔约方经济发展存在明显差别，另外制定具有法律约束力的条例由国际环境组织来完成更合适。但是有关环境的条款对于在今后的讨论中把环境问题列为政策讨论的一个主要内容是至关重要的。由于《条约》包含了很多在能源效率和相关环境影响领域进行合作的详细条款，所以各方同时签署了能源宪章之能源效率和相关环境问题议定书，这将敦促各国在提高能源利用效率以及保护环境方面加强合作。

透明度。《条约》要求缔约方公布法律、法规、法庭决议和一般应用管理的规定，并且建立问询点，回答政府、投资者或者其他有兴趣的国家（包括个人）对相关法律、法规信息的询问。这项要求是非常重要的，因为许多正处于经济转型期的国家的立法模糊不清，此外，建立法律、法规的第一步就是要通过公众认可，并保证政策的严密性和一致性。

对其他公共机构的约束。《条约》规定，缔约方必须采取一切合理的措施来保证中央政府以下的权力机构，如地方当局遵守《条约》的条款。缔约方也必须保证所有政府授权的国家实体（如环境保护部门）遵守《条约》的条款。《条约》不限制缔约方保留或建立国有企业，但是政府不能利用国有企业来回避《条约》的责任，必须保证国有企业在销售和购买中也遵守《条约》的投资保护条款。

其他临时安排。《条约》对经济转型国家提供一些特殊的优惠政策。经济转型国家在 2001 年 7 月 1 日前可以不完全履行某些规则确定的义务。与从原苏联独立出来的国家进行贸易时，可以暂时地但也是在非常严格的条件下不执行世贸组织的规定。

三、《能源宪章条约》的影响与发展困境

（一）《条约》对国际能源市场的影响

《条约》签署已经 20 余年，其对国际能源市场产生的积极影响是不能忽视的。

首先，《条约》为加强欧洲能源合作，推动欧洲统一能源大市场的建立，促进欧盟能源企业到欧洲东部，尤其是俄罗斯的投资，保障欧洲能源安全等方面发挥了积极的作用。作为一个国际能源组织，近些年，能源宪章条约组织还通过逐步扩大条约签署国的地域范围，改善同其他国际能源组织和大型能源企业的关系，积极参与全球能源问题的协调与解决，有力地推动了全球能源治理的进程。

其次，《条约》推动了俄罗斯与欧盟之间的能源合作。一方面，《条约》成为了俄欧能源对话的重要议题。在 2001 年 10 月 3 日举行的俄欧布鲁塞尔峰会上，双方发表了峰会能源对话报告，其中强调，欧盟把《条约》看作是能源生产国、过境国和消费国之间合作的最重要的法律和政治框架文件，为了解决某些影响《条约》批准的问题，欧盟建议双方对相关一系列重要问题做进一步研究。另一方面，《条约》为推动俄欧能源合作提供了新的平台。《条约》对俄欧能源合作的投资保护、能源贸易和运输、能源效率及争端解决等部分做了详细的规定，对双方活动具有重要的指导意义。此外，能源宪章代表大会下属的投资、贸易、运输和能源效率四个工作组在协调欧盟对俄罗斯能源投资、油气贸易、管道运输和提高能效技术的沟通与合作方面发挥了重要作用。

（二）《条约》的发展困境

尽管各缔约国都承认《条约》在开展欧洲能源合作方面的积极意义，然而由于俄罗斯没有批准《条约》，导致《条约》的实际作用大打折扣，这也是未来该条约面临的最大发展困境。俄罗斯之所以迟迟不批准该条约，主要是因为《条约》严重影响到自己对欧洲天然气运输的垄断地位。

俄罗斯是欧洲最重要的天然气供应方，其能源巨头——俄罗斯天然气工业公司（以下简称"俄气"）在欧洲天然气市场上拥有约25%的市场份额，不仅如此，"俄气"还垄断了经俄罗斯通往欧洲的几乎所有天然气管道。为了维护自身能源利益最大化，欧盟建议俄罗斯应允许第三方使用"俄气"的天然气运输管网，以促进市场公平竞争。但是，俄罗斯国家杜马一直担心如果批准《条约》，俄将失去对能源运输的监控。

俄罗斯的担忧不无道理。从《条约》内容来看，一方面，其中的中转运输协议及相关条款有损俄罗斯对欧洲天然气运输网络的垄断优势。按照中转运输协议及《条约》中"缔约国应鼓励在能源运输设施现代化、开发和运行能源运输设施等方面进行合作"的条款，外国投资者，包括欧盟能源公司在内都可以使用俄罗斯的油气运输管道，这就完全有可能打破"俄气"过去近40年的垄断地位，削弱俄罗斯在输欧天然气和石油价格上的绝对话语权，而保持"俄气"对欧盟天然气出口的垄断地位是俄罗斯核心利益之所在。另一方面，《条约》的争端解决程序也不利于俄罗斯维护本国的能源安全。《条约》中规定，一旦发生运输争端，任何缔约国政府不能停止或缩减运输数量。但是，近年来发生的一系列"断气"实践证明，在发生能源争端时，俄罗斯热衷于通过切断或减少能源供应来达到其政治目的。2006年初和2009年初俄罗斯对乌克兰及欧洲国家实施的"断气"就明显违反了这一条款。此外，条约还规定能源宪章条约组织秘书长有权指定中间人调解争端。而掌握了本组织行政权力的秘书处完全能够指定美国、欧盟或者日本等西方国家作为调解人，这难免不使俄罗斯变得孤立，并受制于人。正因为存在以上不利于俄罗斯的条款，俄罗斯国家杜马才迟迟不批准《条约》。

对于如何解决这一问题，俄罗斯的立场最初是先与欧盟共同修改有关条款，然后再批准修改后的《条约》。但是后来态度更加坚决，甚至意图完全推翻《条约》，并签署一个新的"能源条约"。2009年8月7日，时任俄罗斯总理普京正式表示，俄罗斯不会加入旨在将苏联及东欧地区整合进欧洲共同能源体系的《能源宪章条约》。① 尽管如此，但是直到 2014 年 7 月，俄罗斯还一直参加能源宪章会议。2014 年 7 月，海牙常设仲裁法院判决俄罗斯政府应向此前被其没收的尤科斯石油公司原股东赔偿超过 500 亿美元后，俄罗斯停止了对能源宪章活动的直接参与。②

第四节　国际能源组织与全球能源治理

全球能源治理是 20 世纪末随着国际能源安全问题的凸显而出现的一个新概念，其目标是实现全球能源供应的稳定和可持续发展，为世界经济的发展提供能源安全保障。作为一种大宗商品，能源早已经被纳入全球化市场，其生产、运输和销售完全受到全球能源市场各种规则的制约。然而正是能源供应链的全球化属性使得能源安全成为了一种全球性公共产品，不受某一两个国家所掌控。正因为如此，国际能源组织在全球能源治理中的作用就变得越来越重要了。

冷战时期的全球能源治理呈现出二元博弈的特征。1960 年诞生的欧佩克是全球能源治理机制建设的最早尝试。欧佩克是中东产油国为应对以英美大石油公司为核心的西方资本无休止盘剥其石油利益而联合抗争的产物，它的出现彻底打破了西方资本主义国家对世界石油市场的垄断。在 1973 年的第四次中东战争中，欧佩克通过禁运、提价和国有化引发了第一次石油危机，进而导致西方国家陷入全面经济危机。为了制衡欧佩克，以应对其禁运和提价带来的政治经济影响，1975 年 11 月经合组织成员国成立了国际能源署。国际能源署的成功之处在于它制定了应急反应机制和石油共享机制，其中规定：当出现 7% 的供应中断时，就启动

---

① 《俄罗斯正式表示不会加入〈欧洲能源宪章〉》，http：//www.in - en.com/article/html/energy_0946094645427500.html。

② 《俄罗斯和能源宪章：前路何方？》，http：//www.cngascn.com/outNews/2015/08/25033.html。

应急反应机制；成员国建立不少于90天进口量的石油战略储备，一旦遇到危机情况，在协商一致的基础上，通过减少石油需求、释放石油储备、改变进口来源等方式积极应对。后来的事实证明，这些应对措施在一定程度上确实起到了缓解石油危机的作用。国际能源署的出现标志着全球能源治理进入了二元博弈阶段。这种博弈在第二、三次石油危机中表现得非常明显。尽管双方的博弈造成了世界石油市场一定程度上的动荡和不安，但是这种互相制衡的二元结构相对于欧佩克之前西方国家一家坐大的格局而言，对全球能源市场的稳定仍然是有利的。

冷战后，随着经济全球化的发展，世界石油供应逐渐多元化，世界石油市场渐趋规范。这时候，战争等非市场因素虽仍然会造成世界石油市场的剧烈动荡，但影响程度和持续时间都大为减弱，难以像20世纪七八十年代一样引发全球性的石油危机。但与此同时，一系列威胁着全球能源安全的不稳定因素不断显现，如全球能源需求的迅速上升，国际投机资本的兴风作浪，中东等能源热点地区的持续动荡，全球恐怖主义对能源供应链的威胁，气候环境问题的冲击等。

为了应对上述迫切现实问题的挑战，一些国际能源组织将其治理传统能源安全的功能进行了延伸，一些不具备能源治理内涵的国际组织拓展了相应的功能。作为最重要的国际能源组织，国际能源署的目标已经由成立之初的制衡欧佩克发展为协调成员国能源政策，推动全球能源问题的综合治理。为此，国际能源署加强了与老对手欧佩克的磋商与合作，扩大了与非成员国的协调，将其功能延伸到提高能效和清洁能源领域，以应对使用化石能源所产生的气候变化问题等。但是由于国际能源署只能在经合组织的轨道上运行，始终缺乏广泛的代表性，这种制度性缺陷使它难以承担全球能源治理的领导角色，其治理成效也极为有限。1994年由50个国家和地区签署的《能源宪章条约》是一个囊括了几乎所有能源利益攸关方（能源生产国和能源消费国）的协议，被视为国际能源投资法的重要发展，不过由于俄罗斯担心《条约》影响它对输欧天然气管道的垄断，至今没有批准该《条约》，导致其目前对全球能源市场的实际影响非常有限。2005年以来，八国集团（G8）在全球能源治理方面动作频频，通过了"全球能源安全原则"，和新兴国家创建了"能效合作国际伙伴关系"，加强了与欧佩克和国际能源署的合作等等，但由于美国反对在应对气候变暖问题上制定具体的减排目标，俄罗斯又不愿意遵守欧盟推崇的市场规则，这使得八国集团有关全球能源治理的几乎所有规划都无法形成实际和有约束力的目标。

不能忽视的是，为了应对日益严峻的国际能源安全形势，有些国际组织将功能拓宽到能源治理领域。如联合国下属的联合国开发计划署（UNDP）、粮农组织（FAO）、联合国气候变化框架公约（UNFCCC）等20多个专门机构都开始涉及能源问题。亚太经合组织（APEC）成立了"能源工作组"，提出了"能源安全倡议"。世界银行推出了"清洁能源开发投资框架"，增加了在能源领域的活动。上海合作组织（SCO）提出了成立"能源俱乐部"的想法，以推动区域内的能源合作。

应该承认，这些国际组织和机构编织了一个成分多元、结构多层的全球能源治理网络，它担负着协调解决当下国际能源安全问题的主要责任。然而这个网络也存在严重的缺陷，那就是组织分散，缺乏一个全球性的、综合性的能源治理机构，这自然限制了国际社会采取统一行动的能力。这也是尽管近些年全球能源治理机制建设不断推进，但是难以产生有效治理效果的主要原因。

第四章

全球能源外交中的
热点地区

世界进入石油时代以来，能源资源竞争越来越激烈，能源资源集中的地区成为周边国家和其他国际势力关注的热点地区。进入 21 世纪后，围绕着中东、非洲、墨西哥湾等传统热点地区的能源资源展开的能源外交活动越来越频繁。除此之外，近年中亚—里海和北极地区受到的关注度也迅速提升，成为全球能源外交的新热点。

第一节　中东地区——能源"聚宝盆"

中东地处欧、亚、非三大洲交界处的枢纽位置，具体指的是地中海东部与南部区域，从地中海东部到波斯湾的大片地区。传统上的中东包括巴林、埃及、伊朗、伊拉克、以色列、约旦、科威特、黎巴嫩、阿曼、卡塔尔、沙特阿拉伯、叙利亚、阿拉伯联合酋长国、也门、巴勒斯坦、塞浦路斯和土耳其。其中，除以色列和塞浦路斯以外都是伊斯兰国家，而在这些伊斯兰国家中，土耳其、伊朗为非阿拉伯国家。

19 世纪以来，中东一直是全球地缘政治格局中最敏感的地区，是大国争夺的热点地区，而这与该地区丰富的能源资源有着直接的关系。能源资源一直是左右着中东地缘政治格局变化的决定性因素。

一、中东地区在国际能源安全格局中的地位

（一）世界能源储备、生产及消费

石油。截至 2017 年底，世界石油探明储量为 16966 亿桶，其中石油输出国组织（欧佩克）成员国的石油探明储量继续保持龙头地位，占世界石油探明总储量的 71.8%。过去的十年中，世界石油探明储量上调 19%，即 2695 亿桶。世界石油储产比（储量与当年产量的比值，一般来说，储产比越高表明地区可开采年限越长）为 50.2 年，足以满足 50.2 年的全球生产需要，中南美洲的储产比约为 125.9 年，为全球最高。[①]

2012 年，世界石油的日均产量达到 8615.2 万桶，同比增加了 190 万桶，增幅为 2.2%，超过全球石油消费增幅的两倍多。2017 年，世界石油的日均产量达到 9264.9 万桶，同比增加了 63 万桶，增幅为 0.7%，不足全球石油消费增幅的一半。欧佩克日均石油产量仍占到全球增量的一半左右，非石油输出国组织的石油产量日均增幅为 79 万桶，其中美国、加拿大、巴西和哈萨克斯坦的产量增长，弥补了苏丹、南苏丹和叙利亚的减产，以及英国和挪威等老产油区域产量的衰减。[②]

世界石油的日均消费量为 9818.6 万桶，同比增加了 170 万桶，增幅为 1.8%。[③] 需要指出的是，全球石油消费数据与生产数据之间存在差异，造成这种差异的原因包括石油库存的变化，非石油类添加物和替代燃料的消费，以及在定义、衡量或石油供应与需求数据转换时不可避免会产生的差异。

天然气。截至 2012 年年底，全球天然气探明储量为 187.3 万亿立方

---

① 《BP 世界能源统计年鉴（2018 年）》，https：//www.bp.com/content/dam/bp－country/zh_cn/Publications/2018SRbook.pdf。

② 《BP 世界能源统计年鉴（2013 年）》，http：//www.bp.com/liveassets/bp_internet/china/bpchina_chinese/STAGING/local_assets/downloads_pdfs/CN－statistical_review－of－world－energy_20130708.pdf；《BP 世界能源统计年鉴（2018 年）》，https：//www.bp.com/content/dam/bp－country/zh_cn/Publications/2018SRbook.pdf。

③ 《BP 世界能源统计年鉴（2018 年）》，https：//www.bp.com/content/dam/bp－country/zh_cn/Publications/2018SRbook.pdf。

米，储产比为55.7，足以保证55.7年的生产需要。相比于2011年底的数据，2012年探明储量下降了0.3%，是近年来的首次下降。[①] 截至2017年年底，全球天然气探明储量为193.5万亿立方米，储产比为52.6，足以保证52.6年的生产需要。相比于2016年底的数据，2017年探明储量上升了0.2%。[②]

2017年，世界天然气产量为3.6804万亿立方米，同比增长了4%。从国别来看，美国的天然气产量达到了7345亿立方米，同比增长了1%。世界各区域的天然气生产均出现增长。世界天然气消费量增长了3%，高于历史平均水平。美国的天然气消费量为7395亿立方米，同比下降了1.2%，是2009年以来的首次下降。除北美洲和中南美洲之外，世界其他区域的天然气消费均出现增长，北美洲的天然气消费降至2009年以来最低水平，为9428亿立方米，同比下降0.7%。[③]

2017年全球天然气贸易量为11341亿立方米，其中管道天然气（PNG）贸易为7407亿立方米，液化天然气（LNG）贸易为3934亿立方米，分别占全球天然气贸易总量的65.3%和34.7%。北美市场和欧洲市场以PNG贸易为主，亚太市场则以LNG贸易为主。2012年中、日、韩三国的LNG进口量为1884.8亿立方米，占全球LNG进口总量的57.4%。2017年中、日、韩三国的LNG进口量为2178亿立方米，占全球LNG进口总量的55.4%。[④]

（二）中东地区能源储备、生产与出口

石油。中东蕴藏着世界上最丰富的石油资源，素有"世界油库"之

---

① 《BP世界能源统计年鉴（2013年）》，http：//www.bp.com/liveassets/bp_internet/china/bpchina_chinese/STAGING/local_assets/downloads_pdfs/CN - statistical_review - of - world - energy_20130708.pdf。

② 《BP世界能源统计年鉴（2018年）》，https：//www.bp.com/content/dam/bp - country/zh_cn/Publications/2018SRbook.pdf。

③ 《BP世界能源统计年鉴（2018年）》，https：//www.bp.com/content/dam/bp - country/zh_cn/Publications/2018SRbook.pdf。

④ 《BP世界能源统计年鉴（2013年）》，http：//www.bp.com/liveassets/bp_internet/china/bpchina_chinese/STAGING/local_assets/downloads_pdfs/CN - statistical_review - of - world - energy_20130708.pdf；《BP世界能源统计年鉴（2018年）》，https：//www.bp.com/content/dam/bp - country/zh_cn/Publications/2018SRbook.pdf。

称。中东已探明的石油储量为 1093 亿吨，约合 8077 亿桶，占世界总储量的 47.6%。① 中东各国大部分都蕴藏着石油，按照已探明的石油储藏量排前五位的国家分别是：沙特阿拉伯，约为 366 亿吨，合 2662 亿桶，占世界总储量的 15.7%；伊朗，216 亿吨，合 1572 亿桶，占 9.3%；伊拉克，201 亿吨，合 1488 亿桶，占 8.8%；科威特，140 亿吨，合 1015 亿桶，占 6.0%；阿拉伯联合酋长国，130 亿吨，合 978 亿桶，占 5.8%。中东还有一些相对较小的产油国，它们是：卡塔尔，26 亿吨，合 252 亿桶，占 1.5%；阿曼，7 亿吨，合 54 亿桶，占 0.3%；也门，4 亿吨，合 30 亿桶，占 0.2%；叙利亚，3 亿吨，合 25 亿桶，占 0.1%。其他中东国家石油储藏量很少，总计不过 1 亿桶。②

中东国家不仅石油储量丰富，而且产量也很大。以 2017 年为例，这一年中东国家日均开采原油 3159.7 万桶，同比下降 0.8%，占世界总开采量的 34.1%。其中，沙特阿拉伯的日均开采量为 1195.1 万桶，同比下降 3.6%，占世界总开采量的 12.9%。其后依次是：伊朗，498.2 万桶，同比增长 8.2%，占世界总开采量的 5.4%；伊拉克 452 万桶，同比增长 2.2%，占世界总开采量的 4.9%；阿联酋，393.5 万桶，同比下降 2.1%，占 4.2%；科威特，302.5 万桶，同比下降 3.8%，占世界总开采量的 3.3%；卡塔尔，191.6 万桶，同比下降 2.7%，占世界总开采量的 2.1%；阿曼，97.1 万桶，同比下降 3.4%，占世界总开采量的 1.0%；也门，5.2 万桶，同比增长 21.8%，占世界总开采量的 0.1%；叙利亚，2.5 万桶，同比下降 1.6%，占世界总开采量的 0.05%。其他中东国家日均开采量为 22 万桶，同比增长 2.8%，占世界总开采量的 0.2%。③

中东石油资源的优势还体现在储产比上。2012 年，中东国家的石油

① 《BP 世界能源统计年鉴（2018 年）》，https：//www.bp.com/content/dam/bp－country/zh_cn/Publications/2018SRbook.pdf。

② 同上。

③ 同上。

储产比为78.1年,[①] 超过世界石油平均储产比（52.9年），低于中南美洲（超过100年）。2017年，中东国家的石油储产比为78.1年，超过世界石油平均储产比（50.2年），低于中南美洲（超过100年）。[②] 而1999年1月，中东国家的石油储产比也近78年，当时世界平均值为34年。[③] 通过比较1999年、2012年和2017年三组数据不难发现，中东国家近20年新勘探的石油储量有较大幅度的增长，这是其储产比变化不大的主要原因。BP公司的统计数据也证明了这一点，2007年中东国家的探明石油储量是7549亿桶，2017年在此基础上增长了7%。[④]

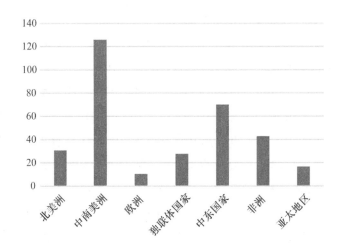

图 4 - 1 2017 年世界分区域的石油储产比

资料来源：《BP 世界能源统计年鉴（2018 年）》。

———————

① 《BP 世界能源统计年鉴（2013 年）》，http：//www. bp. com/liveassets/bp_internet/china/bpchina_chinese/STAGING/local_assets/downloads_pdfs/CN - statistical_review - of - world - energy_20130708. pdf。

② 《BP 世界能源统计年鉴（2018 年）》，https：//www. bp. com/content/dam/bp - country/zh_cn/Publications/2018SRbook. pdf。

③ 安维华、钱雪梅主编：《海湾石油新论》，北京：社会科学文献出版社，2000 年版，第33 页。

④ 《BP 世界能源统计年鉴（2018 年）》，https：//www. bp. com/content/dam/bp - country/zh_cn/Publications/2018SRbook. pdf。

除石油储藏量丰富、产量大和储产比高以外，中东石油资源还具有以下特点：第一，油层浅，钻井深度浅。沙特阿拉伯、伊朗和伊拉克等产油国的油田大多处于富油层，油层浅，地质条件简单。近年的平均钻井深度一般在2000~3500米之间，其中沙特阿拉伯的钻井深度最浅。由于地质条件优越，中东地区的石油开发成本一直是世界上最低的。第二，大油田多。在世界上已发现的40多个6亿吨以上储量的大油田中，中东地区有30多个，占世界总数的近70%，其中包括石油储量居世界前三位的超级大油田：沙特阿拉伯的加瓦尔油田（114.8亿吨）、科威特的布尔干油田（105亿吨）和沙特阿拉伯海上萨法尼亚油田（50.5亿吨）。第三，运输便利。中东地区地处欧亚非交通要道，海运、陆运都具有得天独厚的优势。由于中东大部分油田距离波斯湾不到100千米，使得海运成本更低。

2012年，整个中东地区的原油出口为8.811亿吨，约合每日出口1764.6万桶，占世界总出口量19.273亿吨的45.7%。石油产品出口为9850万吨，约合每日出口205.3万桶，占世界总出口量8.018亿吨的12.3%。2017年，整个中东地区的原油出口为9.892亿吨，约合每日出口1986.3万桶，占世界总出口量21.842亿吨的45.3%。石油产品出口为19400万吨，约合每日出口405.5万桶，占世界总出口量11.351亿吨的17.1%。这一数据显示，中东地区出口的原油满足世界石油市场近一半的进口需求量，中东对世界能源市场的影响力可见一斑。

天然气。除石油以外，中东还蕴藏有丰富的天然气资源。中东已探明的天然气储量为79.1万亿立方米，占世界总储量的40.9%，储产比超过100年（全球天然气储产比为52.6年）。其中伊朗已探明的天然气储量最多，为33.2万亿立方米，占世界总储量的17.2%，储产比超过100年。其后依次是卡塔尔，24.9万亿立方米，占12.9%，储产比超过100年；沙特阿拉伯，8万亿立方米，占4.2%，72.1年；阿联酋，5.9万亿立方米，占3.1%，98.2年；伊拉克，3.5万亿立方米，占1.8%，超过100年；科威特，1.7万亿立方米，占0.9%，97.6年；阿曼，0.7万亿立方米，占0.3%，20.6年；以色列，0.5万亿立方米，占0.2%，48.3年；也门，0.3万亿立方米，占0.1%，41.06年；叙利亚，0.3万亿立方米，占 0.1%，86.5 年；巴林，0.2 万亿立方米，占 0.1%，10.3年；其他中东国家，低于 0.05 万亿立方米，占比低于 0.05%，48.2 年。[①]

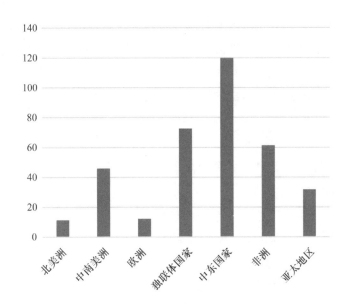

图 4 - 2 2012 年世界分区域的天然气储产比

资料来源：《BP 世界能源统计年鉴（2018 年）》。

在天然气生产领域，中东位居北美洲和独联体国家之后，居世界第三位。2017 年，中东国家总计生产天然气 6599 亿立方米，同比增长 4.9%，占世界天然气生产总量的 17.9%（第一是北美洲，9515 亿立方米，占 25.9%；第二是独联体国家，8155 亿立方米，占 22.2%）。其中，伊朗的天然气产量为 2239 亿立方米，同比增长 10.5%，占世界总产量的 6.1%。其后分别是卡塔尔，1757 亿立方米，同比下降 0.5%，占 4.8%；沙特阿拉伯，1114 亿立方米，同比增长 6.1%，占 3%；阿联酋，604 亿立方米，同比增长 1.8%，占 1.6%；阿曼，323 亿立方米，

———————————

① 《BP 世界能源统计年鉴（2018 年）》，https：//www.bp.com/content/dam/bp - country/zh_cn/Publications/2018SRbook.pdf。

同比增长 2.9%，占 0.9%；科威特，174 亿立方米，同比增长 6.1%，占 0.5%；巴林，151 亿立方米，同比增长 3%，占 0.4%；伊拉克，104亿立方米，同比增长 5.3%，占 0.3%；叙利亚，31 亿立方米，同比下降 14.6%，占 0.1%；也门，7 亿立方米，同比增长 2.1%，占比低于0.05%；其他中东国家共计生产天然气 95 亿立方米，同比增长 5.7%，占世界总产量的 0.3%。①

天然气出口方面，2012 年卡塔尔等中东国家出口管道天然气 276 亿立方米，液化天然气 1313 亿立方米，共计出口 1589 亿立方米，占世界总出口量 10334 亿立方米的 15.4%。2017 年卡塔尔等中东国家出口管道天然气309 亿立方米，液化天然气 1225 亿立方米，共计出口 1534 亿立方米，占世界总出口量 11341 亿立方米的 13.5%。从天然气出口的数据看，中东天然气的出口规模没有原油大，对世界天然气市场的影响力有限。

二、中东国家的能源战略与能源外交

本章中将主要以沙特阿拉伯和伊朗为例分析中东国家的能源战略与能源外交。

（一）沙特阿拉伯

沙特阿拉伯拥有的石油储藏量位居世界第二（第一位是南美的委内瑞拉，2017 年已探明石油储量是 3032 亿桶，超过拥有 2662 亿桶石油储量的沙特阿拉伯 370 亿桶），石油生产能力位居世界第二（第一位是美国，2017 年日均石油产量是 1305.7 万桶，超过日均产量 1195.1 万桶的沙特阿拉伯 110.6 万桶），是一个当之无愧的石油超级大国。沙特阿拉伯还是阿拉伯国家中最大的经济体，2017 年，其国内生产总值（GDP）达到 6838 亿美元，位居世界第 20 位。②

---

① 《BP 世界能源统计年鉴（2018 年）》，https：//www. bp. com/content/dam/bp – country/zh_cn/Publications/2018SRbook. pdf。

② https：//data. worldbank. org. cn/indicator/NY. GDP. MKTP. CD? contextual = region& locations = SA&view = chart.

沙特阿拉伯是一个典型的经济发展极大依赖石油出口的国家。尽管促进经济从单一化向多元化转变是沙特阿拉伯几十年来追求的目标，并且已经取得很大成效，非石油部门的产值在 GDP 中的比重已升至 40% 以上，其他制造业、金融服务业、信息产业和农业等领域都有了较大发展，但是石油出口收入在其出口总额中的比重仍超过 90%，在国家财政收入中的比重为 70%～80%，占 GDP 的 40%。这充分证明了石油产业还是沙特阿拉伯国民经济的支柱产业。多年来石油的大量出口使沙特阿拉伯的对外贸易长期保持顺差，政府财政年年盈余，2017 年财政收支状况中，收入比 2016 年增长 34%，达到 6960 亿里亚尔，财政赤字则低于此前两年，这也是沙特阿拉伯财政经济状况在中东产油国中保持非常稳定的主要原因。

作为一个石油强国，沙特阿拉伯的石油战略一直备受国际社会的关注。沙特阿拉伯制定石油战略的根本出发点是：对有限的石油资源的开发应该兼顾其他国家和全球的需要以及本国的需要；极其敏感的石油价格过度上涨或下跌对世界经济都是极大的破坏；应该建立生产国和消费国之间更具建设性的相互依靠关系而减少它们之间的相互冲突；承认世界石油资源有限以及资源的价值不断增加，强调产油国和消费国双方需要共同努力，更好地利用石油资源和经营石油经济。① 其石油战略的基本内容是：制订支持计划，保障出口所必需的石油开采工业水平，制订电力工业和石油化工工业的发展规划，保证石化产品的出口。对外石油战略的基本目标是：稳定石油价格，发展强有力而富有竞争性的、国内外一体化水平极高的石油工业，以保证稳定的财政收入。该政策的重要目的是保持石油在世界能源消费中现有的份额，保持沙特在世界石油市场上与其资源潜力和开采潜力相符合的作用。②

自 20 世纪 70 年代能源独立以来，沙特阿拉伯开展了独具特色的能源外交，主要表现在三个方面：

① 刘明：《新形势下的沙特阿拉伯石油战略》，载《亚非纵横》，2005 年第 4 期，第 15 页。

② ［俄］斯·日兹宁著，强晓云、史亚军、成键等译，徐小杰主审：《国际能源政治与外交》，上海：华东师范大学出版社，2005 年 8 月版，第 175 页。

1. 发展同美国密切的传统能源关系

1933 年，美国的美孚石油公司与沙特阿拉伯国王签署时限长达 66 年的油田开发协议，由此揭开了美沙能源合作历程。1945 年，时任美国总统罗斯福在苏伊士运河的巡洋舰上秘密会见了沙特阿拉伯国王，这也奠定了美沙特殊关系的基础。美沙能源关系的特殊在于，美国是全球最大的石油消费和进口国家，而沙特阿拉伯是全球最大的石油储藏、生产和出口国家，这种能源领域的互补性构成了双方关系的坚实基础。如今，沙特阿拉伯早已是美国最重要的能源供应国之一，它向美国提供的石油占美国国内消费的近 10%。此外，沙特阿拉伯还是美国最重要的海外投资国，其近 75% 的海外投资都投向了美国的国有、私有债券和股票，这些对促进美国经济发展起到了重要作用。美国和沙特阿拉伯签署的《关于军事合作和协调对外政治活动的协定》是双方关系发展的基础。据此协定，美国向沙特阿拉伯提供安全保障，后者则向美国出口稳定的优质原油。发展与美国密切的能源关系对沙特阿拉伯追求其在中东的领导者地位，维护本国的稳定具有重要的作用。在 2011 年中东爆发的民主浪潮中，当沙特阿拉伯发生集会游行和派兵镇压巴林抗议活动时，奥巴马采取了与对埃及、利比亚截然不同的"视而不见"态度，这就是美国通过其常用的双重标准给予友好国家的"回馈"。2018 年 9 月的第一周，沙特对美石油出货量达到自 2017 年底以来的首次 100 万桶/天的四周平均水平，自 5 月底以来增加了约 25 万桶/天。①

2. 积极开展全球能源外交

丰富的油气储量、强大的生产规模和大量的石油美元决定了沙特阿拉伯在世界石油市场中的领袖地位。事实证明沙特阿拉伯具备在危急时刻左右世界石油市场的能力。如 1997 年末、至 1998 年初受国际金融危机影响国际油价大跌，沙特阿拉伯及时宣布减产，并与另外两个石油大国——墨西哥和委内瑞拉达成了关于协调石油政策和限制石油开采的协定，对于稳定市场起到了关键作用。作为欧佩克、阿拉伯石油输出国组

---

① 《沙特增加对美石油出口》，http：//www.sinopecnews.com.cn/news/content/2018/09/10/content_1717767.htm。

织和海湾合作委员会的最重要成员国，沙特阿拉伯现在正谋求在全球层面实现自己的全球能源大国梦想。如通过在利雅得定期举办类似于达沃斯论坛的国际能源论坛，设立秘书处，在国际能源论坛框架内推动全球能源生产国和消费国的对话等途径推动利雅得成为世界主要能源政治中心。推动欧佩克与国际能源署等其他国际能源组织建立联合工作组，以协调全球能源事务；此外，沙特阿拉伯还试图建立一个包括欧佩克主要成员国和独立石油出口大国在内的非正式的石油超级联盟。

3. 加大开发亚洲市场的力度

亚洲是现在世界上经济最具活力的地区。亚洲国家，尤其是中国和印度等新兴经济体对能源的需求旺盛，这使得亚洲对沙特阿拉伯的战略意义十分突出。自 20 世纪 90 年代以来，沙特阿拉伯实行石油跨国经营战略，在韩国、日本、泰国、中国台湾和香港地区分别建立了合资炼油公司或合资炼油厂。进入 21 世纪后，沙特阿拉伯与亚洲国家和地区的石油合作步伐加快。其中与印度的能源合作是沙特阿拉伯亚洲能源外交的重要方向。2004 年 1 月，沙特阿拉伯石油公司市场和计划供应部副总裁在印度第 5 届石油天然气年会上强调，沙特阿拉伯和印度是中东地区和亚洲之间的天然伙伴，在石油贸易、石油下游部门建立牢固长远的合作关系，是互利互补的，非常重要。[①] 2010 年 2 月，沙特石油矿业资源大臣阿里·本·易卜拉欣·纳伊米同意把对印度的石油供应从目前每年2550 万吨增加到 4000 万吨。目前沙特阿拉伯是印度最大的石油进口来源地，约占印度石油进口总量的 20%。未来这一比重随着双方合作的深入还将继续增加。根据工业和航运消息来源的数据，由于在美国制裁前伊朗石油进口增加，改变了贸易路线，沙特阿拉伯在 2018 年 7 月取代伊拉克，成为印度最大的石油供应国。[②]

除印度外，中国在沙特阿拉伯的能源外交中的地位也日益突出。一方面，近年两国石油贸易量不断扩大。2012 年，中国从沙特阿拉伯进口

---

① "Saudi Aramca and India: A Natural Partnership in a Globalized Economy," http://www.saudiaramco.com.

② 《沙特 7 月份超过伊拉克成为印度最大石油供应国》，http://www.sinopecnews.com.cn/news/content/2018/08/16/content_1715255.htm.

石油 5391.6 万吨，同比增加 7.24%，占中国石油进口总量（2.71 亿吨）的 20%。[①] 另一方面，两国合作领域不断扩大。从 2004 年 3 月中石化首次获得在沙特阿拉伯的天然气特许勘探开发权以后，中国与沙特阿拉伯在石油领域的上游合作不断深入。2005 年 7 月，中石化分公司与荷兰的 AkzoNobel 公司联合获得了在沙特阿拉伯建设一个年产 40 万吨聚乙烯、40 万吨聚丙烯的生产装置项目。2011 年 3 月，中石化和沙特阿拉伯阿美两大石油公司签署合作备忘录，宣布将在沙特阿拉伯西部的延布工业区建设一座占地面积 520 万平方米的炼油厂，日加工阿拉伯重油 40 万桶，预计 2014 年下半年投运，总投资近 100 亿美元，沙特阿美与中石化分别持有 62.5% 和 37.5% 的股份。[②] 这是中石化在海外修建的第一座炼油厂，对于推动中石化的"走出去"战略具有积极意义。2015 年 12 月，延布炼厂获得"2015 年普氏全球能源奖之年度建设项目奖"。2016 年 1 月 20 日，中国在沙特最大的投资项目，中国石化首个海外炼化项目——延布炼厂项目正式投产启动。中国国家主席习近平和沙特阿拉伯国王萨勒曼共同出席中沙延布炼厂投产启动仪式。[③]

（二）伊朗

伊朗是世界级油气大国。据 2018 年 BP 公司的统计，2017 年伊朗已探明石油储量居世界第四位（位于委内瑞拉、沙特阿拉伯和加拿大之后），已探明天然气储量居世界第二位（位于俄罗斯之后），天然气生产居世界第三位（位居美国和俄罗斯之后）。油气工业是伊朗国民经济的支柱产业，其经济发展高度依赖石油，外汇收入大多来自石油和天然气，占政府收入的 80%，占 GDP 的 40% ~ 50%。

从地缘政治角度看，伊朗的地缘优势也是十分明显的。伊朗控制着波斯湾东岸，扼守着非常重要的霍尔木兹海峡。霍尔木兹海峡被称为世

---

① 《2012 年中国十大原油来源国一览》，http：//www. sinopecnews. com. cn/news/content/2013/01/22/content_1254682. shtml。

② 《中石油与沙特阿美共建炼油厂》，http：//finance. jrj. com. cn/industry/2012/01/16141612063339. shtml。

③ 《沙特延布炼厂》，https：//www. yidaiyilu. gov. cn/qyfc/xmal/2449. htm。

界能源的"大动脉"。根据美国能源情报署（EIA）的数据，2018 年该海峡日均原油流量为 2100 万桶。这相当于全球石油液体消费量的 21%。此外，每天大约还有 200 万桶燃油、液化天然气等其他的原油产品需要通过该航道运输。如果霍尔木兹海峡出现危机状况（如遭到封锁），短时间内必定会引起世界能源市场的大幅波动。伊朗还掌握着中亚—里海地区油气产品的部分对外运输通道，对波斯湾、中东、中亚、南亚都有着巨大的影响力。

丰富的油气资源和重要的地缘政治优势决定了伊朗在国际能源政治格局中不可忽视的地位，也成为了伊朗实施能源外交的重要物质基础。

1979 年爆发"伊斯兰革命"后伊朗成为了一个政教合一的伊斯兰国家。在伊朗，私有化受到限制，宗教政治人士对国家进行严格监管。伊朗的几乎所有石油资源都属于国家所有，其相关业务由伊朗国家石油公司控制，天然气的开采和出口则由伊朗国家天然气公司控制。这种高度国有化的状态对于伊朗制定能源战略总体上看是有利的，尤其是在面临着较大外界压力的时期。

伊朗能源战略的基本任务是：制订不断提高天然气产量的计划，推动出口和国家的天然气化；制订发展化工部门的规划和发展石油和加工工业的计划，不断提高本国油气和化工工业的实力。[1] 此外，伊朗还强调提高电力生产的必要性，推出了建造包括核电站在内的新的电力项目等。

冷战结束以后，美伊关系更趋紧张。一方面，伊朗核问题逐渐升温。2003 年以来，美国不断利用核问题打压伊朗，多次要求国际原子能机构将伊朗核问题提交联合国安理会讨论，以便对其实施更加严厉的国际制裁，同时与以色列一起威胁伊朗，可能对其核设施采取先发制人的打击，这对伊朗的国家安全和经济发展造成了极大威胁。另一方面，美国以扩散国际恐怖主义和违反人权为由将伊朗贴上了"无赖国家"的标签，禁止美国石油企业在伊朗油气领域展开业务。1996 年美国国会还通过了

---

① ［俄］斯·日兹宁著，强晓云、史亚军、成键等译，徐小杰主审：《国际能源政治与外交》，上海：华东师范大学出版社，2005 年 8 月版，第 177 页。

《达马托－肯尼迪法案》，该法案规定凡在油气开采领域年投资额超过4000 万美元的外国公司都可能受到美国政府的制裁。2018 年 5 月 8 日，美国总统特朗普在白宫宣布，美国将退出伊朗核问题全面协议。美国将重新对伊朗实施最严厉的经济制裁。特朗普当天表示，伊核协议是美国签署的最糟糕、最片面的协议，该协议缺乏有效机制遏制伊朗发展核武器及洲际弹道导弹项目，无法保障美国的国家安全利益。该协议让伊朗以非常小的代价换取了巨大的利益。①

为了摆脱来自美国等西方国家的政治经济压力，伊朗充分利用自身优势，开展了灵活的能源外交政策，努力争取获得国际社会的支持。

首先，加强与欧佩克成员国的关系。作为欧佩克成员国，伊朗与其他成员国有着共同的利益。2011 年 12 月以来，伊朗频繁在霍尔木兹海峡实施军演，它希望以石油供应这一巨大的利害关系使美国及其盟国在对伊朗动武问题上不敢轻举妄动，同时促动其他成员国为了自身利益而支持伊朗。为了达到这个目的，伊朗积极发挥了作为欧佩克重要成员国的作用，推动该组织巩固和强化其对国际油价和世界经济的影响力。为此，2005 年 3 月，伊朗在中部城市伊斯法罕成功地举办了欧佩克第一百三十五届部长级会议，这是 35 年以来欧佩克部长级会议首次在伊朗举行，具有十分重要的意义。为了获得更多外界支持，伊朗还在欧佩克内部联合委内瑞拉等反美国家，力图抵制美国对该组织的影响和操控。近年来，伊朗和委内瑞拉关系发展迅速，伊朗总统内贾德前后 5 次访问委内瑞拉，委内瑞拉前总统查韦斯也曾 9 次访问伊朗。2012 年 1 月，内贾德访委期间，双方签署了合作开发奥里诺科重油带等文件。对此，美国保持密切关注和警惕，中国则认为，在"当前国际经济形势下，伊朗和委内瑞拉探讨加强能源合作是合乎情理的"。② 这其中反映了中国在对待伊朗相关问题上的温和立场。

其次，加大东方能源外交的力度。1980 年伊朗和美国断交之后，英

---

① 《特朗普宣布美国将退出伊核协议 重启对伊制裁》，http：//www.chinanews.com/gj/2018/05/09/8509241.shtml。

② 外交部：《伊朗与委内瑞拉探讨加强能源合作合乎情理》，http：//www.chinanews.com/gn/2012/01/17/3612127.shtml。

国、法国、德国等欧盟国家一直是伊朗能源外交的主要方向。伊朗认为，西方国家不仅能源需求大，资金雄厚、技术先进，能帮助伊朗提升本国的能源产业，而且它们是美国的盟友，当伊美出现冲突时，出于维护既得利益的考虑，它们能够充当调停人的角色。事实证明，英、法等国在伊朗核危机加剧时起到了积极的作用，多次劝服美国不将伊朗核问题提交联合国安理会，有效缓解了危局。然而作为美国的传统盟友，欧盟对伊政策逐渐与美国靠拢。最终，2012 年 7 月 1 日欧盟对伊朗实施全面石油禁运，这对伊朗的对西方能源外交战略无疑是一个巨大的打击。自 2018 年 5 月美国总统特朗普宣布退出伊核协议、并重启因伊核问题全面协议而豁免的对伊制裁后，欧盟与伊朗积极商讨石油贸易"专门机制"，以绕过美国制裁，解决石油交易中的结算问题。① 9 月 29 日，《纽约时报》报道称，伊朗外交部长穆罕默德·贾瓦德·扎里夫（Mohammad Ja-vad Zarif）表示，伊朗与欧盟原油出售协议的核心是，伊朗和欧洲试图建立一个支付伊朗石油的机制，以物物交换或是本币计价，而不是用美元。这个想法是绕过美国，防止美国阻止财务转移。②

面对能源外交的困局，伊朗需要寻找新的突破口，而亚洲国家能源需求的不断增长和国际影响力的提升给它提供了良好的契机，伊朗开始加强与亚洲国家的能源合作力度，其主要合作对象是中国和印度。2003 年，由中国东方电气集团在伊承建的阿拉克 4×32.5 万千瓦电厂项目建成投入运营。这是中国企业在中东地区建成的最大的火力发电厂，在伊朗及中东地区具有广泛影响。该项目也是至今伊朗最重要的发电厂。2004 年 10 月，中国与伊朗签署了价值近 1000 亿美元的长期能源合作备忘录，据此，伊朗将允许中石化开采伊朗的亚达瓦兰油田（最高日产量可达 30 万桶左右），中国则同意在未来 25 年内每年从伊朗购买 1000 万吨的液化天然气。2005 年初，伊朗又与印度签署了总价值 400 亿美元的长达 25 年的天然气供应协议。此外，伊朗还一直与相关国家讨论修建"伊朗—巴基斯坦—印度"天然气管线工程，这个项目一旦成功将极大

---

① 《欧盟与伊朗积极商讨石油贸易〈专门机制〉》，http：//www. cnenergy. org/gj/gjcj/2018/11/t20181121_739515. html。

② 《伊朗接近与欧盟达成原油出售协议》，https：//wallstreetcn. com/articles/3414551。

改善伊朗天然气出口状况。2018年年初,业界关注的伊朗南帕斯11区天然气开发项目建设正按高标准、高质量推进。该项目是伊朗在西方解除对其经济制裁后,首次与外国公司在油气领域签署的合作协议,也是中国石油与合作伙伴道达尔在伊朗新石油合同条件下的首个投资项目。该项目天然气地质储量约6400亿立方米,可采储量约4500亿立方米;凝析油地质储量约8.18亿桶,可采储量3.78亿桶。项目合同期20年,总投资额48亿美元,预计2021年年中逐步投产,高峰产量为每天5660万立方米。届时,滚滚气流将供应亚太和欧洲地区,令市场充满期待。[①]日本计划将自伊朗进口的原油量降至零,沙特和阿联酋都是潜在的替代供应方。除了响应传统盟友美国的要求,日本在发现很难获得美国的制裁豁免后作出决定。日本是能源进口大国,其石油有90%依赖进口,而伊朗是日本的第六大石油供应国,为了实现能源多元化、提振能源安全,日本历来与伊朗关系友好。伊朗有60%的石油出口到亚洲,主要客户有中国、印度、日本和韩国。据数据追踪公司Kpler提供的数据,2018年5月,销往中、印、日、韩的石油总量,占伊朗5月270万桶/日出口量的近65%。美国另一个传统盟友韩国将从2018年7月起停止从伊朗进口石油,成为亚洲首个停止从伊朗进口原油的国家。此外从7月1日起,印度进口伊朗石油将减少至20万桶/日,并且只接受到岸价格,海运由伊朗方面负责。[②]

最后,加速开放油气领域吸引投资。为了摆脱西方国家的围堵,伊朗希望通过对外能源合作寻找新的途径,但是上游能源合作因受伊朗相关法律法规的限制而难以展开。根据伊朗宪法规定,外国石油公司只能通过"回购合同"的模式参与伊朗油气田的开发。这种模式指的是参与合作的外国石油公司必须先提供项目资金,其投入成本和利润回报需要等到项目移交伊方并投产后以产品偿付。尽管这种方式也能保证投资者收回他们投入的资金,而且可以获得一定的石油或天然气产量作为预先

---

① 《伊朗欲重返国际天然气市场》,http://news.cnpc.com.cn/system/2018/02/08/001677818.shtml。

② 《日本考虑最早10月起将伊朗石油进口降至零》,https://www.china5e.com/news/news-1034848-1.html。

谈好的利润收入，但是这与国际上通用的油气资源合作经营模式——"产品分成"完全不同，"回购合同"模式对投资者的保护较弱，在国际能源合作中一般很少采用。"回购合同"模式极大限制了伊朗外资的进入。在不能从根本上解决这一矛盾的情况下，伊朗采取了一些灵活的策略，例如延长勘探开发合同的期限，以及出台优惠政策等。2004年中伊达成的为期25年的天然气供应协议就是这一政策的产物。从国际大趋势来看，取消"回购合同"模式，实行"产品分成"是伊朗推动能源领域对外开放的必然选择。

案例 4 - 1 伊朗核危机

伊朗"核计划"由来已久。20世纪50年代后期，伊朗就开始实施核能发展计划，先后建成了1个核电站、6个核研究中心和5个铀浓缩工厂。当时伊朗巴列维王朝奉行亲美的政策，伊朗核能发展计划的初始阶段曾得到美国等西方国家的支持。

1980年美伊断交以来，"伊朗核问题"逐渐发酵。美伊断交使伊朗感受到来自以美国为首的西方军事威胁，于是开始实施新的"核计划"。随即美国指责伊朗试图"研发核武器"，并扬言要对伊采取制裁措施。

2003年2月9日，伊朗前总统哈塔米宣布，伊朗已成功提炼出了铀，并将建设一个完整的核燃料循环系统。此消息震动了国际社会，尤其使美国感到不安。美国和国际原子能机构轮番向伊朗紧急施压。迫于压力，伊朗于同年12月签署了"核不扩散"附加议定书，同意暂时搁置"核计划"。2004年，美国公布了7张伊朗核设施照片。同年4月，伊朗宣布暂停组装浓缩铀离心机。

2006年1月，伊朗突然宣布重新启动已经停止两年多的核燃料研究计划，国际舆论一片哗然。3月，联合国安理会要求伊朗在30天内停止一切"核活动"，伊朗置之不理。7月，美、俄、中、英、法、德6国外长发表声明，将"伊朗核问题"提交联合国安理会处理。同月底，安理会就伊朗核问题通过了1696号决议，限令伊朗于8月31日前暂停所有铀浓缩活动。对此，伊朗强硬表态，称"伊朗的铀浓缩活动只会继续和扩大，决不会中止"。12月，安理会又通过1737号决议，决定对伊朗的

"核计划"和弹道路导弹项目实行制裁。此后，2007 年 3 月和 2008 年 3 月，安理会又通过了制裁伊朗的 1747 号决议和 1803 号决议，伊朗均无动于衷。

2010 年 2 月 16 日，伊朗总统内贾德向外透露伊朗已经完成了铀浓缩关键设备新一代离心机的试验，功率相当于老一代离心机的 5 倍，不久就将投入使用。6 月，安理会通过了制裁伊朗的 1929 号决议，但依旧未能阻止伊朗的"核步伐"。

2011 年 11 月初，国际原子能机构（IAEA）在维也纳发表了一份报告，详细透露了伊朗"核计划"中与军事用途相关的浓缩铀和运载工具研制试验的进展情况。这一消息成为了引爆伊朗核危机的导火索。美、英、法、加等西方国家先后宣布对伊朗实施新的金融制裁措施。12 月 1 日，美国参议院全票通过了对伊朗的制裁措施，切断伊朗中央银行与全球金融体系的联系。内贾德立即强硬反击，宣称伊朗决不会退缩，将坚定不移地发展自己的核技术。同时伊朗国内也掀起了一股声势浩大的反西方浪潮。

此后伊美之间的交锋越来越频繁。2011 年 12 月 4 日，伊朗击落一架美军高度机密的 RQ-170 隐形无人侦察机。12 月中旬，伊朗海军在霍尔木兹海峡举行大规模军事演习，向美国示威。随即美国派遣斯航母战斗群穿越霍尔木兹海峡伊朗海军演习区域对伊朗进行武力威慑。2012 年 1 月 11 日，伊朗核科学家在德黑兰被炸死，伊朗认定这起谋杀事件是以色列所为，国内再次掀起一股新的仇美情绪。

2013 年 3 月~6 月，内贾德任满前夕美伊关系出现缓和，两国官员展开秘密会谈。经过长达 2 年的谈判，最终在 2015 年 7 月，伊朗与伊核问题六国（美国、英国、法国、俄罗斯、中国和德国）达成伊核问题全面协议。各方签署了《联合全面行动计划》（即伊核问题全面协议），协议于 2016 年 1 月生效。根据协议，伊朗承诺限制其核计划，国际社会解除对伊制裁。国际原子能机构负责督查伊朗履行协议情况，已多次出台报告确认伊朗履行了该协议。

2018 年 5 月 8 日，美国总统特朗普宣布单边退出伊核协议，并将对伊朗实施最高级别的经济制裁。特朗普在兑现自己总统竞选承诺的同时，毫不留情地推翻了奥巴马在伊核问题上的"外交遗产"，这一行为将在中东地区引发不可预见的地缘政治后果。美国的出尔反尔和单边行动违背国际契约精神，将促使伊朗重新思考拥核的必要性与迫切性。伊朗是中东地区的大国，伊核危机的升级将加剧中东局势发展的不确定性。

（资料来源：《伊朗核危机是否会引发美以对伊战争》，http：//news. china. com/focus/ylh-wj；崔守军：《伊核危机再现引发中东高冲突风险》，https：//www. jiemian. com/article/2136052. html。）

三、大国对中东能源资源的争夺

（一）历史上英、法、美等西方国家对中东石油资源的瓜分

从 19 世纪开始，英、法、美等国的石油公司就一直觊觎中东的石油资源，到 20 世纪 30 年代，西方国家通过三次瓜分基本上将中东石油利益收入各自囊中。

1. 第一次瓜分——圣雷莫会议

英国是最早开发中东石油资源的国家。1901 年，英国商人达西与波斯（伊朗）君主沙阿签订了中东第一个石油租借协定——《达西协定》，达西以两万英镑的代价向沙阿购买了 60 年对波斯 120 万平方千米国土的石油勘探经营权（几乎涵盖波斯大部分国土，但北方五省除外，当时这里是沙俄帝国的势力范围），波斯可从日后的石油收益中获取 16% 的利润。1908 年，达西勘探出了伊朗第一口油井。1909 年，英波石油公司成立。从此，英国开始了在海湾产油区的渗透和掠夺，并通过英波石油公司逐渐完成了对伊朗的控制。对于另外一个蕴藏有丰富石油资源的伊拉克，英国主要通过与德国和美国组建合资公司——土耳其石油公司进行渗透，但是该地区的石油基本上还是被奥斯曼土耳其控制。

第一次世界大战中，奥斯曼土耳其帝国战败，其领土和属地被战胜国英、法所瓜分。其中英、法最关心的是在美索不达米亚（伊拉克）的底格里斯河流域的巴格达和土耳其摩苏尔省等产油区。1919 年 12 月，协约国与土耳其在意大利的圣雷莫召开会议，双方签署合约，把原属奥斯曼土耳其帝国的整个叙利亚和黎巴嫩的统治权交给法国，英国则得到

巴勒斯坦和美索不达米亚以及摩苏尔的统治权。会上还签署了一条有关石油的协议，其中规定，把土耳其石油公司中德国（也是战败国）一家银行所占有的1/4的股份转给法国，原在土耳其石油公司占半数股份的英国石油公司的股份仍不变，原在美索不达米亚开发石油的美国人罗斯蒂·高宾金仍继续占有5%的股份。这被称为是西方各国第一次瓜分海湾产油区的分赃会议。通过这次会议，英国在中东的石油利益进一步扩展，法国也收获颇丰。

2. 第二次瓜分——《红线协议》

圣雷莫会议虽然对美索不达米亚的石油资源进行了重新分配，但是主要发生在英法之间，这引起了另一个战胜国美国的不满。对于中东石油资源，"美国主张是世界大战的胜利既然是协约国全体努力的结果，则战利品的分派当须在全部协约国间均等处理。"[①] 更何况第一次世界大战使得美国的经济实力大增，因此美国希望撬开英国控制的土耳其石油公司的大门，进入美索不达米亚。为此，美国从1920年开始就一直为此事而进行外交斡旋。1922年，英国表示愿意将土耳其石油公司12%的股份出让给美国石油公司，但美国以比例太小为由拒绝。此后，美国继续为参股土耳其石油公司的股份而进行不懈努力，直到1928年与英国达成协议。

1928年7月31日，美、英、荷三国石油巨头代表与土耳其石油公司的创始人之一——卡罗斯特·古尔班坎在比利时的奥斯廷签署有关新股权的协议。新达成的土耳其石油公司股权分配协议如下：英波石油公司23.75%，皇家荷兰壳牌石油公司23.75%，法国石油公司23.75%，美国近东开发公司（包括新泽西、美孚和海湾石油公司）23.75%，古尔班坎5%。协议规定：各方有共同占有、开发奥斯曼帝国石油资源的权利；任何一方在任何时候发现的任何油田均属各方共有；非经协议其他方同意，任何一方不得开发该地区的石油资源；由英国石油公司、英荷壳牌公司、新泽西标准石油公司、纽约莫比尔石油公司共同参股组成

---

① ［日］佐藤定幸：《石油帝国生义——英美石油资本在中东地区的斗争》，载《世界经济文汇》，1957年第5期，第43页。

伊拉克石油公司。经过八年的外交努力和强权政治的压力，美国最终获得了与英、法、荷同等的权利。这个重新瓜分中东石油资源的协议就是《红线协议》，[①] "红线"指的是埃及以东、波斯以西除科威特外的所有地方，巴林、卡塔尔、沙特阿拉伯王国和海湾酋长国都包括在内。根据《红线协议》，美国打破了英、法、荷等国对中东石油的垄断，在争夺中东石油资源的道路上向前迈进了一大步，这也是打开波斯湾石油大门的关键一步。

3. 第三次瓜分——《阿克纳卡里协定》

20 世纪 20 年代末，英荷壳牌石油公司、英国石油公司和美国新泽西石油公司为代表的石油垄断财团之间发生了激烈的市场争夺和价格战争。其间，苏联、伊拉克、伊朗的石油大量投入世界石油市场，造成市场上的石油过剩。为了解决市场和价格问题，1928 年初，在英荷壳牌石油公司提议下，英荷壳牌石油公司、英国石油公司和美国新泽西石油公司在苏格兰高地阿克纳卡里举行会谈，达成了一项协定，即《阿克纳卡里协定》。协定的主要内容是：承认 1928 年各石油垄断组织分割世界石油市场（除美国国内市场外）的现状；废除和防止各垄断组织因竞争而采取的措施；根据石油生产的地理特点就近供应原油；采取措施防止生产过剩和维持垄断价格；规定世界原油价格以美国得克萨斯海湾出口的原油价格加运费为基准。其中最后一条为世界市场的原油价格商定了一个通用"法则"，它有利于"石油七姐妹"在世界各地尤其是在中东寻找石油资源的规则，它在任何时候都将保证成本高的美国原油生产商有利可图，并使拉美、中东各公司由于其原油生产成本低而获利更多。随后，"七姐妹"的其他四家都参加了《阿克纳卡里协定》。《阿克纳卡里协定》是国际石油卡特尔的"奠基"协定，它为西方石油公司进一步渗透和控制中东石油资源扫除了障碍。到 1972 年，美国 5 家大型石油公司控制了中东石油开采的 51.3%，英国石油公司和英荷壳牌石油公司共为

---

① "红线"是古尔班坎划定的奥斯曼土耳其帝国的边界。在签订协定的时候，与会者不清楚原奥斯曼帝国的边界在哪里，因此也不能确定伊拉克石油公司经营的领土范围，于是古尔班坎在一张中东大地图上用红笔画了一条线，以此为原奥斯曼土耳其帝国的边界，《红线协定》也因此得名。

30.8%，法国石油公司为 4.9%。① 至此，西方国家基本上控制了中东的绝大部分石油资源。

（二）大国对中东石油的争夺

1. 英美围绕中东石油租赁权的明争暗斗

美国是一个后起的资本主义国家。相比英法等老牌资本主义国家在中东近 100 多年的长期经营，美国直到 20 世纪初在中东都没有什么石油利益。但随着石油对经济发展作用的凸显，美国开始关注中东石油资源。1909 年 12 月，美国国务院增设了近东（中东）司以指导美国在中东的活动，协调美国石油公司在中东的石油利益。然而美国在中东的渗透与英法发生了冲突，尤其是对英国的中东石油霸权产生了直接的挑战。

英美虽然同属西方资本主义阵营，在对外扩张、获取殖民地资源上有着共同的利益，但是正如列宁所说，"如果实力对比由于发展不平衡、战争、破产等等而发生变化的话，当然并不排除对世界的重新分割。"② 因此第一次世界大战后，英、美之间不可避免地展开了重新瓜分石油产地和争夺石油霸权的斗争。斗争的第一个回合的结果就是上文中提到的《红线协议》的签订。这个协议对美国的意义是十分重大的，因为从 1909 年设立近东司到 1928 年，美国真正关注中东石油不足 20 年。对中东石油格局而言，《红线协议》标志着美国势力在中东的上升，英国的霸权地位开始动摇。

此后，美国不断蚕食英国在中东的石油权益。1928 年美国加利福尼亚美孚石油公司取得了英国在中东保护地巴林群岛的石油租让权。1933 年加利福尼亚美孚石油公司获得沙特阿拉伯 93.2 万平方千米土地的租让权，租让期长达 66 年。同年，美国海湾石油公司与英国石油公司达成联合开采和经营科威特石油的协议，并与科威特签订了石油租让协定。到 1935 年，海湾石油公司共获得科威特 35% 的石油租让权。1938 年，洛克菲勒的新泽西美孚石油公司和纽约美孚石油公司在埃及夺得了租借权，1939 年，加利福尼亚美孚石油公司又通过其子公司"加利福尼亚—阿拉

---

① 《世界经济》（第 2 册），北京：人民出版社，1981 年版，第 190 页。
② 《列宁选集（第 2 卷）》，北京：人民出版社，1972 年版，第 790 页。

伯美孚石油公司"与沙特阿拉伯签订补充协议，获得了 20.7 万平方千米的租让权，期限达 95 年。至此，美国跨国石油公司在沙特阿拉伯共获得近 114 万平方千米的租借地，"美国正式成了波斯湾地区石油开采的一个主要国家，而沙特阿拉伯也从此与美国建立起了一种特殊的紧密关系。"① 经过 10 余年争夺，到 1939 年第二次世界大战前，美国石油资本控制了中东租让地（约 250 万平方千米）的 50%，全部石油储量的 12%，石油开采量的 13%（参见图 4-3）。由此可见，美国在中东的渗透取得了较为明显的成效。

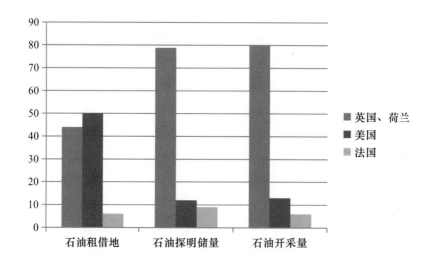

图 4-3 1939 年英、荷、美、法石油资本控制中东石油资源情况（单位:%）

资料来源：［苏］山大洛夫：《帝国主义争夺原料产地的斗争》（中译本），北京：世界知识出版社，1958 年版，第 186 页。

二战期间，尽管美英都属于同盟国阵营，但是在涉及到包括沙特阿拉伯在内的中东石油利益时，双方仍然展开了激烈的争斗。这时，英美在中东的石油利益之争主要集中在沙特阿拉伯。英国由于财力不济，在经济、军事上严重仰赖美国，美国借机通过各种途径大肆对沙特阿拉伯进行渗透，并取得了很大突破。首先，建立外交关系。1940 年 2 月，美

---

① 左文华、肖宪：《当代中东国际关系》，北京：世界知识出版社，1999 年版，第 41 页。

国与沙特阿拉伯签订了关于建立外交关系的协定，美国驻埃及公使兼任驻沙特公使。1942 年 5 月，美国在沙特设立大使馆。其次，实施经济援助。1943 年，沙特阿拉伯因战争导致朝觐收入大大减少，加之干旱引起农作物歉收，政府出现财政困难。于是政府要求英国增加财政援助，并向阿美石油公司提出增加石油租让费。由于当时英国政府财政也捉襟见肘，美国政府在美国石油财团的游说下及时发表声明称，将给予沙特阿拉伯援助，并称《战时租借法案》同样适用于沙特阿拉伯。沙特阿拉伯国王承诺只将其石油资源交给美国石油公司开发，英国石油公司由此被逐出沙特阿拉伯。第三，修建输油管道。由于通过海运将沙特阿拉伯的石油运到欧洲路途遥远，因此 1944 年 2 月，美国宣布，将由政府出资兴建一条横贯阿拉伯半岛的输油管，从波斯湾的哈萨地区到地中海黎巴嫩的赛达港，途经约旦和叙利亚，全长 1600 千米，预计年输油量为 2000 万吨，总投资额为 1.65 亿美元。① 该管道于 1945 年开始动工，1951 年建成，这成为美国牢牢控制沙特阿拉伯石油资源的有力工具。第四，进行军事渗透。1943 年 12 月，美沙就两国军事关系和修建军事基地问题达成非正式协议：沙特阿拉伯允许美国把阿美石油公司总部所在地——达兰改建成美国的空军基地，沙特阿拉伯在波斯湾港口为美国海军提供便利，美国答应向沙特提供武器装备，并派遣军事代表团训练沙特军队。1945 年空军基地建成，它拥有当时美军在海外最大和设备最先进的机场。

二战后，中东成为了美国争夺世界霸权的重要目标。美国对中东政策的战略目标之一是，"保卫大石油公司的租让权"。② 为此，一方面，美国通过"杜鲁门第四点计划""马歇尔计划""艾森豪威尔主义"，向中东国家提供大量"经济援助"和"军事援助"。1945～1960 年，美国仅向沙特阿拉伯、伊朗和伊拉克三个国家就提供了 5 亿多美元的"援助"，以此加强对"受援国"的政治、经济和军事渗透和控制，为构筑其石油霸

---

① 张士智、赵慧杰著：《美国中东关系史》，北京：中国社会科学出版社，1993 年版，第 71 页。

② ［美］维克托·配罗：《美国金融帝国》（中译本），北京：世界知识出版社，1958 年版，第 342 页。

权服务。另一方面，美国摒弃一切限制其扩张步伐的"游戏规则"，为其独霸中东石油扫清障碍。1946年12月，埃克森和莫比尔两家美国石油公司不顾《红线协议》条款的约束，在不与伊拉克石油公司其他成员协商的情况下，购买了《红线协议》范围内阿美石油公司40%的股权。事后尽管英法石油公司提出抗议，但美国方面置之不理。《红线协议》就这样成为一纸空文，不再具有任何实际意义。除了上述措施以外，美国石油资本还通过撬开伊朗大门，初步树立了自己的中东石油霸权地位。

美国石油资本对英国控制下的伊朗石油资源觊觎已久。20世纪20年代初到40年代中期，美国石油公司曾多次试图进入伊朗未果。二战后，伊朗掀起了以反抗英国殖民统治的石油国有化运动，美国随即表态"美国人民完全支持伊朗自己做出的选择"。[①] 1951年，英伊石油公司被逐出伊朗后，美国曾想取代英国，但被摩萨台拒绝。于是美国与英国合谋发动政变，推翻了摩萨台政府，并乘机进入伊朗石油领域。1954年，美国迫使英伊石油公司与其达成重新瓜分伊朗石油资源的协议，从此美国拥有了与英国共同开发伊朗石油的权利。

除了伊朗以外，美国的石油资本几乎渗透到所有中东产油国。到1954年，美国控制了沙特、巴林和中立区几乎全部石油生产，控制了科威特和卡塔尔一半的石油产量，以及伊拉克和埃及23.75%、伊朗40%的石油产量。到1956年，美国已经控制了57%的中东石油产量，英国和荷兰控制的比重降为40%。[②] 美国终于取代英国在中东的石油霸主地位，初步确立了其中东石油霸权。

2. 冷战时期美苏争夺中东石油霸权

冷战期间中东石油霸权的争夺主要发生在美国和苏联两个超级大国之间。二战结束后，美国在中东的政治、经济、军事利益已经无处不在。中东不仅是美国谋求世界霸权的至关重要的能源战略基地，而且是美国遏制苏联势力影响的一个重要前沿阵地，如1947年出台的杜鲁门主义的初衷就是要援助希腊和土耳其以对抗所谓"共产主义的颠覆和威胁"。

---

① 彭树智：《二十世纪中东史》，北京：高等教育出版社，2001年版，第142页。

② 国际问题译丛编辑部编：《帝国主义与石油》，北京：世界知识出版社，1958年版，第63页。

此外，向中东推行美国的制度模式和价值观，加强对伊斯兰国家的控制，保护其盟国以色列的安全也是美国利益之所在。对于苏联来说，除了石油利益以外，首先，中东是其国家传统战略利益的辐射区，历史上沙俄与奥斯曼土耳其帝国曾在此激烈较量。其次，中东的土耳其、伊朗和阿富汗与苏联接壤，其南部安全与这些国家休戚相关。再次，中东的伊斯兰复兴运动对苏联数千万穆斯林也有着重要的政治影响力。最后，自叶卡捷琳娜时期开始，南下战略一直是沙俄/苏联对外战略的重要方向，而中东是必经之路。美苏冷战时实力的膨胀，在中东利益的交织导致双方在该地区的争夺日趋激烈，其表面虽然是对石油霸权的争夺，但实质上是对中东地缘政治格局主导权的争夺。

冷战期间，美苏对中东石油霸权的争夺可以分为以下几个阶段。

第一个阶段：1945～1955 年。这一阶段是美国在中东全面渗透的时期。美国一方面通过挤压英国在沙特阿拉伯、伊拉克、伊朗的石油利益，逐渐建立起了自己的石油霸权地位。另一方面，在"伊朗危机"的处理中，① 美国以强硬的态度，迫使苏军于 1946 年 5 月撤出伊朗北部，借机扩大了其在伊朗乃至整个中东的影响。"伊朗危机"是冷战初期美苏之间一次较大规模的对抗，苏联的撤退意味着苏联当时的实力尚不足与美国抗衡。

第二个阶段：1955～1973 年。这一时期，随着经济从战争的打击中恢复过来，苏联开始了与西方石油财团争夺中东石油市场控制权的斗争。20 世纪 50 年代末期，苏联成为仅次于美国的世界第二大石油生产国。这大大提升了苏联在国际石油市场上的话语权，也鼓舞了苏联在中东对抗美国的信心。苏联通过提供经济、技术和军事援助，极力向中东产油

---

① "伊朗危机"是二战结束后围绕着苏军撤出其占领的伊朗北部问题而发生在英、美、苏、伊之间的冲突。二战期间，美英苏结成反法西斯同盟，为了保障盟国间交通运输线的畅通，1941 年 8 月 25 日，苏英联合决定，由苏军占领伊朗北部，英国占领伊朗南部。1942 年 1 月，苏英伊三国在德黑兰订立同盟条约，规定苏英两国军队应在战争结束后 6 个月内撤军。在 1943 年底举行的德黑兰会议上，美英苏三大国首脑均对撤军问题和维护伊朗独立作了保证。然而战争结束后，苏联并未按时撤出伊朗。于是伊朗政府向联合国提出控诉，指责苏联违背条约。而美国威胁将不惜动用军事手段迫使苏联撤离。迫于压力，苏军最终于 1946 年 5 月全部撤离伊朗。在危机中，苏联遭到了失败，英国也没捞到多大的好处，只有美国后来居上，成为最大的赢家。

国扩张，并获得了较大的石油利益。如 1966 年苏联与伊朗签订了有关苏联援助建设天然气管道并以向苏联出口天然气方式还贷的协议等。此外，苏联还以"技术换石油"和"武器换石油"等方式逐步渗透到英美石油垄断资本控制的伊拉克、埃及、阿尔及利亚、叙利亚、利比亚等国家，希望借此排挤美英石油财团势力，获得中东油气资源，并夺得中东石油控制权，进而削弱美国在中东的石油霸权。

第三个阶段：1973～1980 年。这一时期先后爆发了两次石油危机，对国际石油市场和世界经济，尤其是西方国家经济产生了巨大的冲击。石油危机期间，中东阿拉伯国家第一次团结起来，以石油为武器打击西方垄断资本对中东产油国的掠夺，取得了很好的效果。这一时期以美国为首的西方资本主义国家尽其所能维护它们在中东的石油权益，采取了建立国际能源署等措施，然而收效甚微。苏联也因其领导人勃列日涅夫发表的"阿拉伯的石油尽管在形式上是阿拉伯的财产，但是它（实际上和事实上）是国际财产"[①]的不当言论而导致其在中东行动的动机受到质疑。总的来看，这一阶段美苏在中东石油领域的对抗因阿拉伯国家的一致对外而大为减弱。

第四个阶段：1980～1991 年。这一时期中东地区爆发了"两伊战争"和"海湾战争"两次大规模的军事冲突。"两伊战争"持续 8 年，结果是两败俱伤。期间，美苏虽口头上严守"中立"，但是背地里却又分别向交战双方提供武器等援助，以达到削弱伊朗、伊拉克这两个有地区霸权野心的国家的力量，维护其石油等利益的目的。"海湾战争"对美国而言是一个历史性的机遇。美国打着"解放科威特""反侵略"的旗号，组织多国部队，对伊拉克实施大规模空袭，最后迫使萨达姆从科威特撤军，美国因此而获得中东更多的军事、石油权益。此后不久苏联解体，美国最终实现了其独霸中东石油的夙愿。

3. 冷战后大国对中东石油的争夺

冷战结束后，美国开始独霸中东石油。但是，中东地区的独特的地缘和能源优势决定了它必然不会因为美国霸权的存在而变得平静。事实

① 舒先林：《美国中东石油战略研究》，北京：石油工业出版社，2010 年版，第 52 页。

上，世界主要大国如欧盟、日本和俄罗斯对中东石油资源的争夺从未停止，反而更加激烈。

欧盟。中东虽然不是欧盟最重要的石油进口来源，但也是重要的石油进口地区，尤其在未来极有可能成为欧盟重要的液化天气进口地区，因此欧盟对中东石油的觊觎也很多。为了维护自己的利益，欧盟采取了较为独立的中东政策，而不是追求与美国的一致。海湾战争后，德、法等欧洲国家为了本国的石油利益，不顾美国的"双重遏制"政策的压力，继续保持和发展同伊朗、伊拉克的关系。1997 年 10 月，法国道达尔石油公司与伊朗石油公司签署一项 20 亿美元的天然气投资协议。对此，美国公开反对，并以《达马托法》相威胁制裁法国。但是道达尔石油公司不为所动，并表达了坚决反对《达马托法》的立场。随后在卢森堡举行的欧盟外长会议上法国的立场得到了其他国家的支持。2003 年，美国发动伊拉克战争，德、法公开反对，并与俄罗斯一起谴责美国的单边主义行动。此后，欧盟在处理与海湾国家关系时，注意与美国的政策、特别是其大中东政策保持距离，在所谓民主化改造等问题上采取低调，以便为与海湾国家的能源合作创造良好的政治氛围。[1] 2004 年，欧盟在利雅得设立外交使团，与海湾六国建立了特殊的双边对话关系，以便保持对海湾国家的影响。此外，欧盟还积极涉足巴以争端的解决，在伊朗核问题上开展积极的外交斡旋，巩固与加强在中东的政治存在。

日本。日本石油对外依存度高达 99%，其中绝大部分来自中东，可见中东石油对日本经济具有至关重要的意义。冷战后，日本中东政策的主要目标是确保能源稳定供应，保持对美协调和能源外交的平衡。1991 年，海湾战争硝烟刚散，日本就开始大力拓展其在中东的石油业务，如：日本石油勘探公司与伊朗签署了投资 16 亿美元的参加伊朗海上石油钻探的协议；购买了也门的部分石油产权；向阿尔及利亚的拉甘盆地地震勘探活动提供财政资助；三菱公司参加了卡塔尔北部天然气田的开发；与沙特阿拉伯签订了总计投资高达 43 亿美元的合资兴建炼油厂的备忘录。

---

[1] Gerd Nonneman, "The EU – GCC Relations: Dynamics, Patterns and Perspectives in the International Spectator," July – September 2006, p. 62.

这些措施使日本到第二年（1992 年）就超过美国，成为海湾合作委员会的最大贸易伙伴。1995 年 9 月，日本首相村山富市对沙特、叙利亚、以色列、约旦等 5 国进行正式访问，以扩大日本对该地区事务的参与度。这是冷战后日本首脑首次出访中东地区，日本政府称之为"新的中东外交"，其意在加强与阿、以双方的关系，改善犹太人对日的印象。然而在伊拉克战争中，日本支持美国对伊动武，这严重损害了日本与阿拉伯国家之间的关系，其直接后果之一就是失去了与科威特签订的长达 40 年的合作勘探开发科威特近海石油的合同，日本由此失去了该地区近 50% 的业务。该事件导致日本在中东政策上不得不与美国拉开距离。2003 年底，日本在建立海外石油开采基地问题上拒绝了美国的要求，以此挽回其在阿拉伯国家中的形象。2004 年，日本又与美国已宣布制裁的伊朗达成联合开发伊朗全世界最大的油田之一——阿扎德甘油田的协议。该油田一旦投产，日本将获得相当于 2003 年进口量 6% 的石油，对增强日本石油供应的稳定十分有利。但由于美国加强制裁，日本不得不在 2010 年退出开发。① 日本在其海外最大自主开发油田——阿联酋阿布扎比下扎库姆油田的权益已延长 40 年，但权益比重从之前的 12% 下降至 10%。日本经济产业大臣世耕弘成 26 日表示，日本政府对此结果表示满意。随着印度等新兴市场国家纷纷加强资源外交攻势，油田权益的争夺日趋激烈。虽然确保权益让日本石油界人士松了一口气，但日本原油进口依赖中东的局面仍将持续。②

俄罗斯。中东是沙俄、苏联对外政策的重要方向之一，石油权益又是其关注的焦点。这在俄罗斯独立以后没有任何改变，只是出于国力的衰弱，俄罗斯已经不能像沙俄和苏联一样对于争夺中东石油霸权再抱不切实际的幻想。俄罗斯的中东政策在经过独立之初的迷茫后，很快走上了正轨。1996 年 1 月，中东问题专家普里马科夫出任俄外长，这被认为是在中东实行强硬外交的标志。同年 2 月，俄罗斯与伊拉克签订了近百

① 《日本外交因伊朗原油"零进口"要求面临困境》，https：//www.guancha.cn/international/2018_06_27_461645. shtml？s = sygdkx。

② 《日本海外最大自主油田权益延长 40 年》，http：//japan.people.com.cn/n1/2018/03/01/c35421 - 29840862. html。

亿美元的石油协议，并于同年 5 月促成了伊拉克与联合国达成出售石油的协议。为了实现与伊朗的和解，1996 年 2 月，俄罗斯决定为伊朗承建核电站和培训核专家，并积极推动了双方外长互访和伊朗总统访俄。1997 年 10 月，普里马科夫提出中东和平与安全 12 项原则，受到阿拉伯国家的普遍欢迎，久违的俄罗斯似乎又回到了中东事务的中心。普京就任俄罗斯总统后，对俄中东政策进行了积极调整，强调在该地区展开积极的外交和经济活动，将建立与中东国家的伙伴关系作为其中东政策的主要目标之一。此后，俄不仅加强了与埃及、叙利亚等国的传统伙伴关系，与沙特、约旦、阿联酋等国的关系也逐渐升温。2005 年 4 月普京访问以色列，俄罗斯的中东外交取得新的突破。普京推动了中东外交的进展，为提升俄罗斯在中东油气领域的话语权增加了分量。2007 年 2 月普京访问沙特阿拉伯、卡塔尔和约旦三国期间表示，"不反对建立一个类似于欧佩克的天然气输出国组织（天然气欧佩克）。"此语一出，国际社会为之震惊。尽管到目前为止俄罗斯的主张还没有形成具体的措施，但是作为一个拥有丰富的油气储备和强大生产、出口能力的国家，它与中东国家之间的深入合作势必会引起美国等中东既得利益国家的严重担忧和深切关注。近年来，由于地缘政治环境的变化以及伊朗核协议的签署，俄罗斯与伊朗关系快速发展。2017 年 3 月，伊朗总统鲁哈尼访问俄罗斯，俄伊两国在铁路、油气、原子能、旅游等领域达成 15 份协议。其间，俄罗斯总统普京表示，俄伊之间的合作十分高效，两国正全力向高质量、新层次的战略伙伴关系迈进。①

第二节　中亚—里海地区——能源"心脏地带"

中亚—里海地区是世界石油和天然气丰富的地区之一。中亚五国中

---

① 唐志超：《俄罗斯与伊朗：战术"联盟"还是战略伙伴?》，载《世界知识》，2018 年第 9 期。

的哈萨克斯坦、土库曼斯坦和乌兹别克斯坦和环里海的阿塞拜疆、伊朗、俄罗斯油气资源较多，而吉尔吉斯斯坦和塔吉克斯坦仅有少量的油气储藏。① 在地理位置上，中亚—里海地区处于麦金德所说的"世界岛"（欧洲、亚洲和非洲）的心脏地带，美国前总统国家安全顾问布热津斯基将这一地区称之为"欧亚大陆的巴尔干"，地缘政治地位也十分重要。丰富的油气资源和地缘优势使中亚—里海地区成为了近年来大国关注的焦点和博弈的场所。

一、中亚—里海地区在国际能源安全中的地位

中亚—里海地区丰富的油气资源决定了该地区在国际能源安全中的特殊地位。

（一）中亚—里海国家的能源储备

石油。近年来中亚—里海国家倍受国际社会瞩目，中亚甚至被认为极有可能成为"第二个中东"，里海则是"第二个波斯湾"，这一切都与该地区丰富的石油资源有关。据《BP 世界能源统计年鉴（2018 年）》的数据，截止 2017 年，中亚—里海国家中，哈萨尔克斯坦已探明的石油储量约为 39 亿吨，合 300 亿桶，占世界总储量的 1.8%，储产比为 44.8 年；阿塞拜疆，10 亿吨，合 70 亿桶，占 0.4%，储产比为 24.1 年；土库曼斯坦，1 亿吨，约合 6 亿桶，占比低于 0.05%，储产比为 6.4 年；乌兹别克斯坦，1 亿吨，合 6 亿桶，占比低于 0.05%，储产比为 15 年。②

天然气。除石油以外，中亚—里海地区的天然气资源也很丰富。其中土库曼斯坦已探明的天然气储量最多，为 19.5 万亿立方米，占世界总储量的 10.1%，储产比超过 100 年。其后依次是阿塞拜疆，1.3 万亿立

---

① 有关伊朗和俄罗斯的油气资源和能源战略在本书第四章第一部分和第七章都有独立分析，这里不再赘述。

② 《BP 世界能源统计年鉴（2018 年）》，https：//www.bp.com/content/dam/bp – country/zh_cn/Publications/2018SRbook.pdf。

方米，占 0.7%，储产比为 74.4 年；乌兹别克斯坦，1.2 万亿立方米，占 0.6%，储产比为 22.7 年；哈萨克斯坦，1.1 万亿立方米，占 0.6%，储产比为 42.2 年。①

（二）中亚—里海国家的能源生产

石油。中亚—里海国家不仅石油储量较为丰富，而且产量也较大。以 2017 年为例，这一年哈萨克斯坦的日均开采量最多，为 183.5 万桶，同比增长 10.8%，占世界总开采量的 2%。其后依次是：阿塞拜疆，79.5 万桶，同比增长 - 5.1%，占 0.9%；土库曼斯坦，25.8 万桶，同比增长 1.9%，占 0.3%；乌兹别克斯坦，5.4 万桶，同比增长 - 6.1%，占 0.1%。② 除了哈萨克斯坦和土库曼斯坦以外，2017 年其他几个国家的石油产量均出现下降。

从石油产量看，21 世纪初中亚—里海地区石油产量增长较快的国家是哈萨克斯坦和阿塞拜疆两国。2001 年哈萨克斯坦的石油产量仅为 3000 多万吨，2002 年迅速增加到 4820 万吨，2007 年达到 5555 万吨，2017 年达到最高值 8690 万吨。阿塞拜疆的石油产量增速也不小。2001 年为 1530 万吨，2007 年达到 4340 万吨，2010 年创下 5130 万吨的高点，此后几年逐年下降，2017 年为 3920 万吨。③

天然气。2017 年，土库曼斯坦是中亚—里海国家中生产天然气最多的国家，共生产 620 亿立方米，同比增长 - 7.1%，占世界天然气生产总量的 1.7%。其次分别是，乌兹别克斯坦，534 亿立方米，同比增长 0.8%，占世界总产量的 1.5%；哈萨克斯坦，271 亿立方米，同比增长 18.6%，占 0.7%；阿塞拜疆，177 亿立方米，同比增长 - 2.7%，占 0.5%。④

土库曼斯坦近年的天然气生产也呈上升趋势。20 世纪 90 年代，受

---

① 《BP 世界能源统计年鉴（2018 年）》，https://www.bp.com/content/dam/bp-country/zh_cn/Publications/2018SRbook.pdf。
② 同上。
③ 同上。
④ 同上。

苏联解体的影响，土库曼斯坦天然气产量年年下降。1990 年曾达到
877.8 亿立方米，1992 年降为 572 亿立方米，1998 年更是降为 132 亿立
方米。据称产量大幅度下降的直接原因与输俄天然气管道出现问题有关，
但主要原因还是受经济大环境的影响。2002 年土库曼斯坦天然气产量达
到 484 亿立方米，2015 年其天然气产量创出近期高点，为 728 亿立方
米，此后两年又逐年降低，2017 年产量为 620 亿立方米。[①]

（三） 中亚—里海国家的能源出口

1995 年之前中亚地区仅有少量油气出口，年出口量不足 100 万吨油
当量。1996～2015 年油气出口量迅速增加，2015 年达到 7722 万吨油
当量。

欧洲曾是中亚油气最主要的出口地区，2005 年中亚地区向欧洲出口
的油气资源占中亚国家油气贸易的 80% 以上，乌克兰、德国、意大利和
法国是中亚国家最主要的出口国，年出口量均超过 500 万吨油当量，占
中亚地区油气出口总量的 62.89% 。2005 年之后随着向中国出口量的增
加，欧洲在中亚地区油气出口中的比例一度降到 46.19% （2013 年）。
目前，中国是中亚地区最重要的油气出口国家，占其年油气出口总量
的 40.9% 。[②]

二、中亚—里海国家的能源政策与能源外交

上述中亚—里海国家都曾是苏联的加盟共和国，独立后它们都面临
着经济重建的问题。为了摆脱独立之初的经济萧条，建立自主的国民经
济体系，这些国家都充分利用了本国的能源资源优势，推出了符合本国
国情的能源战略，开展了独具特色的能源外交。

---

① 《BP 世界能源统计年鉴（2018 年）》，https://www.bp.com/content/dam/bp - country/zh_
cn/Publications/2018SRbook.pdf。

② 杨宇、何则、刘毅：《"丝绸之路经济带"中国与中亚国家油气贸易合作的现状、问题
与对策》，载《中国科学院院刊》，2018 年第 33 期。

（一） 哈萨克斯坦的能源战略与能源外交

作为中亚—里海地区最具实力的能源大国，哈萨克斯坦的能源产业一直是其支柱产业之一，也是国家财政收入的主要来源之一。哈萨克斯坦一直强调"资源立国"，但是却缺乏一个专门的能源资源总体发展战略。其能源战略主要表现在一系列与能源发展规划有关的文件当中，这些文件包括具体能源品种的发展纲要（如电力发展战略、开发里海计划、天然气发展战略等）和总统国情咨文（其中部分内容涉及到能源战略），这些文件为国家的能源总体战略指出了方向。

1997 年初，哈萨克斯坦总统纳扎尔巴耶夫发表《哈萨克斯坦—2030 年》的国情咨文。其中指出：石油天然气为主的能源工业属于国家优先发展的经济部门。该文件首次提出了使哈萨克斯坦"到 2030 年进入世界 50 强国行列"的战略目标，为此确定了具体措施：同国际大能源公司建立并保持合作关系，改造哈萨克斯坦的能源产业，提高能源开发效率；吸引国际大公司参与国内能源加工，增强企业竞争力，维护国家独立能力；吸引外资参与建设和改造能源基础设施；建立完整的能源供应管道，保障能源独立及价格自主权。在 1998 年的国情咨文中，纳扎尔巴耶夫总统首次强调了哈萨克斯坦将努力进入世界十大产油国行列的设想。2004 年的总统国情咨文中提出，要以发展能源经济为契机，把哈萨克斯坦建成"有竞争力的国家"。2008 年的总统国情咨文中再次重申了政府要加强对重要的国民经济部门和战略资源，即能源的控制，必须加大主要经济体在重大合资投资项目中的参与程度。2010 年的总统国情咨文中提出了《2020 年前国家发展战略规划》，其中对未来 5～10 年的能源产业布局做了较细致的规划。为落实其中的目标，随后又制定了"2010～2014 年哈萨克斯坦工业化地图"（Карта индустриализации Казахстана на 2010 – 2014 годы）。2018 年，哈总统纳扎尔巴耶夫批准《2025 年前国家发展战略规划》文件。其中提出，2025 年前将实施积极主动的外贸政策，主要完成五大任务，其中就包括对欧洲企业参与油气资源开发给予非歧视性政策支持。①

哈萨克斯坦地处中亚内陆，西濒里海，东南连接中国，北邻俄罗斯，南与乌兹别克斯坦、土库曼斯坦和吉尔吉斯斯坦接壤，欧亚大陆桥横跨全境，地理位置十分重要。政府充分利用了这一地理优势及自身的能源优势，开展了全方位的多元能源外交。

对俄罗斯。俄罗斯是哈萨克斯坦最重要的能源伙伴，也是其能源外交最主要的方向。这主要源于哈俄之间友好的政治经济外交关系，以及双方密切的传统能源合作关系。目前，尽管哈萨克斯坦也在寻求能源出口的多元化，但是囿于能源基础设施建设落后，缺少科学合理的油气管道，其油气出口主要还是通过俄罗斯控制的油气管道运输，如阿特劳—萨马拉石油管道，巴库—新罗西斯克石油管道，田吉兹—新罗西斯克石油管道等。目前，哈萨克斯坦开采的大部分天然气都卖给俄罗斯，俄罗斯天然气工业公司（"俄气"）承担着主要的运输任务。2015 年前，哈萨克斯坦计划通过"俄气"运送 800 亿立方米的天然气。此外，在里海划界问题上，哈俄也保持一致。2002 年 9 月 23 日，哈俄签订了《关于划分里海海底邻接区段的协议》。不过，哈萨克斯坦在能源出口问题上并不希望完全依赖俄罗斯，近年通过加强与中国的能源合作，修建了通往中国的石油管道，在油气的自主出口上取得了突破。

对美国。为了摆脱对于俄罗斯的依赖，提升自己在中亚乃至世界的影响力，哈萨克斯坦积极开展对美国的能源外交。其主要内容包括，建立能源对话机制，就双边能源合作及全球能源供应等问题进行深入沟通；吸引美国能源企业对哈萨克斯坦石油领域的投资；争取美国对其油气设备升级改造、管道建设的技术援助。总的来看，哈萨克斯坦对美国的能源外交还是取得了一定的成效。其中合作开发田吉斯油田就是一个例子。1992 年 5 月，哈萨克斯坦与美国签署联合开发田吉斯油田的协议，双方各占 50% 的股份，合作期限为 40 年。田吉斯油田是著名大油田，位于哈萨克斯坦西部的阿特劳州，已探明石油储量为 30 亿吨（260 亿桶），

---

① 《哈萨克斯坦提出 2025 年前国家外贸政策》，http：//www. tradeinvest. cn/front/information/1450。

2008 年公司完成扩建工程，达到日产原油 7 万吨（56 万桶）和天然气 2200 万立方米的能力。到 1996 年 8 月，美国四家公司对该油田投资达 80 亿美元。由于后来俄罗斯参与开发导致股权发生变化。目前，哈萨克斯坦国家天然气公司持 20% 的股份，其余为西方石油公司和俄罗斯石油公司持有。

对中国。开展与中国的能源合作是哈萨克斯坦能源多元化外交的最重要方向。经过多年的努力，也取得了丰硕的成果。1997 年 6 月，中国石油天然气勘探开发公司（CNODC）中标获得哈萨克斯坦阿克纠宾油气股份公司 60.3% 的股份，这是 CNPC 当时在中亚—俄罗斯地区第一个大型投资项目。2002 年 12 月，由中国石油下属工程建设公司承担建设的扎那若尔第一座 5 万立方米储罐投产，这是哈萨克斯坦至今最大的石油储罐。2003 年 10 月，中石油获得北布扎奇项目 50% 的股份（另外 50% 归俄罗斯的卢克石油公司）。2005 年 10 月，中国石油以 41.8 亿美元完成了迄今为止中国公司最大的一起海外并购项目，成功收购并顺利接管哈萨克斯坦石油公司（PetroKazakhstan，简称 PK）。哈萨克斯坦对中国能源外交最成功之处在于与中国合作建成了中哈原油管道，为哈萨克斯坦向东方的石油出口开辟了新的稳定的途径。2010 年 6 月，中国与哈萨克斯坦签署新的能源合作协议，将合作兴建天然气管道，并深化核能领域的合作。基于合作协议，中国将取得更稳定能源保障，哈萨克斯坦则可扩大能源出口。外界称这将进一步增强了中国在中业地区的影响力。[1] 2011 年 6 月 13 日，哈萨克斯坦和中国发表《中哈关于发展全面战略伙伴关系的联合声明》，指出中国和哈萨克斯坦将本着互利原则，继续不断扩大和深化能源合作。[2] 2017 年，中哈原油管道实现向中国管道运输原油 1230.82 万吨，货值 43.85 亿美元，同比分别增长 23.16%、60.51%，年进口量再创新高。中哈原油管道作为中国最先开通的陆上能

---

① 《中国与哈萨克斯坦签署能源合作协议》，http://cn.reuters.com/article/cnInvNews/idC-NCHINA - 2476120100613？feedType = RSS&feedName = cnInvNews。

② 《中国和哈萨克斯坦将扩大和深化能源合作》，http://www.chinanews.com/ny/2011/06/14/3110021.shtml。

源通道，是中国石油在中亚国家、俄罗斯投资建设的第一条管线。①
2016 年 5 月，中国石油集团与哈萨克国家石油输送股份公司（KTO）就
中哈原油西北管道反输项目达成共识。2018 年 10 月 10 日，中哈原油西
北管道反输项目首批 500 米钢管，在中油国际管道公司、西北管道公司、
中国石油技术开发有限公司以及 BV 国际的见证下，从四川德阳成功发
运，中哈原油西北管道反输项目正式进入全面实施阶段。首批钢管的及
时发运有力保障了中哈原油西北管道反输项目的如期开工，推动中哈原
油管道的产能扩大及效益提升，助力国家"一带一路"建设。②

（二）土库曼斯坦

在中亚—里海国家中，土库曼斯坦自独立以来社会稳定，政权牢固，
经济发展较快。这一方面与其独立后即采取中立政策，保持与其他中亚
国家的距离有关系，另一方面，作为一个天然气大国，土库曼斯坦及时
制定了以能源产业为支柱产业的经济发展方针，确定了思路明确的能源
发展战略，最终实现了"能源富国"的战略目标。

土库曼斯坦能源发展战略主要包括：

1. 加强国家对能源部门的管理

为了使能源这一国家支柱产业真正服务于国家"能源富国"的战略
目标，土库曼斯坦前总统尼亚佐夫逐步建立了一套有效的油气资源管理
机制，其实质就是将能源产业完全纳入政府管辖范围之内。主要包括：
内阁，负责领导、监督和制订油气领域发展战略，其下辖的油气工业和
矿产资源委员会负责直接管理其天然气康采恩、石油康采恩、油气贸易
公司、地质康采恩、油气建设公司、油气工业和矿产资源部；成立于
1997 年 7 月 6 日的油气资源利用权威机构，享有谈判、发放许可证、签
署合同及监督合同执行情况的特权；1996 年 7 月成立的油气资源和矿产
资源部，负责制订与资源开发有关的国家统一政策和技术政策，不直接

---

① 《2017 年中哈原油管道向中国输油超 1230 万吨再创新高》，http：//www. chi-nanews. com/ny/2018/01/03/8415154. shtml。

② 《中哈原油西北管道反输项目 14 天精心筹备首批钢管成功发运》，http：//news. cnpc. com. cn/system/2018/10/25/001708542. shtml。

参与企业的经营管理活动，但对有外资参与的油气项目报批行使协调和综合平衡职能；里海问题国家机构，负责制订和执行开发里海油气资源的国家开发纲要，并监督其完成情况；成立于1996年7月的油气工业和矿产资源发展基金会，其前身为土库曼斯坦国家油气基金会，主要任务在于为新的油气储量及其他矿产资源的普查和开发提供融资；天然气康采恩、石油康采恩、地质康采恩、油气贸易公司和油气建设康采恩五大国家能源企业。其中，总统负责制订土库曼斯坦油气方针政策，并亲自领导油气资源利用权威机构、油气工业和矿产资源发展基金会及里海问题国家机构。[①]

2．扩大油气生产和出口

油气的产量和出口量是土库曼斯坦经济增长的基础，因此国家对油气的生产和出口一直很重视。政府在《2010年前社会经济改革战略》的基础上，制定了《2020年前油气行业发展战略》，确定了石油、天然气在21世纪初10～20年的具体产量和出口指标，即到2010年以前，土库曼斯坦要将石油和天然气凝析油年产量提高至4800万吨，出口3300万吨；天然气产量要达到1200亿立方米，出口1000亿立方米。到2020年以前，石油和凝析油生产要达到1亿吨，出口6500万吨；天然气产量要达到2400亿立方米，出口1400亿立方米。[②]2012年初，土库曼斯坦总统别尔德穆罕默多夫又批准了《2012～2016年油气和化工业发展计划》，根据这项计划，2016年其石油总产量将达到5590万吨，天然气生产约为4487亿立方米。[③]根据2018年BP统计年鉴，2016年土库曼斯坦的石油总产量为1230万吨，天然气生产量约为6690亿立方米。天然气生产量达成并超过预期。

3．扩大对能源领域的投资

一方面，加强立法。独立之初，为了加快引资步伐，土库曼斯坦国

---

① 《土库曼斯坦油气资源储备及管理机制》，http：//tm. mofcom. gov. cn/article/zxhz/hzjj/200207/20020700011008. shtml。

② 中华人民共和国驻土库曼斯坦共和国大使馆经济商务参赞处，http：//tm. mofcom. gov. cn/aarticle/jmxw/200601/20060101364152/html。

③ 《土油气勘探计划》，载《中亚信息》，2012年第7期，第63页。

家议会通过了《外国投资法》《对外经济活动法》和《外国特许权法》等法规，其中《外国特许权法》规定外商可以通过竞争获得特许权，这对投资油气领域的外商十分重要。另一方面，制定规划。根据《2020 年前油气行业发展战略》，在 2005 ~ 2020 年间，土库曼斯坦政府将对油气领域投资 630 亿美元，其中 256 亿美元为外国公司通过签订产品分成协议而进行的直接投资。另外，土库曼斯坦将引进外国公司先进技术和设备，开发里海—土库曼斯坦一侧的大陆架油气资源，作为其油气领域吸引外资及合作伙伴的优先方向。

土库曼斯坦能源外交的主要方向包括：

俄罗斯。俄罗斯曾经是土库曼斯坦天然气出口的唯一方向。根据 2003 年 4 月土俄签订的两国间天然气领域的合作协议，土库曼斯坦保证在未来 25 年内对俄出口天然气 1.8 万亿立方米，供气量从 2004 年 50 亿立方米增加到 2007 年的 700 ~ 800 亿立方米。俄方也一直以此为由对外宣称它是土库曼斯坦天然气的唯一买家。然而不久后发生的管道爆炸事件影响了土库曼斯坦对俄方的信任。2009 年 4 月，因为受到欧洲天然气进口量下降的消极影响，俄罗斯突然单方面减少经俄土"中亚—中央天然气"天然气管道（土库曼斯坦天然气对俄出口唯一管道）的进口量，引起管道爆炸，致使俄土天然气贸易一度中断，直到 2010 年 1 月才恢复通气，这使土库曼斯坦遭受到 70 亿 ~ 100 亿美元的损失。此事件的发生更加坚定了土库曼斯坦实行天然气出口多元化外交战略的决心。2015 年，由于价格纠纷，俄罗斯削减了从土库曼斯坦进口的天然气。2016 年，俄罗斯停止了对土库曼斯坦天然气的购买，使中国成为里海国家天然气的主要买家。2018 年 10 月，据自由欧洲电台报道，俄罗斯天然气工业股份公司首席执行官阿列克谢·米勒（Aleksei-Miller）在阿什哈巴德一家国有电视台接受采访时表示，他期望明年初将重启采购计划。[1]

中国。由于近些年随着经济的迅速发展，中国对进口天然气的需求

---

① 《俄罗斯从土库曼斯坦进口天然气》，http://www.cnenergy.org/yq/trq/2018/10/t20181011_707514.html。

很旺盛，土库曼斯坦也一直希望与中国开展天然气合作，但是受运输条件的限制进展不大。2005 年 7 月，中国国务院副总理吴仪访问土库曼斯坦，双方就能源合作达成许多共识。2006 年 4 月，土库曼斯坦总统尼亚佐夫访华，双方签署了《中土政府关于实施天然气管道项目和土对华出售天然气的总体协议》，决定合作修建从土库曼斯坦经乌兹别克斯坦和哈萨克斯坦到达中国的天然气管道。2009 年 12 月 15 日，管道工程 A 线竣工启用，从此中土能源合作掀开了崭新的一页。至 2017 年，中国已连续 7 年成为土第一大贸易伙伴国，2017 年中土贸易额达 69.4 亿美元，同比增长 17.6%，超过 2150 亿立方土库曼斯坦天然气通过管道出口到中国。中土两国积极采取措施，进一步改善经贸合作结构，"努力创造新的合作亮点和增长点"。①

案例 4 - 2　"当代丝绸之路"：中国—中亚天然气管道（A/B/C 线）

中国—中亚天然气管道起始于土库曼斯坦与乌兹别克斯坦交界处的"SAMANDEPE"气田，被誉为"当代丝绸之路"，其总长度超过 1800 公里，土库曼斯坦境内长 188 公里，乌兹别克斯坦境内长 530 公里，哈萨克斯坦境内长 1300 公里，计划年输气 300 亿立方米。管道分 AB 双线铺设，天然气进入中国后，与同期建设的中国西气东输二线衔接，总长度超过 1 万千米，是迄今为止世界上距离最长的天然气大动脉。

中国—中亚天然气管道 A 线建设始于 2008 年 6 月 30 日，于 2009 年 12 月 15 日投入运行并开通了 1 号压缩站。B 线于 2010 年 10 月 20 日投产。截至 2010 年 12 月 14 日（A 线通气运营第一年），已累计向中国输送天然气 39.7 亿立方米，总重量为 280 万吨。截至 2011 年底（A、B 线同时运营一年），管道的年输气能力达到 170 亿立方米。截至 2013 年 4 月 13 日，中国—中亚天然气管道累计向中国输送天然气达到 500 亿立方米，接近中国 2012 年天然气产量 1077 亿立方米的一半。

2011 年 4 月 19 日，在乌兹别克斯坦总统访华期间，中石油与"乌

---

① 《2017 年中土贸易额达 69.4 亿美元增长 17.6%》，https：//www.yidaiyilu.gov.cn/xwzx/hwxw/67948.htm。

兹别克油气"国家控股公司签订了"中国—乌兹别克斯坦天然气管道建设协议"。该管线是中国—中亚天然气管线 A、B 线之后的第三条管线（C 线），线路总长 1840 千米，其中乌兹别克斯坦境内长 529 千米，年设计输气能力为 250 亿立方米，总投资预计 22 亿美元，工程资金来源于中国国家开发银行和中石油的直接投资，全部工程于 2014 年前竣工。届时乌兹别克斯坦天然气输入中国—中亚天然气管道。同年 12 月 15 日，在距离乌兹别克斯坦布哈拉 110 千米的加兹里举行了中国—中亚天然气管道 C 线乌国段开工典礼。中国石油天然气集团公司副总经理汪东进和乌兹别克斯坦国家油气公司第一副主席马季多夫参加了开工仪式。2013 年中国国家主席习近平访问乌兹别克斯坦期间，两国就建设中乌天然气管道 D 线签订协议，中乌合资企业亚洲天然气运输公司（Asia Trans Gas）于 2014 年初启动中国—中亚天然气管道乌兹别克段 D 线建设，D 线管道设计输气能力达 300 亿立方米/年。①

截至 2017 年 1 月 3 日，中亚天然气管道 A/B/C 线在冬供期间，向中国输送天然气 60 亿立方米，最高日输量达 1.16 亿立方米，最大限度保障中国冬季用气需求。

中国—中亚天然气管道是中国首条陆上引进境外天然气资源的战略管道。管道的修建有效地缓解了中国天然气供需矛盾，推动了土库曼斯坦天然气出口多元化战略的实现，也促进了中土两国关系的发展及中亚地区的经济发展。

（资料来源：《中国—中亚天然气管道（A/B/C 线）》，http：//www.mofcom.gov.cn/aarticle/i/jyjl/m/200912/20091206674970.html；《中亚天然气管道 A/B/C 线最大限度保障国内冬季用气需求》，http：//www.chinapipe.net/news/2017/52633.html。）

欧盟。近年土库曼斯坦对西方能源外交的对象主要是欧盟。欧盟是世界能源消耗大国，尤其是天然气消费成逐年递增趋势。发展与欧盟的能源伙伴关系是实现能源出口多元化的有力保证。为此，土库曼斯坦积极推动修建东部—西部天然气管道，以向欧洲出口天然气。东部—西部

---

① 《中乌两国加强油气领域合作》，http：//uz.mofcom.gov.cn/article/jmxw/2013/09/20130900320504.shtml。

天然气管道项目原来是土库曼斯坦与俄罗斯商谈的合作项目。该管道全长约 800～1000 千米，设计年运输量 300 亿立方米，造价为 20 亿美元，东起土库曼斯坦东部的南约洛坦天然气田，经土南部到达里海东岸，与阿塞拜疆跨里海天然气管道连接，再通过巴库—第比利斯—埃尔祖鲁姆天然气管道向欧洲出口天然气。但是该项目谈判一直不顺。2009 年 3 月，谈判最终破裂。同年 4 月，土库曼斯坦宣布对外进行国际招标。由于这是一个综合项目，一旦落实可以将土库曼斯坦所有输气支线全部连接为一体，从而极有可能成为欧盟"纳布科"天然气管道的主要支干线。正因为如此，该管道对欧盟具有较大的吸引力。2018 年 11 月，土库曼斯坦总统油气顾问卡卡耶夫在阿布扎比举行的国际石油大会上表示，土正研究向欧洲市场输送天然气的可能性，并就此与欧盟委员会进行谈判。土已连续多年与阿塞拜疆、土耳其、格鲁吉亚和欧盟就铺设跨里海天然气管道，通过南部天然气走廊向欧洲供气进行谈判。跨里海天然气管道设计输气能力为 300 亿立方米/年，供气期限 30 年。为保障对欧输气，土境内已建成必要的基础设施，包括年输气量 300 亿立方米的东西线管道。欧盟对通过跨里海管道向欧供气表示兴趣，并计划为项目实施提供资金支持。[1]

（三）乌兹别克斯坦

乌兹别克斯坦是一个富含油气资源的国家。其天然气储量约占中亚的 40% 之多，产量位居独联体第三，仅次于俄罗斯和土库曼斯坦。由于受到能源基础设施建设落后的禁锢，其油气出口一直很少，天然气出口也仅限于俄罗斯、哈萨克斯坦、吉尔吉斯斯坦和塔吉克斯坦。

乌兹别克斯坦能源战略的原则是：保护和加强国家能源独立性；保证能源的稳定供给，更新设备和技术，改建电站；给各经济领域提供燃料能源，建立可靠的原料基地，支持重要的战略领域，发展采矿、加工和能源运输系统；提高能源使用效率，为采取节能措施创造良好的条件，

① 《土库曼斯坦与欧盟委员会讨论对欧供气问题》，http://www.oilsns.com/article/358612。

维护国家的能源独立，发展出口潜力；保证动力供应多样化，提高煤炭使用份额，利用包括非传统能源在内的可再生能源，发展小型水力发电；吸引外国投资以实现燃料能源综合体的现代化，进行地质勘探工作，在国家监督下吸引更多的开发者开发矿产资源。①

乌兹别克斯坦能源战略的主要内容包括：

1. 加强国家对能源产业的控制

矿产资源对乌兹别克斯坦的国家独立和经济实力具有重大战略意义，因此国家将燃料能源资源摆在第一位。② 为此，乌兹别克斯坦从 1992 年开始就对能源产业进行了重组。首先政府将所有主要的石油天然气部门合并组成了国有的"乌兹别克斯坦石油天然气公司"。1993 年，该公司更名为"乌兹别克斯坦国家石油天然气工业集团"，其中包括了国有、租赁、集体等多种经济形式。1998 年，国家又对其进行重组并更名为"乌兹别克斯坦国家石油天然气控股公司"（以下简称"乌石油"）。这也是目前乌兹别克斯坦唯一的石油、天然气、凝析油生产企业，完全控制着该国的油气工业命脉。

2. 增加石油产量

乌兹别克斯坦的石油产量一直不高，只能基本满足国内的需要，有时候甚至需要进口部分石油，如 2012 年每天需要进口石油 1.4 万桶。③ 其原因主要是乌石油开采能力有限。为了扭转这一局面，乌近年采取了一系列措施，如：加快油气资源的勘探进程，为此政府制定了《2005 ～ 2020 年油气地质勘探战略纲要》，计划在此期间将油气产量提升至 11.5 亿吨标准燃料，其中天然气产量 1.015 万亿立方米，原油 6980 万吨，凝析油 6570 万吨；④ 开发新的油气区，吸收外国资本和技术参与国内的石

① 《什·胡萨伊诺夫：乌兹别克斯坦保障能源安全的特点》，载《俄罗斯中亚东欧市场》，2011 年第 11 期，第 34 页。

② ［俄］A. 卡里莫夫：《跨入 21 世纪的乌兹别克斯坦：安全威胁、进步的条件和保障》，"Дрофа"出版社，1997 年版，第 316 页。

③ 《BP 世界能源统计年鉴（2013 年）》，http：//www.bp.com/liveassets/bp_internet/china/bpchina_chinese/STAGING/local_assets/downloads_pdfs/CN－statistical_review－of－world－energy_20130708.pdf。

④ 《乌兹别克"石油天然气公司"力争增产》，http：//www.mofcom.gov.cn/aarticle/i/jyjl/m/200703/20070304472001.html。

油勘探、开采与加工等。为了吸引投资，"乌石油"将国内所有的油气资源储藏区域划分成 31 个"引资区块"，通过国际招标在外国竞争者中选择合作伙伴。近年，俄罗斯的"卢克"和"俄气"、中国的中石油等都参与了对乌油气领域的投资。其中"卢克"已经投资 10 亿美元，拟增加投资到 55 亿美元。[①]

3. 扩大天然气出口

乌兹别克斯坦天然气储量丰富但出口很少，这严重影响了乌财政收入，对乌经济发展不利。2004 年，乌总统卡里莫夫宣布，乌天然气出口将由 2002 年的 73 亿立方米增至 2010 年的 200 亿立方米。[②] 而当年乌天然气年开采量约为 550 亿立方米，仅有 50 亿立方米用于出口，主要出口国为哈萨克斯坦、吉尔吉斯斯坦和塔吉克斯坦。此后，乌逐步提高了天然气产量，出口量也出现增长（参见表 4-1）。2018 年 5 月 16 日，乌油气公司董事会第一副主席塞义多夫在 2018 年乌兹别克斯坦石油与天然气国际博览会开幕式上表示，乌天然气开采的 20% 将用于出口。塞义多夫称，乌油气领域正实施大规模的地质勘探、钻井和油气田开采工作，以扩大油气开采规模。目前，乌天然气产量能满足国内需求，且 20% 用于出口，未来将继续保持这一出口比例。[③]

表 4-1　近年来乌天然气出口情况（单位：亿立方米）

	2006 年	2007 年	2008 年	2009 年	2010 年	2011 年
出口总量	126	145	153	170	160	225
俄罗斯	95.8	100	127.5	158.5	151.3	160
吉尔吉斯斯坦、塔吉克斯坦	14.7	15	13	11.5	8.7	15
中国	—	—	—	—	—	50

资料来源：《乌天然气出口动态，油气区块合作开发》，中国驻乌兹别克斯坦大使馆商务处，http：//uz. mofcom. gov. cn/article/ddgk/m/201101/20110107356591. shtml。

[①] 《乌油气区块开发投资规划》，http：//uz. mofcom. gov. cn/article/ddgk/m/2011/02/20110207410754. shtml。

[②] 季志业主编：《俄罗斯、中亚"油气政治"与中国》，哈尔滨：黑龙江出版社，2008 年版，第 61 页。

[③] 《乌兹别克斯坦天然气开采的 20% 将用于出口》，http：//uz. mofcom. gov. cn/article/jmxw/201805/20180502744976. shtml。

在能源外交方面，乌兹别克斯坦主要对俄罗斯和中国两个国家的力度较大。对与美国的能源合作，乌虽在"9·11"事件之后希望通过开放军事基地使美国增加对乌能源领域的投资，但是美国对乌战略重点集中在政治和军事安全方面，对与乌发展密切的经济关系并不在意，这使得双方在能源领域的合作水平很低，安集延事件之后乌美关系变冷，油气合作更难有进展。

俄罗斯。和其他中亚国家一样，乌兹别克斯坦与俄罗斯的能源关系既密切又复杂。这一方面指的是俄乌双方自苏联时期就结成了紧密的能源合作关系，另一方面，双方的能源关系受到外交关系的影响很大。自独立以来，乌俄关系的发展就一直比较曲折。尤其是"9·11"事件后，乌向美军打开大门，俄乌关系急剧下降。这也严重影响到了俄乌之间的经贸合作。2005 年 5 月爆发的安集延事件是俄乌关系的转择点。此后，乌美关系变冷，同年 7 月乌总统卡里莫夫要求美军在 180 天内从乌境内撤出，双方关系骤降至冰点。与此同时，乌俄关系迅速改善。2005 年 11 月，卡里莫夫总统访问俄罗斯并与普京签署了联盟关系条约。卡里莫夫在签字仪式结束后说，"俄罗斯始终都是乌兹别克斯坦的可靠盟友，两国签署的这项条约将保障双方在所有领域的战略利益。"[①] 俄乌关系的缓和为双方的能源合作提供了条件。2006 年 1 月，俄同意将乌天然气的对俄出口价格提高到每千立方米 60 美元，增幅达 25%。很快，双方还达成了联合开发乌兹别克斯坦油气资源的协定。此后随着俄乌关系的持续好转，双方能源合作也不断深化。2018 年 12 月 6 日，乌国家石油天然气公司副总裁奥季尔·捷米罗夫接受媒体采访时表示，该公司已与俄罗斯天然气工业银行子公司"Enter Engineering Pte"签署舒尔丹天然气化工综合体现代化改造扩产项目 EPC 商务合同。项目建设内容为扩产 28 万吨聚乙烯和 10 万吨聚丙烯，将使用经美国西比埃鲁姆斯集团和雪佛龙集团许可授权的技术和设备，施工建设预计于 2021 年完成，目前项目具

---

① 《俄罗斯和乌兹别克斯坦签署两国联盟关系条约》，http://www.china.com.cn/chinese/kuaixun/1029992.htm。

体方案还在细化中。俄方公司将协助乌方进行项目融资。①

中国。2000 年以来，乌兹别克斯坦也积极开展对中国的能源外交与双边能源合作。2005 年 5 月，"乌石油"与中石油签订了价值 6 亿美元的能源开发合作协议。2011 年 4 月，中乌签订了总投资 22 亿美元的《中国—乌兹别克斯坦天然气管道建设协议》。同年 11 月，卡里莫夫批准了一系列合作协议：新疆广汇工业公司与"乌石油"成立液化气加工合资企业的框架协议（2.5 亿美元）；中国国家开发银行为南克马奇油田贷款协议以及向中国供应天然气相关文件；"乌石油"与中石油共同开发纳曼干州明布拉格油田基本原则协议（中方投资 2.55 亿美元，2.11亿美元在勘探期和工业试验开采前五年内投入）。② 同年 12 月，卡里莫夫又批准了中石油、"乌石油"共同合作开发纳曼干州明布拉格地区油田的协议。据此协议，中石油将于 2011～2015 年投资 2.12 亿美元，计划年开采石油 20 万吨。③ 近年来中国石油天然气集团不仅参与研究和开采乌油气田，还实施了穆巴雷克天然气厂天然气深加工项目。2013 年，中国国家主席习近平访问乌兹别克斯坦期间，两国就建设中乌天然气管道 D 线签订协议，D 线管道设计输气能力达 300 亿立方米/年。④

（四）阿塞拜疆

阿塞拜疆有着近 150 年的石油开采历史，苏联时期巴库曾被誉为苏联的"油库"。尽管 20 世纪阿塞拜疆多数陆上油田已经枯竭，但是阿普歇伦半岛和里海大陆架仍然蕴藏着丰富的油气资源。统计资料显示，里海石油储量的 1/4 归属阿塞拜疆。独立后，为了有效发挥自身的能源优势，推动经济快速恢复并使其持久保持增长，阿塞拜疆制定了符合本国

① 《俄天然气工业银行子公司拟建设乌舒尔丹天然气化工综合体现代化改造扩产项目》，http：//uz. mofcom. gov. cn/article/jmxw/2018/12/20181202814154. shtml。

② 《油气区块开发天然气开采和加工》，http：//uz. mofcom. gov. cn/article/zxhz/tzwl/2011/11/20111107856058. shtml。

③ 《中石油丝绸之路公司信息》，http：//uz. mofcom. gov. cn/article/zxhz/tzwl/2011/06/20110607582731. shtml。

④ 《中乌两国加强油气领域合作》，http：//uz. mofcom. gov. cn/article/jmxw/2013/09/20130900320504. shtml。

国情的能源发展战略。

1. 积极开发里海油气资源

由于陆上油田已近枯竭，因此，里海油田实际上成了阿塞拜疆未来经济发展的主要潜力。据阿专家估计，里海海域的石油远景储量约为 30 亿吨，天然气储量超过 18 亿万立方米~20 万亿立方米，是对阿最具战略意义和开发前景的油气产地。[①] 可以说，开发里海石油不但能够帮助阿摆脱经济困境，而且还能够保障应有的经济发展速度，在 21 世纪上半期解决所面临的迫切问题。[②] 为了加快里海油气田的开发，1994 年 9 月，阿政府与外国石油公司财团签订了总金额达 75 亿美元"世纪合同"，以开发阿塞里（Азери）、奇拉格（Чираг）和古涅什利（Гюнешли）三个海上油田，预计石油可采总储量超过 5 亿吨。"世纪合同"中，阿国家石油公司拥有 10% 的股份，"卢克"石油公司拥有 10% 的股份。此外，阿政府还专门建立了阿塞拜疆国际作业公司对项目进行管理和组织实施。"世纪合同"的合作方式是产品分成。迄今为止阿塞拜疆国际作业公司已经与包括中国石油企业在内的世界 10 多个国家的 30 多家公司签署了数十个产品分成协议，把阿里海大陆架 90% 的油气田开发权全部转让给外国石油公司。近年随着里海油田的不断投产，产自里海海域的石油已经占到阿原油总产量的 75% 以上。[③]

2. 大力吸引外国投资

由于阿塞拜疆可开采的油气田绝大部分都位于海上，而阿缺乏大规模开发海洋石油的现代化技术，加上资金严重不足，因此，阿政府积极吸引外国石油公司参与投标，以加快里海石油的开发。事实证明，阿利用外资政策和产品分成合作模式对于吸引外资发挥了很大的作用。在"世纪合同"实施过程中，阿吸引外资已超过 130 亿美元。1996 年 6 月，阿塞拜疆国家石油公司与外资签署开发"世界级"的沙赫德尼兹（Шах－Дениз）天然气田的产品

---

① 《阿塞拜疆里海石油开发成效显著》，http：//az. mofcom. gov. cn/article/ztdy/2006/03/20060301624496. shtml。

② ［俄］斯·日兹宁著，强晓云、史亚军、成键等译，徐小杰主审：《国际能源政治与外交》，上海：华东师范大学出版社，2005 年 8 月版，第 122 页。

③ 《阿塞拜疆里海石油开发成效显著》，http：//az. mofcom. gov. cn/article/ztdy/2006/03/20060301624496. shtml。

分成协议，合同投资额达 40 亿美元，主要由外商投资。据称，该区域天然气储量超过 1 万亿立方米，还有 1.01 亿吨凝析油。[①] 此外，由巴库经第比利斯通往土耳其杰伊汉港的著名输油管道（Baku – Tbilisi – Ceyhan，简称 BTC）的外国投资近 36 亿美元。据阿有关部门统计，2004 年和 2005 年，连续两年阿利用外资金额超过 44 亿美元/年，投入石油领域的比例高达 90% 以上。阿独立至今吸引外资的 80% 以上投向了石油领域。[②]

3. 加强国家对石油行业的调控

尽管阿塞拜疆油气领域对外资开放程度较高，但是这并不意味着国家对油气行业的控制力在减弱，相反，与其他中亚—里海国家一样，政府和国有企业才是国家油气资源的实际控制者。如，阿塞拜疆国家石油总公司（SOCAR）就垄断了全国绝大部分石油化工和石油机械产品生产、油气产品的出口和运输，其开采的原油和天然气分别占全国产量的 36% 和 66%（不含在合资企业和 PSA 合同中的产量）。此外，阿政府还设立"石油基金"，以强化国家对油气领域的控制。外界预计，随着里海石油开发的不断推进，阿坚持国家对石油领域主导地位的基本方针不会发生根本变化。

阿塞拜疆能源外交的主要方向是俄罗斯和美国，其次是欧盟、中国等国家和地区。

俄罗斯。阿塞拜疆独立后，因实行亲西方的政策与俄罗斯关系一度疏远。进入 21 世纪后，双方关系才开始逐步改善。2001 年 1 月，普京任总统后首访巴库，向阿塞拜疆传递了友好信号。2002 年 1 月，阿总统阿利耶夫访问莫斯科，宣称俄阿关系进入了"新时代"。2004 年 2 月，阿新任总统小阿利耶夫访俄，强调要发展阿俄战略伙伴关系。阿俄关系出现好转的一个重要原因是，阿意识到割裂与俄罗斯的关系不符合阿的国家利益。双方关系的改善为阿俄能源合作奠定了政治基础。近年来，不仅以"卢克"石油公司为代表的一些俄能源企业参与了"世纪合同"

---

① 《阿塞拜疆里海石油开发成效显著》，http：//az. mofcom. gov. cn/article/ztdy/2006/03/20060301624496. shtml。

② 同上。

的产品分成协议，而且天然气领域的合作也取得突破。2009 年 10 月 14 日，阿塞拜疆国家石油天然气公司和"俄气"在巴库签署了一项天然气销售合同。据此合同，阿在 2011 年和 2012 年分别出售给俄 20 亿和 20 多亿立方米的天然气。① 2018 年 9 月，俄政府批准了俄阿关于调整征收原油、天然气和电力进出口关税和其他税费计算的协议草案。为促进俄阿两国在海关领域的合作，2016 年 12 月在巴库举行俄阿经济合作政府间委员会会议上，编制了该协议草案。该协议的实施，将对电力传输和管道运输石油、天然气征收关税、税费及其他费用的正确计算提供保证。② 2018 年 9 月 27 日，正在阿进行工作访问的俄罗斯总统普京，在巴库出席阿俄地区间论坛时表示，我们希望俄阿双方公司在里海地区积极实施有前景的项目。首先在交通、货物运输、石油和天然气开采、环境和生物资源等领域开展合作。普京强调，俄能源公司正在阿市场成功运作，特别是俄阿石油公司共同勘探和开发的石油和天然气区块。"卢克"石油公司投资阿能源项目近 40 亿美元。我们实行的石油运输垄断措施，对通过巴库—新罗西斯克管道出口阿石油提供了可靠保证。③

美国。美国是阿塞拜疆能源外交的最主要方向。阿如此重视美国是因为美国拥有帮助阿摆脱俄罗斯控制的政治、经济和军事实力，美国还拥有许多资金雄厚、技术先进、管理现代化的大型能源企业，它们有能力帮助阿修建绕开俄的油气管道，将里海石油和天然气安全运送到西方。对于美国来说，阿除了拥有能源资源优势以外，其地处外高加索，北靠俄罗斯，南邻伊朗，西部与格鲁吉亚和亚美尼亚接壤的特殊地理位置决定了它在世界地缘政治中不可忽视的重要地位，这使得美国自然也非常重视与阿开展能源合作。正是双方良好的合作愿望推动着这些年阿美能源合作，并取得了丰硕的成果。2006 年 7 月，由阿 SOCAR 和其他 10 家西方公司联合投资修建的 BTC 石油管道投入运营，同年底，南高加索天

---

① 《阿塞拜疆和俄罗斯讨论增加油气出口》，http：//www. in－en. com/article/html/energy_09130913601081050. html.

② 《俄内阁批准俄阿石油天然气和电力关税协议草案》，http：//az. mofcom. gov. cn/article/jmxw/2018/09/20180902784213. shtml.

③ 《俄阿将在里海地区实施有前景的项目》，http：//az. mofcom. gov. cn/article/jmxw/2018/09/20180902791366. shtml.

然气管道（巴库—第比利斯—埃尔祖鲁姆管道，简称BTE）开始向格鲁吉亚供气。通过这两条并行油气管线，阿实现了独立自主绕开俄出口油气的战略目标。除了油气管道，阿还邀请美国的优尼科（UNOCAL）、埃克森美孚（EXXONMOBIL）、戴文（DEVON）和德塔赫斯（DELTA HESS，为美国与沙特合资石油公司）四大石油公司参加"世纪合同"产品分成项目，其中美国石油公司占比高达26.6%。①

欧盟。对阿塞拜疆来说，欧盟是一个重要的油气合作伙伴。欧盟对油气需求的稳步增加，以及欧盟跨国能源企业拥有的丰富投资经验、领先技术水平使阿在开展对外能源合作时必然将注意力聚焦到欧盟。而近年来为了减少对俄罗斯能源的依赖，欧盟也在积极实施能源进口多元化战略。在这种背景下，双方很快找到了利益切合点，并迅速建立起密切的能源合作关系。如今，欧盟是阿油气领域内仅次于美国的第二大投资来源地，其主要成员国的能源企业基本参与了阿对外开放的几乎所有油气勘探和开采市场。英国BP公司和欧洲其他公司在阿的所有油气项目中都占有很大的股份。其中，在总投资达17亿美元的沙赫德尼兹气田项目中，BP与挪威的Statoil合资公司占股51%，法国的ELF公司占10%；在BTC石油管道项目中BP占股30.10%，挪威的STATOIL公司占股8.71%，意大利的ENI/Agip合资公司占股5%，法国的Total Fina Elf公司占股5%。在巴库—第比利斯—土耳其恩左鲁姆天然气管道项目（南高加索天然气管道，简称BTE）中，BP与美国Amoco的合资公司占股25.5%，挪威的Statoil占股25.5%，法国的Total Fina Elf公司占股10%。② 南部天然气走廊正式开通仪式日前在巴库举行，沿该走廊来自阿塞拜疆沙赫德尼兹油田的天然气将输往欧洲，阿总统阿利耶夫、英美和西方石油天然气公司的代表出席了仪式。阿塞拜疆总统开通了第一批天然气，其将进入土耳其的跨安纳托利亚（塔纳普）天然气管线（TAN-AP）。南部天然气走廊项目规定从里海地区经格鲁吉亚和土耳其向欧洲

---

① 《外国石油公司在阿油气领域投资状况分析》，http：//az. mofcom. gov. cn/article/ztdy/2005/04/20050400083975. shtml。

② 同上。

运输 100 亿立方米的阿塞拜疆天然气。[①]

中国。中国在阿塞拜疆能源外交中的地位不及欧美国家重要，但阿从能源外交的多元化考虑，也逐渐重视与中国的油气合作。中国的能源企业进入阿油气领域的时间较西方国家晚。当 1998 年中石油加入"世纪合同"的油气开采项目之时，阿里海大陆架的储量丰富的油气田已经基本被美、欧、日等西方国家的石油公司瓜分一空，中国能源公司不得不将投资重点放在陆上油气区。1998 年中石油投资 2 亿美元，占股 50% 的古布斯坦油田项目就处于里海西岸。目前这一项目的重心放在该区块天然气资源的勘探开发上。此外，1998 年 12 月中石油还与阿签订了总投资 2 亿美元的丘尔桑格里—加拉勃里油田产品分成项目，占股 50%。2003 年 6 月，中石化胜利油田与阿签订投资额为 1.2 亿美元的比尔沙加特油田项目，占股 50%。2004 年 2 月，中石化胜利油田与阿签订总投资 1.8 亿美元的卡拉丘湖尔油田项目，占股 50%（参见表 4-2）。总的来看，中国能源企业在阿参与的产品分成项目都属于投资较低，收益较小的陆上油气来发项目，而且大部分油气田都是处于开采晚期的老油气田，开采难度很大，这对中国能源企业的勘探开采技术无疑是一个很大的挑战。

表 4-2　阿塞拜疆国家石油公司与中国签订的四个"世纪合同"开发项目

	项目	投资额（亿美元）	股份分配	备注
1	GOBUSTAN（古布斯坦油田项目），1998 年 6 月	2	COMMONWELTH67.25%（中石油 50%），SOCAR20%，SOONER 12.75%	运作中
2	KURSANGLI—GARABAGHLI（丘尔桑格里—加拉勃里油田项目），1998 年 12 月	2	DELTAHESS20% FRONTERRA30%（中石油 50%），SOCAR50%	运作中

———————

① 《阿塞拜疆输往欧洲的南部天然气走廊正式开通》，http：//www.cnenergy.org/gj/gjcj/2018/06/t20180605_578757.html。

	项目	投资额 （亿美元）	股份分配	备注
3	PIRSAAT（比尔沙加特油田项目），2003 年 6 月	1.2	SHENGLI（中石化胜利油田）50%，SOCAR50%	运作中
4	KARAQUR（卡拉丘湖尔油田项目），2004 年 2 月	1.8	SHENGLI（中石化胜利油田）50%，SOCAR50%	运作中

资料来源：《外国石油公司在阿油气领域投资状况分析》，中国驻阿塞拜疆大使馆商务处网站，http：//az. mofcom. gov. cn/article/ztdy/200504/20050400083973. shtml。

三、大国对中亚—里海能源资源的争夺

近代以来，中亚—里海所处的特殊地理位置以及丰富的油气资源使该地区一直是大国觊觎和争夺的热点。苏联解体以后，为了获得该地区的油气资源，进而填补权力真空，俄罗斯、美国、欧盟、日本等世界大国及地区组织在此展开了激烈的博弈。

（一）俄罗斯

俄罗斯是中亚—里海国家的传统能源伙伴，苏联解体后俄长期掌握着中亚—里海的大量油气田，涉足油气下游产业，控制着油气资源的外运方向。但随着其他大国相继进入中亚—里海能源领域和该地区各国能源出口多元战略的实施，俄的优势被不断削弱，其传统地位面临严峻的挑战。

在哈萨克斯坦。哈能源领域对外开放程度很高，经过多年努力，目前西方石油公司控制着哈近 70% 的油气资源。为了改变这一局面，近年俄采取了多种措施。一方面，进入上游领域。鼓励其能源企业通过独资、合资（俄哈合资和多方合资）、股权置换等多种方式全面介入、控制哈油气上游领域；扩大经俄出口哈油气的能力。2002 年俄哈达成合资改造协议，以扩大"阿特劳—萨马拉"石油管道的输油能力（由 1020 万吨扩至 2500 万吨）。2001 年，"田吉兹—新罗西斯克"输油管投入使用，管道全长 1510千米，年设计运力 2820 万吨，耗资 24 亿美元。另一方面，抢占下游市场。2001 年，俄哈联合建立奥伦堡天然气加工厂，到 2012 年该厂的年加工能

力将达到 150 亿立方米。2006 年俄哈投资 36 亿美元在赫瓦伦斯克油气区建造了年加工能力为 140 亿立方米天然气的化工综合体。2014 年 5 月，俄罗斯、白俄罗斯和哈萨克斯坦三国共同签署了《欧亚经济联盟条约》（于 2015 年 1 月 1 日起生效），条约第 20 章为能源部分相关合作内容。根据规划，在联盟成员国境内将建立电力、石油和石油产品、天然气的统一市场。2015~2017 年间石油和石油产品、天然气的统一市场建设构想相继获批，而电力方面已经签署了建立统一市场的构想和纲要（即更加详细的文件）。除了《欧亚经济联盟条约》框架内的合作，近几年俄罗斯还与欧亚经济联盟的其他成员国（亚美尼亚、白俄罗斯、哈萨克斯坦、吉尔吉斯斯坦）积极发展能源领域双边合作。如俄罗斯与亚美尼亚、吉尔吉斯斯坦签署合作协议。根据协议，亚美尼亚、吉尔吉斯斯坦的输气基础设施归俄罗斯天然气工业股份公司（俄气）所有，同时"俄气"对上述两国的输气系统现代化改造项目进行投资。[1]

在乌兹别克斯坦。近年俄乌开展了富有成效的能源合作。尤其是 2004 年随着双方政治关系的好转，能源合作逐渐深入。当年俄乌天然气贸易额达 70 亿美元，较上一年的 10 亿美元增加了 6 倍。此后，天然气贸易量逐年增加，2011 年达到 225 亿美元。除了天然气贸易外，俄通过独资、合资、组建多国财团等方式进入乌油气领域。截至 2012 年底，俄"卢克"石油公司和"俄气"为乌油气领域最大外国投资商。"卢克"石油公司主要开采西南吉萨尔、乌斯纠尔特、坎德姆、哈乌扎克沙得、昆格勒及咸海地区，投资额超过 20 亿美元。而根据"俄气"与乌政府签署的 15 年产品分成协议，"俄气"自 2004 年起在乌卡拉卡尔帕克斯坦自治共和国开展沙赫帕赫塔凝析气田改造开采工程，该气田于 1962 年开通，探明储量为 465 亿立方米。[2] 2017 年 6 月，由俄罗斯天然气工业公司国际公司的子公司"中亚天然气项目开发公司"（GPD）与乌兹别克斯坦石油天然气股份公司按四比六的比例出资成立合资公司"吉扎克石油"（Jizzakh Petroleum），在

---

① 《新时期的俄罗斯国际能源合作：参与石油减产 + 扩大核能发展》，http://www. chinaru. info/zhongejingmao/lubuhuilv/54845. shtml。

② 《俄罗斯对乌兹别克斯坦经贸合作》，http：//www. mofcom. gov. cn/aarticle/i/dxfw/jlyd/2012/12/20121208493604. html。

乌兹别克斯坦吉扎克州建设新炼油厂。吉扎克州炼油厂于 2017 年启动建设，每年将加工来自俄罗斯和哈萨克斯坦的 500 万吨原油。为了供应炼油厂的原油，还将修建长约 100 千米的石油运输管道途径鄂木斯克—巴甫洛达尔（哈萨克斯坦）—奇姆肯特（哈萨克斯坦）。炼油厂计划于 2021 年完工。总承包商为俄罗斯天然气工业银行控股的 Enter Engineering 公司。合资公司"吉扎克石油"（Jizzakh Petroleum）2018 年 1 月 10 日开始在塔什干加油站网点零售从俄罗斯进口的汽油。① 以上事实证明，目前俄罗斯基本垄断了乌油气市场的主导权。

在土库曼斯坦。相比哈、乌而言，俄在土油气领域面临较大挑战。尽管 2003 年，俄土签署了为期 25 年的天然气合作协议，几乎垄断了土的天然气出口。但是俄以低于欧洲市场一半的价格收购土天然气后加价转卖给乌克兰，然后以 30% 外汇和 70% 货物或服务向土支付购气款的方式引起土的不满。为了摆脱俄控制，土加快落实天然气出口多元化战略，近年来先后与中国和伊朗修建了"中国—中亚天然气管道"和"土耳其至伊朗天然气管道二期"（年出口能力 200 亿立方米）工程。由此，俄基本失去对土天然气出口的垄断地位。此外，俄在土油气开发上游领域也不占优势。近年尽管俄也希望参与开发土属里海大陆架的油气资源，但迄今仅获得第 27—30 号油气区块和第 21 号油气区块（天然气储量 600 亿立方米，石油储量约 1.6 亿吨）的勘探和开采权。

在阿塞拜疆。近几年俄罗斯对阿能源资源的控制力大幅降低。在阿"世纪合同"和其他产品分成协议当中，"卢克"石油公司等俄能源企业虽占有一定比例的股份，但是已经被排除在主要阵营之外。除了油气资源勘探和开采被西方公司掌控以外，随着 BTC 和 BTE 的运营，阿油气外运已无需通过俄控制的巴库—新罗西斯克管道。可以说在阿与西方国家的能源争夺较量中，俄是一个输家。

（二）美国

独立后，中亚—里海国家都将吸引西方国家，尤其是美国的能源企业

---

① 《俄气公司的合资公司开始在乌兹别克斯坦零售俄罗斯汽油》，http://sputniknews.cn/e-conomics/20180110102445O675/。

投资开发本国能源资源，以及建设战略油气管线来平衡俄罗斯的影响作为本国能源外交的主要目标。这使美国在促进中亚—里海地区合作和能源运输安全方面的作用和影响明显上升。为了将这种影响转变为美国的国家利益，冷战后美国几任政府都制定了针对中亚—里海地区的能源外交战略。其基本思路是，通过能源政策支持中亚国家的主权独立，加强其与西方国家的联系，带动美国的私人投资，并通过推动中亚的能源出口多元化强化西方的能源安全。[①] 其战略目标是，保护本国石油财团利益，让里海地区成为其能源供应新基地，支持新独立国家对俄独立倾向，限制伊朗影响扩展。[②] 为此，美国运用经济、政治、外交手段积极介入中亚—里海能源的勘探、开采、输出等一切相关事务，力争在中亚—里海油气开发的国际竞争中发挥主导作用。

美国对中亚—里海国家能源外交的方式经历了从重经援、轻合作到轻经援、重合作的过程。1997 年后，美国开始扩大对中亚—里海国家支柱产业特别是石油和天然气工业的投资力度。在国家选择上，比较重视拉拢哈萨克斯坦、乌兹别克斯坦（2005 年安集延事件之前）、阿塞拜疆等国。在合作方式上，一是通过投资、贷款等经济渗透方式，使中亚—里海国家加深对美国的依赖；二是通过独资、合资（双方合资和组建跨国财团）等方式深度介入中亚—里海国家的油气领域；三是尽可能地鼓励中亚—里海国家修建自己的战略油气运输管道，以弱化俄罗斯对该地区能源输出的控制。

从 1993 年美国第二大石油公司谢夫隆（Chevron）获得哈萨克斯坦田吉兹油田的开采权开始，在 20 多年里，美国石油公司大举进入中亚—里海地区。在哈、乌、阿对外资开放的大部分油气项目中都有美国石油公司的股份，尤其是在里海，美国获得了 16% 的石油资源和 11.4% 的天然气资源的控制权，如果加上美英合资公司的份额，美英两国已经控制

① 杨鸿玺：《20 年来美国中亚战略的基本路径》，载《国际展望》，2011 年第 3 期，第 30 页。

② 余建华：《中南亚能源政治博弈中的大国竞合》，载《外交评论》，2011 年第 5 期，第 11 页。

了里海27%的石油资源和40%的天然气资源。[①] 而随着美国提出并主导建设的 BTC 石油管道的贯通，以美国为代表的西方国家成功打破了俄罗斯对里海地区油气外运线路的垄断。

综上所述，如今美国已经成为中亚里海油气领域唯一能与俄罗斯抗衡的国家。可以预测，在 21 世纪能源安全至关重要的大背景下，美俄在中亚—里海地区的能源争夺会愈演愈烈。

（三）欧盟

能源安全问题是制约欧盟经济发展和安全稳定的"瓶颈"。欧盟的能源安全在很大程度上表现为能源的进口安全。长期以来，欧盟的能源进口对俄罗斯依赖很大，尤其是匈牙利、斯洛伐克等中东欧国家的天然气几乎全部从俄进口。其中，80% 的进口天然气途经乌克兰进入欧盟。然而在 2006 年初和 2009 年初发生的"俄乌斗气"风波使欧盟对从俄进口天然气的不安全感加深，急欲摆脱对俄能源依赖，并建立同其他国家和地区的油气合作关系，实现能源供应多元化。

在此背景下，中亚—里海国家逐渐成为欧盟保障其能源进口安全的首选地区。中亚—里海地区不仅油气资源丰富，而且在欧盟两次东扩后与欧盟几近接壤，地理距离的拉近自然增加了该地区在欧盟对外能源战略中的地位。

欧盟对中亚—里海国家的能源战略体现在近年欧盟出台的一系列文件之中，如欧洲—高加索—亚洲交通走廊计划（TPACECA）、欧洲国际石油和天然气运输计划（INOGATE）和巴库倡议（Baku initiative）等多边能源对话框架，而 2007 年 6 月推出的《欧盟与中亚：新伙伴关系战略》则是欧盟第一次在如此重要的战略性文件中强调中亚地区对于保证欧盟能源安全和实现能源供应多元化的重要作用。

欧盟对中亚—里海国家能源外交的战略目标是，通过经济援助和投资加强与这些国家的能源合作，参与当地油气领域的基础设施建设，通

---

① 《里海石油—美俄能源战略角斗的热点》，http://az.mofcom.gov.cn/article/ztdy/2004/12/20041200319409.shtml。

过能源法律技术标准的制度输出，实现该地区能源制度的一体化，改善能源供应和需求管理，进而为欧盟的能源安全提供可靠保障。

欧盟实施对中亚—里海国家的能源外交主要通过三个途径：一是积极参与该地区油气资源的上游勘探和开发，目前几乎欧盟国家的所有大型能源企业都已经渗透到该地区并对部分油气资源形成有效控制；二是与资源国合作修建绕开俄罗斯、通往欧洲的油气管道，在此欧盟遇到来自于俄罗斯的不小阻力，如近年欧盟积极推进的"纳布科"天然气管道（Nabuco）由于俄罗斯的原因推进艰难；三是在能源合作中强调以"共同规制、援助和治理规范"为基础的"国际能源伙伴关系"，如近年在与中亚的能源合作中，欧盟积极地在中亚五国推进采掘业透明度行动计划（EITI），该计划是 2002 年由英国首相布莱尔提出，旨在寻求提高石油、天然气与采矿业付款与岁入的透明度。目前，哈、吉已加入这一计划。

总的来看，欧盟对中亚—里海国家的能源战略虽有所得，但也面临不小挑战。与俄罗斯相比，欧盟对中亚—里海地区没有传统影响力，而同时又受制于俄强大能源实力的掣肘；与美国相比，欧盟综合实力不及对方。因此，作为中亚—里海博弈中的"第二梯队"，欧盟未来很难成为该地区能源格局中的决定性力量。

案例 4-3 "纳布科"天然气管道与"南流"天然气管道的对决

2002 年 6 月，奥地利油气集团发起修建"纳布科"的倡议，随后保加利亚、匈牙利、罗马尼亚和土耳其等国的能源公司加入。该管道东起土耳其东部边境重镇埃尔祖鲁姆，西至奥地利，途经土耳其、保加利亚、罗马尼亚、匈牙利，全长约 3300 千米，原计划总投资约 79 亿欧元，其中欧洲投资银行许诺提供 25% 的建设资金，2011 年 5 月经重新核算后造价提高至 120 亿~150 亿欧元。管道原计划于 2011 年动工，2014 年供气，2019 年完工。年输气量近 310 亿立方米，约占欧盟天然气进口量的5%，气源主要来自阿塞拜疆和土库曼斯坦等国。

欧盟国家推出"纳布科"背后的战略考虑是，开辟绕过俄罗斯的天然气输送管道，与中亚—里海地区的油气资源实现对接，逐步减轻甚至摆脱对俄能源的高度依赖。"纳布科"的推出使俄罗斯感到前所未有的压力，为了削弱"纳布科"的影响甚至剪除这一威胁，俄提出修建"南流天然气管道"。

2007年6月，"俄气"与意大利埃尼公司（ENI）共同发起修建连接俄罗斯与欧洲的"南流"。该管道从俄罗斯新罗西斯克开始横穿黑海，再从保加利亚港口瓦尔纳上岸，在保加利亚境内分为两条支线，西北进入塞尔维亚、匈牙利、斯洛文尼亚至奥地利，西南经过希腊和地中海通往意大利。管道总长约3200千米，其中海底长度近900千米，最深超过2千米，年运输能力为630亿立方米，造价约为155亿欧元，计划2015年底建成通气。2012年2月，"俄气"完成项目的海上和陆上部分的综合经济技术论证，并开始启动海上勘查工作。此前为了对抗欧盟的压力，俄罗斯2014年宣布暂停"南流"项目，但随后表示还将继续建设。

虽然俄欧双方对于各自项目实施的态度都十分坚决，但外界对于项目前景的各种猜测仍不绝于耳，这既是对双方近年围绕这两条管道激烈竞争的正常反应，同时也预示着两条管道未来实施前景的复杂性和不可预测。

"纳布科"的困境。气源是"纳布科"的瓶颈问题。阿塞拜疆是"纳布科"已确定的主要气源国。根据2011年1月欧盟与阿方签署的《南方天然气走廊联合宣言》等文件，阿方有义务向欧盟国家长期供应天然气。目前阿方每年最多能向欧洲出口60~80亿立方米天然气，这最多能解决"纳布科"总需求量的25%。而土库曼斯坦、伊朗和伊拉克等国供气能力面临各种不确定性。其中伊拉克局势的动荡使欧盟对其能否成为长期稳定的天然气供应地产生怀疑。伊朗因受伊核问题等复杂因素的影响供气的可能性不大。相比之下，只有土库曼斯坦的气源似乎较有保障。

"南流"的困境。俄认为欧盟的"行政阻碍"是"南流"建设的关键问题。欧盟要求"南流"股东（"俄气"、ENI等）遵循欧盟提出的能源运输规则，放弃对管道的控制，并保证第三方能够使用管道的运输能力。欧盟欲将"俄气"的运输垄断权分割的做法让"俄气"不能接受。

客观地说，"纳布科"完工后，其天然气供应量对欧盟只能起到一定补充作用，但其战略利益远远大于经济价值。中亚—里海能源对欧盟的稳定供应会改变该地区的地缘状况，有利于欧盟平衡俄罗斯对中亚里海地区的地缘影响力，增加同俄打交道时的砝码，此外，对欧盟同中亚里海国家的关系和中亚国家间的关系也将产生积极的影响。

目前，"南流"和"纳布科"的角力处于一种胶着状态。前者有欧盟多个国家的参与和充足的气源保障，后者虽有美国、部分欧盟国家和高加索国家的支持，但是气源是其最大的掣肘。更重要的是，俄罗斯不会放弃对欧洲天然气市场的控制，欧盟也不愿轻易向俄认输，这些均预示着双方之间的激烈博弈还远未结束。

（资料来源：笔者文章《"南流"对决"纳布科"：俄欧能源博弈无穷期》，载《世界知识》2011 年第 18 期。）

（四）日本

日本也是中亚—里海能源资源争夺的一个重要参与者。尽管日本并不直接从中亚—里海地区进口石油和天然气，但是该地区丰富的油气资源以及其他国家在此争夺的激烈态势仍然引起了日本的高度关注，日本不愿意"落后手"，加之日本更不愿看到中国逐渐掌握中亚能源开发、运输与贸易的部分主导权，因此日本也积极参与到该地区的油气资源争夺战当中，谋求将中亚—里海培育成未来日本能源的进口新基地。

为此，日本从 1997 年开始对中亚—里海国家开展了积极务实的能源外交。1997 年，日本首相桥本龙太郎提出针对中亚和高加索八国的"丝绸之路外交"，提出要推动与中亚各国的政治对话、帮助中亚发展经济和资源开发、和平建设。[①] 2004 年，日本外务大臣川口顺子访问乌、哈、塔和吉中亚四国，启动了"中亚＋日本"对话机制，并召开了首届"中亚＋日本"外长会议。2005 年日本外务省将欧洲局的"新独立国家室"改组为"中亚—高加索室"，希望通过完善相关体制来加强对中亚和高

---

① 麻生太郎：『中央アジアを「平和と安定の回廊」に』，http：//www.mofa.go.jp/mofaj/press/enzetsu/18/easo_0601.html。

加索地区的渗透。2006 年 6 月，在日本举行的第二届"中亚＋日本"外长会议上，日本外务大臣麻生太郎与各国外长签署了"行动计划"（合作方案），其中着重提到要加强日本与中亚各国的能源合作。日本还提出了"南方路线"，即修建一条连接塔吉克斯坦和阿富汗的公路和油气管线，打通中亚通向印度洋的通道，将中亚的油气直接输往日本。2006 年 8 月，日本首相小泉纯一郎对中亚的哈、乌进行访问，这是中亚国家独立 15 年以来日本首相第一次来访，其目的正如小泉出访前表示的，"我们需要多元化的能源战略，希望同能源丰富的中亚国家建立良好的关系"。2010 年 8 月，在乌兹别克斯坦首都塔什干举行的第三次"中亚＋日本"外长会议上，日本外务大臣冈田克强调，中亚地区自然资源丰富，地缘政治地位重要，日本打算与中亚各国加强联系。2013 年，日本国家石油天然气和金属公司（JOGMEC，以下简称"日本公司"）获得了乌兹别克斯坦纳沃伊州两个有开采前景铀矿区块勘探权，期限 5 年，最小投资额 300 万美元。在勘探过程中如发现矿藏，日本公司可与乌政府进行直接谈判并签署产品分成协议。2013 年 7 月日本公司与纳沃伊矿山冶金联合体签署了《关于在纠兹古杜克和塔姆吉古杜克—图良塔什区块进行铀矿地质勘探的协议》。以上区块均为砂岩型铀矿，在 5 年内，乌政府还将大力吸引外国投资者加大对本国黑色页岩型区块的开采。①

为了与中亚—里海国家建立密切的能源关系，日本采取了多种方式。一方面，开展经济援助。这些年日本向中亚提供了数额不小的经济援助，据其官方统计，截至 2004 年达到了 2600 亿日元（约 20.4 亿美元）。这些援助主要用于基础设施和人力资源开发。如今日本已经是哈、吉和乌最大的援助国，是土第二大援助国。在 2012 年 10 月东京都召开的第四届"中亚＋日本"外长会议上，日本外相玄叶光一郎表示将向中亚五国再提供总额约 7 亿美元的经济援助，援助领域包括为贸易与投资所做的基础设施建设、阿富汗局势安定化、灾害防治等。② 以乌为例，截至

---

① 《日本企业获得乌兹别克斯坦铀矿勘探权》，http：//uz. mofcom. gov. cn/article/jmxw/201308/20130800237690. shtml。

② 《日本援助中亚 7 亿美元 再谈钓鱼岛》，http：//www. guancha. cn/Neighbors/2012/11/11_108856. shtml。

2011 年底，日本政府共向乌提供了无偿援助 2.8 亿美元、技术援助 1.1 亿美元。在油气领域，日本利用这些援助实施了乌布哈拉炼油厂、舒尔坦天然气化工综合体建设项目，并对费尔干纳炼油厂进行现代化改造，使乌油气加工能力大大提高。[①] 日本外务省公布的 2014～2019 年度中亚援助计划是以 2012 年制定的《国别援助方针》为依据的。从目前计划看，未来几年日本仍将乌兹别克斯坦视为援助重心，援助数额将达到 1815.11 亿日元，其中绝大部分为有偿援助，用于支持基础设施建设。技术援助和无偿援助主要用于培养人才、构建制度。[②] 另一方面，进行投资。近年，在中亚—里海国家对外资公开招标的油气田开发项目和管道修建项目中，日本尽管不是主力军，但也是积极参与者。在 1994 年阿塞拜疆对外开放的第一个产品分成协议中，日本的伊藤忠商事株式会社（ITOCHU）占有 3.90% 的股份。在美国主导的 BTC 石油管道项目中，日本的 ITOCHU 和日本国际石油开发株式会社（INPEX）各获得 2.50% 的股份。在 2000 年哈萨克斯坦北部城市阿特劳的卡沙干油田（开采量高达 130 亿桶）国际招标中，日本获得了北里海国际石油开发公司 8% 的股权。

第三节　北极地区——能源博弈新热点[③]

一、北极能源状况

北极地区包括北冰洋、边缘陆地海岸带及岛屿、北极苔原带等，总

---

① 《日本对乌贷款、援助及投资情况》，http：//uz. mofcom. gov. cn/article/ztdy/2012/12/20121208496778. shtml。

② 王月：《从政府开发援助分析日本对中亚五国的战略特点》，载《俄罗斯东欧中亚研究》，2016 年第 5 期。

③ 本节由陈滕瀚负责撰写。

面积约在 2100 万平方千米，涉及美国、俄罗斯、加拿大、丹麦（北极圈未穿过丹麦本土但穿过格陵兰岛）、芬兰、瑞典、挪威、冰岛八个环北极国家。[①] 美国地质调查局曾对北极地区常规油气勘探的潜力进行了初步评估（主要是欧亚大陆和北美大陆两地内的区块），结果表明北极地区预计有 770 万亿~2990 万亿立方英尺的潜在常规天然气和 390 亿桶液态天然气，其中大部分在俄罗斯境内，南卡拉海是最有前景的天然气蕴藏地。在能量等效的基础上，北极地区潜在石油储量仅为天然气的 1/3，总体约 44 亿~1570 亿桶潜在石油。[②] 其中 60% 的原油集中在六个区域，仅阿拉斯加平台就占了 31%。北极地区潜在油气资源尽管丰富，但不足以将世界石油平衡从中东转移出去。此外，北极地区内的油气资源分布极不平衡，80% 的能源资源蕴藏于离岸地区；北美大陆板块所蕴藏的潜在石油约占 65%，天然气则仅占 26%，其余集中分布在欧亚大陆板块。[③]

二、北极主要国家的政策及北极能源之争

北极能源之争同时存在于北极国家和非北极国家中，但北极国家的竞争力无疑要强于非北极国家。"北极八国"中对北极能源竞争力和执行力较强的是美、俄、挪三国；在诸多非北极国家或国际组织中，积极参与北极能源开发事务的是日本和欧盟。

（一）美国的北极政策及其对北极能源的争夺

美国的北极政策初步形成于里根政府的《美国北极政策》，克林顿

① 卢景美，邵滋军等：《北极圈油气资源潜力分析》，载《资源与产业》，2010 年第 4 期，第 29 - 33 页。

② Verma M. K., White L. P., Gautier D. L., "Engineering and Economics of the USGS Circum - Arctic Oil and Gas Resource Appraisal (CARA) Project," *Open - File Report*, 2008.

③ USGS, "The 2008 Circum - Arctic Resource Appraisal", https://pubs.er.usgs.gov/publication/pp1824，访问时间：2018 年 10 月 20 日；Gautier D. L., Bird K. J., Charpentier R. R., et al. "Chapter 9 Oil and Gas Resource Potential North of the Arctic Circle," *Geological Society London Memoirs*, 2011, 35 (1): 151 -161.

政府的《第26号国家安全总统指令》和小布什政府的《第66号国家安全总统指令》及《第25号国土安全总统指令》。2013年5月发布的《北极地区国家战略》是其首个战略性北极文件，它明确指出了美国在北极地区的五大利益：保障国家安全；保证资源与商业自由流通；保护环境；解决原住民需求；加强科学研究。奥巴马政府工作重点在于加强政策制定与规划能力，涉北极事务机制协调以及提升北极行动能力，多层面推进北极外交，加强相关国际合作。奥巴马时期美国国内还通过了多个北极文件，包括《北极路线图》《海岸警卫队北极战略》《国防部北极战略》《国家安全：变化的气候》《跨部门北极研究政策委员会2015年报告》《北极地区的变化、战略行动计划、纲要》《NOAA北极远景与战略》《北极研究计划：2013—2017》等。[1] 2016年12月，奥巴马还颁布了无限期限制在北极和大西洋地区进行油气钻探开发的禁令。特朗普上台后美国退出了《巴黎协定》，同时卸任了北极理事会轮值主席国，加之特朗普目前仍无法完全冲破奥巴马的能源开采禁令，导致其北极政策的国内外实施环境受到消极影响。[2] 2017年5月，外交关系委员会发布《北极必要性：加强美国第四海岸战略》，确定了美国北极事务的六个新目标：批准《联合国海洋法公约》、资助和维护极地冰船建设、改善北极基础设施、加强北极国际合作、支持阿拉斯加可持续发展、维持对科学研究的预算支持。特朗普十分重视美国阿拉斯加州及北极海域的资源

---

① *Navy Arctic Roadmap*，http：//www. navy. mil/navydata/documents/ USN_artic_roadmap. pdf；*United States Coast Guard Arctic Strategy*，http：//www. uscg. mil/ seniorleadership/DOCS/CG_Arctic_Strategy. pdf；Department of Defense Arctic Strategy，http：//www. defense. gov/ Portals/1/Documents/pubs/2013_ Arctic_ Strategy. pdf；*Findings from Select Federal Reports*，https：//www. whitehouse. gov/sites/default/files/docs/National_ Security _Implicati ons _of _Changing_ Climate _Final _051915. pdf；"Interagency Arctic Research Policy Committee 2015 BIENNIAL REPORT，" https：//www. whitehouse. gov/sites/default/files/microsites/ostp/ NSTC/iarpc – biennial – final – 2015 – low. pdf；"Changing Conditions in the Arctic Strategic Action Plan Full Content Outline，" https：//www. whitehouse. gov/sites/default/files/microsites/ ceq/sap_8_arctic_full_content_outline_06 – 02 – 11_clean. pdf；*NOAA's Arctic Vision & Strategy*，http：//www. arctic. noaa. gov/docs/NOAAArctic_ V _S _2011. pdf；The White House，*Arctic Research Plan*，*FY2013 – 2017*，http：//www. whitehouse. gov/sites/default/files/microsites/ostp/2013_arctic_research_ plan. pdf.

② 杨松霖：《特朗普政府的北极政策：内外环境与发展走向》，载《亚太安全与海洋研究》，2018年第1期，第88 – 101页。

开发，积极推动北极资源开发以增加就业机会，兑现"美国第一"及振兴实体经济的竞选承诺。[①] 特朗普还提出要在上任五年内投入 500 亿美元开发北极资源，改善极地状况，此举也得到阿拉斯加州的大力支持。

（二）俄罗斯的北极政策及其对北极能源的争夺

俄罗斯于 2008 年发布的《2020 年前俄罗斯联邦北极地区国家政策原则及远景规划》是全球首份关于北极国家战略；2013 年《北极地区发展和国家安全保障战略》的发布又将北极作为俄罗斯的"战略储备区"。[②] 俄罗斯曾以反对非北极国家介入北极事务和"努克标准"（必须承认北极国家在北极的主权、主权权利和管辖权）为由，为非北极国家参与北极事务设置障碍。[③] 但近年来中俄关系的发展以及俄罗斯与西方关系恶化使其在北极事务上的态度有所调整。根据现行文件精神，俄方北极政策的目标可以概括为：获取北极地区丰富的自然资源；掌控北极地区潜在的具有战略意义的航道；利用北极地区的军事价值，寻求战略纵深。[④]

俄对北极能源的争夺始于 1972 年亚马尔—涅涅茨自治区的石油量产，该地能源开发还陆续扩展到其他区域。目前北极圈内开采出的八成石油和九成天然气均来自俄罗斯。2008 年俄挪两国签署了天然气开发合作备忘录，依托巴伦支海油气田，建成俄罗斯的碳氢化合物生产中心，此协议还带来了摩尔曼斯克地区基础设施的进一步完善并实现了该地千万吨原油的运力。2008 年 7 月，梅德韦杰夫颁布法令授权俄联邦政府可以直接指定企业开采油气资源，这也意味着俄罗斯天然气工业股份有限公司和俄罗斯石油公司极有可能垄断北极圈内俄罗斯大陆架上的能源

---

① 杨松霖：《特朗普政府的北极政策》，载《国际研究参考》，2018 年第 1 期，第 1 - 9 页。

② 刘欢：《中俄北极合作研究》，载《西伯利亚研究》，2018 年第 2 期，第 38 - 41 页。

③ 郭培清、孙凯：《北极理事会的"努克标准"和中国的北极参与之路》，载《世界经济与政治》，2013 年第 12 期，第 118 - 139 页。

④ Hong N. , "Arctic Energy: Pathway to Conflict or Cooperation in the High North?" *Journal of Energy Security*, 2011 (2): 1 - 8; Katarzyna Zysk, "Russia's Arctic Strategy: Ambitions and Constraints," *Joint Force Quarterly*, 57: 104 - 115.

开采。

（三） 日本的北极政策及其对北极能源的争夺

2013 年 4 月日本内阁会议修订的《海洋基本计划》是日本第一个涉及北极政策的战略性文件，但该文件的主体还是就日本国家安全而言"普遍的海洋利益问题"，因此严格意义上来说并不能称之为完整意义上的"北极战略"。其战略重心包括：推进北极的观测、研究及调查活动；推动相关国际合作；建设北极海航道，确保海上运输。日本是北极理事会成员国和观察员国，其北极政策制定时间较晚，因而支持科研、促进海运等内容（而并非强化开发利用功能）构成了日本北极政策的核心。换言之，日本在诸多利用北极的国家中属于相对边缘化的地位，它对北极能源的"争夺"并不体现在直接开采北极油气资源等方面，而是体现在开发并保障北极航道的通航之上。另一方面，正因日本难以独立开展北极能源开发活动，它往往会选择与北极国家建立合作关系来落实其北极政策，例如尝试与俄罗斯建立政府高层北极会议、开展北极活动等，[①]当前俄日在北极海域合作开发液化天然气的项目业已成熟，建成后产量可以超过 1500 万吨。

（四） 欧盟的北极政策及其对北极能源的争夺

当前欧盟是北极油气资源出口的最大市场，挪威开采的北极油气超半数均销往欧盟。2007 年 10 月，欧盟首次宣示了它的北极利益；2008 年 3 月发布的《气候变化与安全》战略文件提出了发展整体一致的北极政策以应对北极地缘战略演变的主张。2008 年 11 月，欧盟发布首份北极政策报告《欧盟与北极地区》，强调欧盟与北极在历史、地理、经济、科学等方面的联系。2012 年欧盟委员会发表战略文件《发展中的欧盟北极政策》，强调加大在知识领域对北极的投入，以负责任和可持续的方

---

① 刘乃忠：《日本北极战略及中国借鉴》，载《南海法学》，2017 年第 6 期，第 102 – 107 页。

式开发北极,同时要与北极国家及原住民社群开展定期对话与协商。①
从欧盟出台的一系列战略文件可以看出,欧盟实施北极战略的三大目标
分别是:气候变化与生态保护、资源的绿色开发,提升和加强北极治
理。② 然而欧盟至今都没有形成统一的综合性北极政策,相反往往通过
组织框架下少数几国的联合行动来实施具体的北极政策,主要原因就在
于欧盟内部决策机制的多样性和复杂性。为贯彻其北极政策目标,欧盟
更加注重与俄、美、加等北极国家的合作与妥协,促使这些国家允许欧
盟参与北极治理;同时欧盟对外行动署及海洋与渔业事务总司对不同业
务部门的资源加以整合和协调,从而将北极事务纳入具体政策领域
之中。③

(五) 其他主要国家的北极政策及其对北极能源的争夺

2010 年 9 月 22 日于莫斯科召开的第一届"北极国际论坛"标志着
北极五国(美、加、俄、挪、丹)机制的诞生,其成立之初的目的是为
了协调五国在北极的领土之争,但这一"俱乐部式"的高度排他性安排
使北极地区事实上已被此五国所占据,同时也是其他国家(甚至包括另
三个北极国家)难以插手北极事务的重要原因。

挪威是诸多北极国家中北极政策最具影响力的国家之一,这也与它
"早开发、早利用"的历史有关。早在 20 世纪中叶开始,挪威就已经通
过科研等对北极实施领土扩张政策;冷战时期它将北极政策嵌入到了国
家安全战略当中,并于 1969 年始由挪威国家石油公司负责开发北海石油
资源,加速进入现代工业化国家行列;冷战结束后挪威开始实施独立的

---

① Kathrin Keil, "The EU in the Arctic 'Game' – The Concert of Arctic Actors and the EU's New-comer Role," http: // www. ecprnet. eu/databases/conferences/papers/209. pdf, 2017/02/19; Timo Koivurova, "The Present and Future Competence of the European Union in the Arctic," *Polar Record*, 2011 (4): 361 –371.

② 程保志:《欧盟北极政策实践及其对中国的启示》,载《湖北警官学院学报》,2017 年第 6 期,第 87 –92 页。

③ 程保志:《北极治理与欧美政策实践的新发展》,载《欧洲研究》,2013 年第 6 期,第 46 –50 页。

北极政策，并具有涵盖军事、环保、渔业、科研等诸多领域的综合性特征。[①] 近十几年来，挪威的北极政策进入强势扩张阶段，举全国之力开发高北地区的经济潜力，期间通过了 2005 年《北极地区的挑战和机遇》白皮书，2006 年《挪威政府的高北战略》（挪威第一个系统全面的北极战略文件），2009 年《北方新基石：挪威政府高北战略的下一步行动》（作为 2006 年战略的更新版本）等文件。[②] 挪威的北极战略重点和特征包括：通过对俄"双轨"政策减轻地缘政治压力；强化科研能力，提升治理参与能力；发展尖端技术，实现油气开发和环境保护之间的平衡；推动北极多边合作，提升国际政治影响力等。当前挪威对北极油气开发的力度和成果均仅次于俄罗斯，而构建与俄罗斯的北极合作关系是挪威北极战略的最为显著的一个特点，[③] 它同时还通过自主开发和国际合作等多种方式实现北极资源有效利用。

加拿大政府于 2009 年 7 月 26 日发布的《加拿大北方战略：我们的北方、我们的遗产、我们的未来》明确了它参与北极事务的四大目标，即行使国家主权、促进经济社会发展、保护环境遗产以及改善深化地区治理，该报告也成为加拿大北极战略的标志性文件。[④] 与美、俄、挪不同的是，加拿大对北极能源资源的开发和争夺热情并不高，一方面碍于自身技术力量受限和境内北极区能源蕴藏量不高的现实，另一方面则是为了兼顾北极原住民的利益。丹麦与加拿大政策相似，不同的是加拿大在某些事务上可以依仗美国，而丹麦则相对更为"孤立"，因此它在北极五国内部事务中的位置也最为边缘化。

① 赵宁宁：《小国家大格局：挪威北极战略评析》，载《世界经济与政治论坛》，2017 年第 3 期，第 108－121 页。
② 廖星宇：《挪威的北极战略》，载《中国海洋报》，2014 年 5 月 22 日，第 4 版；孙超：《不断演变与发展的挪威北极政策》，载《中国海洋报》，2016 年 10 月 26 日，第 4 版。
③ 陈思静：《北极能源共同开发：现状、特点与中国的参与》，载《资源开发与市场》2018 年第 8 期，第 1099－1104 页。
④ 唐小松、尹铮：《加拿大北极外交政策及对中国的启示》，载《广东外语外贸大学学报》，2017 年第 4 期，第 5－11 页。

三、中国的北极政策及中国与北极国家的能源合作

2018 年发布的《中国的北极政策》是我国第一部北极政策白皮书。白皮书指出，北极治理需要各利益攸关方的参与和贡献，作为负责任的大国，中国愿本着"尊重、合作、共赢、可持续"的基本原则抓住北极发展的历史性机遇，积极应对北极变化带来的挑战，共同认识北极、保护北极、利用北极和参与治理北极，积极推动共建"一带一路"倡议涉北极合作，积极推动构建人类命运共同体，为北极的和平稳定和可持续发展做出贡献。中国参与北极事务的特点在于：坚持科研先导，强调保护环境、主张合理利用、倡导依法治理和国际合作，致力于维护和平、安全、稳定的北极秩序。[①] 就北极能源而言中国主张合理开发利用，并且对开拓北极航道的热情相较于对能源本身的积极性而言更加高涨。

中国尝试与多个北极国家开展不同程度的合作，俄、挪两国是诸多合作中的典型案例。其中已初见成效的是中俄北极能源合作，中挪能源合作也已逐步步入正轨，中美双边合作虽然有较大潜力，但其前景相较于其他国家并不乐观。整体而言，中国与北极国家的能源合作仍处于起步阶段，很多项目都还处于构思和谈判阶段。

（一）中俄合作

中俄两国分别是最大的非北极国家和北极国家，双方就北极问题存在诸多共同利益。"一带一路"倡议提出后，如何将它与俄罗斯对北极和与远东地区的开发联系起来成为双方共同关心的问题。而近年来两国也在加强北极事务合作和开辟北极航道等问题上表现出相当的积极性。包括 2017 年俄罗斯总统普京和国家主席习近平分别提出了将北极航道与"一带一路"相结合、开发"冰上丝绸之路"等构想，[②] 双方对《极地

---

① 国务院新闻办公室：《中国的北极政策》白皮书，http：//www. gov. cn/xinwen/2018/01/26/content_5260891. htm。

② 《丝路基金与诺瓦泰克签署关于俄罗斯亚马尔液化天然气一体化项目的交易协议》，丝路基金，http：//www. silkroadfund. com. cn/cnweb/19930/19938/31795/index. html，2016/04/14。

水域海事合作谅解备忘录》的协商也在进行当中。① 中俄两国积极扩大在北极项目上的合作，当前亚马尔液化天然气项目是两国重点能源合作项目，也是全球首例极地天然气勘探开发、液化、运输、销售一体化项目，该项目建成后预计每年向中国提供约 60 亿立方米天然气。② 同时，两国还致力于加强和扩大极地科研和制造项目的合作，以及北极区港口建设和维护项目。

（二）中挪合作

"北极八国"除美、俄外，与中国合作最具前景同时也最有实际收益的国家是挪威。一方面是因为芬兰、瑞典、冰岛被排除在"北极五国"之外，另一方面则是因为挪威在北极开发上不容小觑的实力和优势（包括地理的和技术的）。尽管 2010 年诺贝尔和平奖事件使中挪关系跌至低谷，但双方政府和民间交往在 2016 年已恢复到了原有水平，挪威在北极国际合作上的开放性和包容性态度也为中挪北极事务合作提供了政治保障。2013 年 12 月，中国—北欧北极研究中心在上海成立，该中心是中国和北欧开展北极研究学术交流与合作的平台，将围绕北欧北极以及国际北极热点和重大问题，开展北极气候变化、北极资源、航运和经济合作、北极政策与立法等方向的合作研究和国际交流。③ 近年来挪威方面也表示欢迎中国在北极能源资源开发和北极航道利用方面与其展开双边合作，尤以挪威国家石油公司的态度最为积极。

（三）其他合作

中美在北极领域的合作主要依托在北极理事会（中国是观察员国）

① 《中俄总理第二十次定期会晤联合公报》，http：//www. xinhuanet. com/politics/2015/12/18/c_1117499329. htm；《习近平会见梅德韦杰夫》，http：//www. xinhuanet. com/mrdx/2017/07/05/c_136419053. htm。

② 刘欢：《中俄北极合作研究》，载《西伯利亚研究》，2018 年第 2 期，第 38 - 41 页。

③ 姜巍：《环北极国家基础设施投资机遇与中国策略》，载《人民论坛·学术前沿》，2018 年第 11 期，第 50 - 59 页。

的框架之下，且多为科考、航运、气候变化、北极航道等低政治领域合作，[1] 而特朗普上台后两国在北极方面的合作重新进入缓滞期。一方面是由于美国对北极能源开发的整体态度相对消极，另一方面则是由于美国在能源领域的排他性以及对当时中美关系的基本判断和倾向。

2017 年，国家主席习近平访问芬兰，芬兰总统绍利·尼尼斯托表示希望深化双方在经贸投资、创新、环保、北极事务等领域和"一带一路"框架下合作。[2] 持类似政见的还包括瑞典、丹麦、冰岛等其他几个北极国家，但中国与这些国家正在开展或计划开展的项目多属于"二轨外交"（非官方合作）项目。

除以上双边合作外，中国还尝试通过欧盟及上合组织等方式开展多边合作。其中中欧合作关注的更多是非能源领域，而上合组织框架下的合作核心仍是中俄双边合作。

---

[1] 潘敏，徐理灵：《中美北极合作：制度、领域和方式》，载《太平洋学报》，2016 年第 12 期，第 87－94 页。

[2] 《北极开发：中国或牵手芬兰》，欧洲时报网，http://www.oushinet.com/ouzhong/ouzhongnews/20170331/259278.html.（访问时间：2017 年 3 月 31 日）；孙凯、吴昊：《芬兰北极政策的战略规划与未来走向》，载《国际论坛》，2017 年第 4 期，第 19－23 页。

第五章

美国的能源安全与能源外交

美国是全球传统能源进口大国和能源消费大国。2007 年，美国石油进口量创历史新高，达到每天 1363.2 万桶，占世界石油进口总量的 24.5%，天然气进口为 1086 亿立方米，进口量居全球首位。这决定了美国在制定国家发展战略和开展对外能源往来时必须充分考虑如何保障本国能源安全的问题。能源安全既是美国国家战略的核心内容，也是美国外交追求的最重要目标之一。能源因素贯穿着 20 世纪美国争夺世界霸权的始终，也是现在和未来美国维护其霸权地位的基石。在 2008～2018 年这十年间，受到页岩气革命的影响，美国原油产量大幅上升，对进口的依存度则降至 30 年来最低水平，同期美国的天然气产量和出口量也大幅增长。自此，20 世纪 70 年代以来美国的油气产销格局发生了重大变化。美国"能源独立"即将变成现实，这将在很大程度上改变美国能源安全形势，并将对美国的能源外交产生重要影响。

第一节　美国的能源安全形势

尽管美国的能源消费量和能源进口量都稳居世界前列，但是随着近年页岩气的大规模成功开发，美国油气产量大幅增加，进口量不断减少，能源自给程度大大提升。对于未来美国的能源安全形势，国际能源署（IEA）曾给出乐观的预测。在 2011 年 11 月国际能源署发布的《世界能源展望（2012）》报告中称，到 2015 年时，美国生产的天然气将超过俄罗斯跃居全球首位，到 2017 年之前，美国的石油和天然气产量将跃居全球首位。到 2017 年，美国石油产量将超过沙特阿拉伯成为全球第一。尽管预计接下来增长将放缓，产量将再次出现逆转，但在 2035 年美国将无需进口能源。[1] 事实证明，国际能源署对美国能源生产大势的预测基本准确。近年美国页岩气革命使其能源供需矛盾迅速缓解已是不争事实。目前看，现在和可预测的未来美国能源安全的潜在威胁主要来自于世界能源市场可能发生的动荡。

一、能源供需矛盾大大缓解

（一）石油

根据 2013 年英国 BP 公司的统计数据，截止到 2012 年底，美国的石油探明储量为 42 亿吨（约合 350 亿桶），占世界探明总储量的 2.1%，储产比为 10.7 年。探明储量相比 2002 年底的 36.84 亿吨（约合 307 亿桶）增长了 14%，相比 1992 年底的 37.44 亿吨（312 亿桶）增长了 12.2%。[2] 截止到 2017 年底，美国的石油探明储量为 60 亿吨（约合 500 亿桶），占世界探明总储量的 2.9%，储产比为 10.5 年。探明储量相比 2002 年底的 42 亿吨（350 亿桶）增长了 12.2%，相比 2007 年底的 41.60 亿吨（约合 305 亿桶）增长了 30%。[3]

2009 年以来，美国的石油产量持续增长。受 2008 年金融危机的影响，美国石油产量创下 3.013 亿吨（约合 678.3 万桶/日）的低点后，2009~2011 年 3 年间美国的石油产量年年递增，分别达到 3.224 亿吨（约合 726.3 万桶/日）、3.329 亿吨（约合 755.2 万桶/日）和 3.457 亿吨（约合 786.8 万桶/日），同比增长幅度分别是 7%、3.3% 和 3.8%。2012 年，美国石油产量达到 3.949 亿吨（约合 890.5 万桶/日），占世界

---

① *World Energy Outlook 2012*，http：//www. resilience. org/stories/2012/11/12/iea－world－energy－outlook－2012－nov－12.

② 《BP 世界能源统计年鉴（2012 年）》，http：//www. bp. com/liveassets/bp_internet/china/bpchina_chinese/STAGING/local_assets/downloads_pdfs/Chinese_BP_StatsReview2012. pdf。

③ 《BP 世界能源统计年鉴（2018 年）》，https：//www. bp. com/content/dam/bp－country/zh_cn/Publications/2018SRbook. pdf。

石油总产量的 9.6%，同比增长 13.9%，增幅不但创下美国历史新高，而且位居全球首位。2012～2015 年美国石油产量持续增加，2014 年产量增幅达 16.9%，再创美国石油产量新高，2016 年美国石油产量为 5.653 亿吨（约合 1236.6 万桶/日），较去年下降 3.9%；而 2017 年美国石油产量为 5.71 亿吨（约合 1305.7 万桶/日），由减产重新变为增产。（参见表 5－1）。①

表 5－1 2002～2017 年美国石油产量的变化

	产量（亿吨）	增长率（%）
2002 年	3.420	—
2003 年	3.323	－2.8
2004 年	3.251	－2.2
2005 年	3.091	－4.9
2006 年	3.047	－1.4
2007 年	3.052	0.2
2008 年	3.023	－1.0
2009 年	3.224	7.0
2010 年	3.329	3.3
2011 年	3.457	3.8
2012 年	3.949	13.9
2013 年	4.470	13.2
2014 年	5.225	16.9
2015 年	5.653	8.2
2016 年	5.431	－3.9
2017 年	5.710	5.1

资料来源：《BP 世界能源统计年鉴》（2013 年、2018 年）。

---

① 《BP 世界能源统计年鉴（2012 年）》，http：//www.bp.com/liveassets/bp_internet/china/bpchina_chinese/STAGING/local_assets/downloads_pdfs/Chinese_BP_StatsReview2012.pdf；《BP 世界能源统计年鉴（2018 年）》，https：//www.bp.com/content/dam/bp－country/zh_cn/Publications/2018SRbook.pdf。

从 2006 年开始，美国的石油消费基本呈现出逐年递减的态势。2006 年美国石油消费量为 9.307 亿吨，较上一年的 9.398 亿吨减少近 1%，此后一直到 2012 年（仅 2010 年出现 1.7% 的增长），美国石油消费量降幅分别为 0.2%（2007 年）、5.7%（2008 年）、4.8%（2009 年）、1.2%（2011 年）和 2.1%（2012 年）。① 而 2013~2017 年美国石油消费量则再次出现缓慢增加的态势，其消费量分别为 8.728 亿吨（2013 年）、8.794 亿吨（2014 年）、8.983 亿吨（2015 年）、9.076 亿吨（2016 年）、9.133 亿吨（2017 年），且 2017 年美国石油消费量较上一年增幅为 0.9%。②

近年美国的石油进出口状况也发生了较大的变化。以 2007 年为节点，之前美国的石油进口逐年增加。从 2002~2007 年，美国石油进口分别是 1135.7 万桶/日，1225.4 万桶/日，1289.8 万桶/日，1352.5 万桶/日，1361.2 万桶/日和 1363.2 万桶/日。2008 年开始到 2012 年，美国石油进口逐年减少，分别是 1287.2 万桶/日，1145.3 万桶/日，1168.9 万桶/日，1133.8 万桶/日和 1058.7 万桶/日。2012 年美国石油进口量占世界石油进口总量的 19.1%，仍为世界第一大石油进口国。与进口不同的是，从 2002 年起美国石油（主要是成品油）出口基本保持增长态势。2002 年出口量分别为 90.4 万桶/日，92.1 万桶/日，99.1 万桶/日，112.9 万桶/日，131.7 万桶/日，143.9 万桶/日，196.7 万桶/日，194.7 万桶/日（这是唯一下降的年份），215.4 万桶/日，249.7 万桶/日，268 万桶/日③，356.3 万桶/日，403.3 万桶/日，452.1 万桶/日，487.3 万桶/日及 554 万桶/日。④ 以上数据证明，石油在美国能源消费结构中的份额在逐渐下降。

---

① 《BP 世界能源统计年鉴（2012 年）》，http：//www.bp.com/liveassets/bp_internet/china/bpchina_chinese/STAGING/local_assets/downloads_pdfs/Chinese_BP_StatsReview2012.pdf。

② 《BP 世界能源统计年鉴（2018 年）》，https：//www.bp.com/content/dam/bp-country/zh_cn/Publications/2018SRbook.pdf。

③ 《BP 世界能源统计年鉴（2012 年）》，http：//www.bp.com/liveassets/bp_internet/china/bpchina_chinese/STAGING/local_assets/downloads_pdfs/Chinese_BP_StatsReview2012.pdf。

④ 《BP 世界能源统计年鉴（2018 年）》，https：//www.bp.com/content/dam/bp-country/zh_cn/Publications/2018SRbook.pdf。

另据 2013 年初美国能源信息署（EIA）的预测，由于需求增长乏力，2014 年美国石油进口量将降至 25 年来最低水平。[①] 2014 年美国石油进口量为 924.1 万桶/日[②]，美国石油进口减少的一个主要原因是其本土页岩油开发获得了巨大成功。此后美国石油进口量又呈现缓慢增加的态势，2015 年至 2017 年美国石油进口量分别为 945.1 万桶/日（2015 年）、1005.6 万桶/日（2016 年）、1007.7 万桶/日（2017 年）。

（二）天然气

在大规模开采页岩气以前，美国探明的天然气储量并不丰富。据英国 BP 公司的统计数据显示，1992 年美国天然气探明储量仅为 4.7 万亿立方米，到 2002 年这一数据变化也不大，不超过 5.3 万亿立方米，约占世界探明总量的 3.4%。然而此后随着对页岩气开始进行大规模的勘探开发，美国天然气储量迅速增加。截至 2012 年底，美国的天然气探明储量为 8.5 万亿立方米，占世界探明总储量的 4.5%，储产比为 12.5 年。[③] 2017 年底，美国的天然气探明储量为 8.6 万亿立方米，占世界探明总储量的 4.5%，储产比为 11.9 年。[④]

美国的常规天然气主要分布在新得克萨斯油气区、新墨西哥州东南部油气区、墨西哥湾油气区、加里福尼亚油气区和阿拉斯加油气区，主要集中分布在得克萨斯、墨西哥湾、新墨西哥、怀俄明，科罗拉多、路易斯安那和阿拉斯加。非常规的页岩气主产区以及潜在产区主要分布于美国的南部、中部及东部。

得益于非常规天然气尤其是页岩气开发技术的突破，近年美国的天然气产量逐年增加。2005 ～ 2012 年间，美国天然气产量分别为 5111 亿立方米、5240 亿立方米、5456 亿立方米、5708 亿立方米、5840 亿立方

① 《美国页岩油气产量创新高》，http://www.nea.gov.cn/2013/01/23/c_132122704.htm。
② 《BP 世界能源统计年鉴（2018 年）》，https://www.bp.com/content/dam/bp-country/zh_cn/Publications/2018SRbook.pdf。
③ 《BP 世界能源统计年鉴（2012 年）》，http://www.bp.com/liveassets/bp_internet/china/bpchina_chinese/STAGING/local_assets/downloads_pdfs/Chinese_BP_StatsReview2012.pdf。
④ 《BP 世界能源统计年鉴（2018 年）》，https://www.bp.com/content/dam/bp-country/zh_cn/Publications/2018SRbook.pdf。

米、6036 亿立方米、6485 亿立方米和 6814 亿立方米，增幅分别为
2.5%、4.1%、4.6%、2.3%、3.4%、7.4% 和 5.1%。2009 年，美国
以 5840 亿立方米的天然气产量首次超过俄罗斯（5277 亿立方米），成为
世界第一大天然气生产国，并从天然气进口国成为潜在的天然气出口国，
由此导致了 2009 年国际天然气价格大幅下跌。2012 年其产量占全球天
然气总产量的 20.4%，超过俄罗斯（5923 亿立方米，占 17.6%）2.8
个百分点，① 继续保持着全球最大天然气生产国的地位（参见表 5 - 2）。

表 5 - 2　2002 ~ 2012 年美国天然气产量的变化

	产量（亿立方米）	增长率（%）
2002 年	5360	—
2003 年	5408	0.9
2004 年	5264	- 2.7
2005 年	5111	- 2.9
2006 年	5240	2.5
2007 年	5456	4.1
2008 年	5708	4.6
2009 年	5840	2.3
2010 年	6036	3.4
2011 年	6485	7.4
2012 年	6491	5.1
2013 年	6557	1.0
2014 年	7047	7.5
2015 年	7403	5.1
2016 年	7293	- 1.5
2017 年	7345	0.7

资料来源：《BP 世界能源统计年鉴》（2002 ~ 2011 年数据根据 2013 年《BP 世界能源统计
年鉴》；2012 ~ 2018 年数据根据 2018 年《BP 世界能源统计年鉴》）。

---

① 此处有关俄罗斯的天然气产量与第八章中所列数据不等，这主要是因为本章数据采用
的是 BP 公司的统计数据，第七章中采用的是俄罗斯联邦工业能源部提供的数据。

二、面对国际能源问题难以独善其身

尽管能源供需矛盾得到了缓解，但是美国在全球能源格局中的特殊地位使其很难在面对国际能源安全问题时置身事外。

当前世界安全形势并不乐观，主要表现在：首先，全球能源供需关系依然紧张。近几年虽然经合组织国家能源消费持续下滑，但是中国、印度等新兴经济体庞大的净增量使得全球能源总消费量不断攀升，同时全球能源供应量虽略有增加，但供大于求的趋势并不明显，这导致了国际油价高位盘整难以回调。其次，能源热点地区持续动荡。2010 年底爆发的西亚北非局势动荡至今没有结束的迹象。西亚北非地区战事连连，利比亚战争硝烟未尽，叙利亚内战尚未终结，伊朗核问题再次发酵，这对该地区产油国的石油生产、运输和出口等多个方面产生极大的负面影响，对国际油价造成不小的上涨压力。最后，日本核电事故对世界各国核电政策的冲击。2011 年 3 月日本福岛四座核电站因海啸引发事故，并酿成了自切尔诺贝利核事故以来最严重的辐射泄漏危机。这一事件对全球核能产业造成沉重打击。许多国家对其核电政策做出修改和调整，不少国家暂停了现有核电设施的运行，或推迟了新建核设施的计划。受危机影响，2012 年全球核能发电量下降 6.9%，连续第二年出现历史最高降幅纪录，各国核能发电占全球能源消费的 4.5%，是 1984 年以来的最低比重。同期，日本核能发电量下降了 89%，占全球降幅的 82%，这使日本只能通过增加化石燃料的进口来弥补核能发电量下降的缺口。[①]

世界能源安全的紧张形势是美国在制定本国的能源战略时无法回避的问题。客观上来说，美国与世界能源市场的密切联系是难以割断的。一方面，美国难以摆脱世界能源市场。目前美国在大量进口原油和油品等的同时，还在出口一部分成品油和原油。而即便是在若干年后成为油气净出口国，也不意味着美国完全不会从国际市场进口能源，因为世界

---

① 《BP 世界能源统计年鉴（2012 年）》，http：//www.bp.com/liveassets/bp_internet/china/bpchina_chinese/STAGING/local_assets/downloads_pdfs/Chinese_BP_StatsReview2012.pdf。

上还没有哪个国家拥有所有形式的能源，美国也不例外，更何况美国还希望未来向其他国家出口能源。另一方面，地缘政治事件引起的油价波动会自然传导到美国市场。美国可以通过页岩气革命来减少油气的进口量，但是美国普通消费者却依然要为利比亚战争引发的国际油价上涨而埋单。正如美国国务院国际能源事务特使卡洛斯·帕斯奎尔所说的，"价格（石油）是由全球市场决定的，我们无法把自己与全球市场隔绝开来，国内油气产量增加对美国能源资源的可持续发展很重要，但其他国家持续增长的需求仍然会影响国际价格"。[①]

第二节　美国的能源战略

一、冷战时期美国的能源政策

在 1973 年第一次石油危机爆发前，美国缺乏明确的能源政策。这主要是因为，在 20 世纪 60 年代末之前，美国都是一个石油出口国，石油对国家安全的战略意义并不突出。此后，随着经济的发展，美国国内的石油生产逐渐难以满足日益增长的需要，导致石油进口快速增加，到1970 年美国成为石油净进口国，1973 年美国石油进口依存度迅速提升到35%。[②] 尽管如此，1973 年以前，美国仍然能够通过对国际石油产销各个环节的严格控制而使国际油价保持在较低水平。但是到了 1973 年这一状况发生了根本性的变化。在第一次石油危机中，阿拉伯国家采取的石油禁运、提价等措施从源头严重打击了美国的石油供给，给美国经济造

---

① Jill Dougherty, "Energy Independence: Can the U. S. Kiss the Middle East Goodbye?" http: //security. blogs. cnn. com/2011/11/16/energy – independence – can – the – u – s – kiss – the – middle – east – goodbye.

② ［俄］斯·日兹宁著，强晓云、史亚军、成键等译，徐小杰主审：《国际能源政治与外交》，上海：华东师范大学出版社，2005 年版，第 144 页。

成重创，美国第一次切身感受到了对外石油高依赖带来的巨大威胁。这成为迫使美国制定国际能源政策和建立相关能源危机处理机制的直接动因。

为应对第一次石油危机，时任美国总统尼克松提出了《能源独立计划》，这个计划是一系列由政府主导的维护国内石油价格的措施和立法，其长远目标是要求美国在 1980 年实现"能源独立"。虽然历史证明了1980 年实现"能源独立"是不切实际的，但是"能源独立"的概念却被接受，并一直延续了下来。1975 年，时任美国总统福特在其国情咨文中首次提到了改善国家能源状况的相关具体措施，并提出要在 90 天内实施全面能源税收计划，解除对石油和天然气价格的控制，鼓励发展核能和合成燃料。同年 12 月，美国国会通过了福特政府提交的《能源政策和节约法案》，这成为了美国制定综合能源政策的里程碑。1977 年，时任美国总统卡特将曾经分散在美国能源管理局、联邦动力委员会以及能源研究和开发管理局等 40 多个联邦机关的相关能源部门集中起来，成立了由总统直接控制的能源部。能源部拥有对于能源事务的广泛职责，它的设立被视为制定有效的能源政策的一个先决条件，因此获得了国会和总统的一致认同，随后《能源部组织法》迅速在美国国会中以较少争议获得了通过。能源部的职责包括实施协调统一的国家能源政策，建立和实施统一的节能战略，开发太阳能、地热能和其他可再生能源，确保最低的、成本合理的、充足可靠的能源供应。①

1978 年 11 月，卡特政府推出了由五个单一法案组成的《国家能源法案》。值得关注的是，其中一个与天然气开采的优惠政策有关。该法案放宽了对页岩气、煤层气等天然气的井口价格管控。1989 年通过的《天然气井口价格解除管制法》彻底取消了所有的井口价格控制。1980年又通过了《原油意外获利法案》，这是美国页岩气发展史上最具里程

---

① 《美国能源部简介》，http：//energy.gov/about－us。

碑意义的法案，它包括一系列页岩气开采的优惠政策。① 1980 年，美国政府又颁布了《能源安全法案》，允许政府为小型混合燃料生产商提供贷款，并且对进口的乙醇燃料征收关税，主要是针对巴西，至今这项关税依然在征收。

二、冷战后美国能源战略的演变

（一）20 世纪 90 年代美国的能源战略

冷战结束后，美国面临的国际能源安全形势发生了巨大的变化。这一方面表现在，重要能源供应地区的地缘政治格局面临着重组。苏联解体初期，俄罗斯无暇他顾，导致中亚—里海地区出现权力真空，加上该地区新独立的国家纷纷推出独立自主的能源发展规划，引发了新一轮的能源博弈，而苏联势力的退却对于中东、北非等主要能源产区的实力对比也产生了重要影响；另一方面，能源在美国经济生活中的地位日益突出。20 世纪 90 年代后半期，美国一次能源的消费量超过了 20 亿吨油当量，占世界总消费量的 24%，一次能源的产量达到了 16 亿吨~16.5 亿吨油当量，相当于世界总产量的 19%。美国每生产 1000 美元国内生产总值消耗 0.42 吨油当量（美国的国内生产总值在 20 世纪末增长到 7 万多亿美元，占全世界的 30% 左右）。与此同时，美国进口的石油越来越多。1990 年，石油进口占同期美国石油消费总量的比例还是 45%，到 1999 年这一数字上升到 56%。据国际能源署 1996 年的预计，到 2010 年美国的石油进口可能达到 67%，到 2015 年还有可能达到 69%。② 内需旺盛、进口激增、产地局势动荡等一系列因素使得美国不得不重新考虑本国的能源政策。

---

① 该法案第 29 条鼓励国内非常规能源的生产。对从 1979~1993 年钻探与 2003 年之前生产和销售的非常规气和低渗透气藏（包括煤层气、页岩气）均实施税收减免，页岩气减免幅度为 0.5 美元/百万英热单位，而 1989 年美国天然气定价基准亨利枢纽（Henry Hub）价格仅为 1.75 美元/百万英热单位。

② ［俄］斯·日兹宁著，强晓云、史亚军、成键等译，徐小杰主审：《国际能源政治与外交》，上海：华东师范大学出版社，2005 年版，第 144 页。

1991 年，老布什政府制定了《国家能源战略》，并于 1998 年对其进行了局部修改，2001 年又增加了一些新内容。该能源战略确立的主要方针是，加强和完善全球能源安全体系，拓展世界能源市场以及解决能源生态问题，保障美国的能源安全。这里的能源安全既包括消除能源供应面临的一系列障碍和影响世界能源价格巨幅波动的因素，还包括加强本国能源（主要是石油）的战略储备。其长远目标是，按照合理的价格，确保不断增长的能源需求，完成环境保护的责任，保持美国经济的世界领先地位，降低对潜在的不稳定能源供应国（地区）的依赖性。此外，该战略还十分重视研究和控制世界能源市场、燃料能源部门的技术、能源领域的投资和服务等。

1997 年，克林顿政府出台了《联邦政府为迎接 21 世纪挑战的能源研发报告》。该文件的核心思想是强调"可持续发展"，这是与之前美国历任总统提出的能源政策不同的地方。根据世界环境与发展委员会的定义，"可持续发展"是指能满足当代人的需要，又不对后代人满足其需要的能力构成危害的发展。为了实现"可持续发展"，该报告确定了美国能源战略的三个目标：第一，提高能源利用效率，抑制能源需求过快增长趋势。为此，政府将采取强化市场，提高交通效率、发展替代燃料，增加投资、提高建筑物能源利用效率等措施。第二，鼓励开发新能源和节能技术，降低环境保护成本。为了逐步改变能源消费严重依赖矿物燃料的状况，美国政府采取如下具体措施：强化国内石油生产能力，提高天然气利用效率，促进电力工业竞争，增加对可再生能源投资，降低煤对环境的影响，增加核能安全性等。第三，保证能源稳定供应，确保国家安全。为实现这一目标，报告提出要重视国际能源合作，迎接全球环境挑战，促进全球能源市场的建立，推动能源技术出口活动。

这一时期美国在能源政策法规的制定上也有进展。1991 年 2 月，美国新一届国会在其成立之初就开始着手准备能源政策法的制定工作。1992 年，美国政府出台了《能源政策法》，并认为这部法律将使"美国走向一条清洁的路径，它将引导美国走向更加繁荣、有着更高的能源效率、更加环保、经济更加安全的未来"。① 但是，当时美国能源对外的过度依赖导致政府将注意力集中到能源进口渠道多元化等其他关系到美国能源安全的问题上，这使得《能源政策法》的实施没有达到预期的效果。

（二）21 世纪美国新能源战略

1.《国家能源政策》（2001 年 5 月）

2001 年 1 月 20 日，小布什就任美国第 43 任总统。克林顿时期，美国能源总体供应充分、能源价格稳定并实际呈下降趋势，与之相比，小布什上台伊始就经历了石油危机以来最严重的能源短缺。自 2000 年下半年开始，美国出现罕见的能源供给短缺，导致电力供应频繁中断，美国加利福尼亚州经历了数次局部轮流大停电，连硅谷也不能幸免。截至 2001 年 3 月，加州电费涨幅高达 40%。而油价的上涨导致交通成本骤增，美国普通家庭能源平均支出同比增长了 2 ~ 3 倍。

对于造成能源短缺的原因，外界认为这首先是因为能源系统供给和需求的失衡。在经历了克林顿时期长达 10 年的经济繁荣周期后，美国的能源消耗达到了空前的水平。到 20 世纪 90 年代末，美国的能源消费增长超过 12%，而国内生产增长却不到 0.5%。克林顿政府倡导的新经济政策淡化了能源在国家经济生活中的作用，与高科技行业突飞猛进相反的是能源产业的停滞不前，而"可持续发展"战略强调的环保意识也制约了能源系统的投资和新能源设施的启动，美国原油加工能力几乎没有增长。这一切导致了美国对国外能源越来越严重的依赖。其次，国际油价的大幅上涨也是一个重要原因。1999 年开始，国际油价摆脱了 90 年代的低位徘徊，开始出现上涨。1999 年美国西得克萨斯轻质原油价格还只有 19.31 美元/桶，2000 年上涨到 30.37 美元/桶，涨幅高达 57%。② 国际油价的上涨在很大程度上加大了美国能源进口的成本。

---

① Donald F Santa, Jr. and Patricia J. Beneke, "Federal Natural Gas Policy and the Energy Policy Act of 1992," *Energy Law Journal*, 1993, (13).

② 《BP 世界能源统计年鉴（2012 年）》, http：//www. bp. com/liveassets/bp_internet/china/bpchina_chinese/STAGING/local_assets/downloads_pdfs/Chinese_BP_StatsReview2012. pdf。

尽管这次能源短缺没有导致美国能源出现重大危机，但还是使得美国的经济发展面临着衰退的风险。为了避免出现这一灾难性的后果，小布什在 2001 年就职后的第二周就成立了由副总统切尼任组长的国家能源政策规划小组（National Energy Development Group），专门研究能源问题。该小组以切尼为首，成员包括国务卿、财政部长、内政部长、农业部长、商业部长、交通部长、能源部长、联邦紧急事务管理局主任、环境保护局局长、总统助理兼白宫研究室副主任、行政管理和预算局局长、总统经济政策助理和总统副助理兼政府间事务局局长等联邦政府最核心部门的负责人。因为之前美国各届政府的能源政策报告都由能源部起草，而这次参与阵容空前庞大，由此可见小布什对能源问题的重视。

经过几个月的工作，2001 年 5 月，国家能源政策规划小组正式向小布什提交了《国家能源政策》报告。该报告共分八章，前七章主要分析国内能源问题，第八章专门论述美国与世界能源的关系。报告涉及石油、天然气、核能、煤炭、电力以及替代能源和可再生能源等，但核心还是石油问题。

该报告的主要内容包括国内和国际能源战略两个方面。国内能源战略具体措施包括：加强国内石油的勘探和开发，主要针对阿拉斯加国家石油战略储备区（NPR）和美国西部油气资源；[①] 通过发展核能，以解决今后 20 年日益增长的电力需求；保持煤电的主导作用，以减少发电厂对国内有限的天然气资源的依赖，今后煤电比重将可能继续保持在 50% 左右；加强能源基础设施建设，包括改善和新建全国输油管道和输气管道，改善和新建炼油厂；增加战略石油储备，以应对可能出现的石油供给中断。国际战略方面，报告提出要加强与加拿大、沙特阿拉伯、墨西哥和委内瑞拉等传统石油伙伴国的能源关系，加强同海湾产油国的关系，加紧开发里海和俄罗斯的石油资源，鼓励石油公司在全球寻找并争夺石

---

① 2001 年小布什还提出了一项法案，意在寻求在北极国家野生动物保护区（ANWR）开发能源。小布什声称开发 ANWR 的石油将有助于缓解加州的电力危机并能减少美国对国外石油的依赖。据 1998 年美国政府所做的最新查勘，该地区蕴藏着 30 亿~160 亿桶原油。由于民主党和环保人士一直反对，美国国会对该法案未付诸表决。

油资源，努力实现石油进口渠道多元化。①

该报告是在美国面临石油短缺的背景下制定的，因此尽管制定者强调这是一项长期的能源安全远景规划，但不难发现，其战略着眼点还是通过开辟多种渠道以保障美国能源安全和全球竞争力。

2.《2005 年能源政策法》（2005 年 8 月）

2005 年 7 月 29 日，在经过近 5 年多的讨论和研究以后，《2005 年能源政策法》在美国国会获得通过，8 月 8 日正式生效。这是迄今为止美国制定的内容最丰富的一部能源法。由于这部能源法的主旨也强调节能技术、安全核电、环境保护、能源效率和可再生能源等内容，因此它的出台可以被看作是 1975 年美国能源保护法及 1992 年美国能源法的逻辑延续。但与前两部不同的是，这部能源法涉及的内容十分广泛，涵盖了能源效率、可再生能源、石油与天然气、洁净煤技术、核能、交通与燃料、汽车效率、制氮、能源效率研究与项目支持、供电及乙醇与发动机燃料等 11 个方面，共计 18 章，1720 页，堪称是一部能源法规的鸿篇巨著。

《2005 年能源政策法》的主要内容可以归纳为以下几点：

第一，倡导节能与新技术开发。新能源法延续了 1975 年和 1992 年能源法的思路，将节能与提高能效问题置于国家能源发展首要地位，但提出的节能领域十分广泛，如建筑节能、工业节能、交通节能、家庭节能等，涉及几乎所有领域的节能要求和节能标准。节能管理对象包括企业、家庭和个人。为达到节能的目标，政府主要通过减税、签订节能绩效合同、推广节能标识、设定强制性节能标准、鼓励自愿节能承诺等多种方式推进节能法规的落实。在具体能源效率指标上，新能源法要求，到 2015 年，美国的学校、医院等公共设施建筑能耗减少 20%，这些需要通过加装先进的计量装置来监督执行。②

第二，实施用于刺激石油和天然气生产、推广替代能源与节能的减税计划。为了促进美国石油生产、推动替代能源的研发和鼓励采用节能措施，新能源法提出了一项巨额减税计划。其中传统石油企业、煤炭和核能

---

① 江红：《小布什政府能源政策初探》，载《国际石油经济》，2001 年第 7 期，第 38 - 40 页。
② *Energy Policy Act of 2005*，http：//www1. eere. energy. gov/femp/regulations/epact2005. html.

企业是有资格享受减税政策的主体，采用节能措施和清洁燃料的消费者也能享受到减税待遇。而落实这些对各种能源生产的税收优惠激励政策和信贷担保条款，将使美国到 2015 年的 10 年总税收减少 123 亿美元。① 小布什此举的主要目的是通过扩大对传统能源及核能的生产供应，弥补美国能源供需缺口，而对于可替代能源及节能措施的补贴还是可持续发展的需要。

第三，鼓励开发可再生能源。新能源法鼓励推广开发太阳能、风能、生物质能、垃圾填埋气、海洋能（包括潮汐、波浪、电流和热）、地热、城市固体废弃物等可再生能源的利用。政府要求可再生能源发电量在 2007 ~ 2009 财年增加至少 5%，到 2010 ~ 2012 财年结束时争取达到 7.5%，2013 年以后，还将建立一个属于联邦机构的双重信贷奖金，对可再生能源的企业、设施和居民给予奖励。该法案还提到建立光伏能源商业化计划，包括在联邦建筑物安装太阳能系统。此外，通过修订国家水电法，提供资金提高现有水电设施的效率，改进水电项目审批程序，在不破坏环境的前提下增加水电的产能。②

第四，实施洁净煤技术。为使发电更加高效环保，该法案计划投资 18 亿美元用于洁净煤发电启动资金，开发新型燃煤发电技术示范项目，以减小排放。这笔资金中的 60% 用于煤气化技术的推广和应用，这是为了满足国家制定的更加严格的环保标准和能效标准。此外，政府还将投资 30 亿美元用于开展清洁空气燃煤计划，帮助发电厂使用污染控制设备，以使发电排放过程更加清洁。

第五，提出应对气候变化措施。美国一直不支持《京都议定书》中对温室气体排放规定具体限额，而是强调提升相关技术水平以应对气候变化。这点在新能源法中也得以体现。其中指出美国将以发展应对气候变化技术作为能源产业降低温室气体排放强度的主要渠道。为此，该法案为美国开发和部署气候变化技术明确了具体步骤，为美国发展气候变化技术确定了技术规范。为减少温室气体的排放，满足美国能源需求的

---

① *Energy Policy Act of 2005*, http: //www1. eere. energy. gov/femp/regulations/epact2005. html.

② Ibid.

快速增加，新法案认为作为清洁能源之一的核能应该发挥重要的作用。为此，政府将鼓励更多地利用核电，加快核电生产和供电计划的实施，通过重新批准核能责任保护条例，开始新核电反应堆的建设。

《2005 年能源政策法》相比 1975 年与 1992 年的能源法，不仅在改进技术、提高能效、鼓励节能等方面有了更加详细的阐述，另外一个突出的特点就是将可再生能源发展问题提升到了非常重要的高度，这既是顺应时代的选择，实际上也是美国着眼于未来可持续发展的战略考量。

《2005 年能源政策法》标志着美国正式确立了面向 21 世纪的长期能源政策，是美国能源政策的一个重大转折点。该法案的目标是保持并扩大本国的能源产能，减小不断增加的对中东石油的依赖，确保能源供给的安全、稳定和清洁。尽管该法案并不能从本质上改变美国能源尤其是石油需要大量进口的现状，但是其立足国内能源的供应导向性政策仍然具有重要的指导意义，对美国未来的能源供需还是产生了深远的影响。

3. 美国《2007 年能源独立和安全法》（2007 年 12 月）

2007 年 12 月 19 日，小布什签署了《2007 年能源独立与安全法》。这一法案是美国参众两院各项相关提案的综合，其宗旨在于降低美国对外部原油供应的依存度及减少温室气体的排放，其主要措施包括提高能源效率、发展可再生能源和鼓励节能减排相关技术的研发和使用等。

应该看到，《2007 年能源独立与安全法》是《2005 年能源政策法》的继续，不同的是它更加注重节能和推广可再生能源两个环节。这主要是因为，尽管出生石油世家的小布什一直对传统能源石油在维护国家能源安全方面的作用倍加推崇，但是面对全球气候变化和美国国内政治力量的双重压力，他也不得不更加重视节能与新能源开发问题。而 2005 年以来国际油价的暴涨也成为了这部新法案出台的直接推动力。

在节能领域。该法案规定，到 2020 年轿车和轻型卡车的平均油耗应为 35 英里/加仑，较目前的水平提高 40%。这是自 1975 年以来美国首次通过立法来提高汽车油耗标准，对于世界上汽车保有量最多的美国影响巨大。它迫使美国的汽车制造企业必须花费巨资以开发新的节能技术，并改装生产线，以生产新型号的汽车。

在推广可再生能源方面。为了减少对石油进口的依赖，该法案提出了一个宏伟的目标——可再生能源产业发展目标"20 in 10"，即通过发展生物乙醇，在十年内将美国的汽油消费降低 20%。该法案还确定了可再生燃料标准（RFS），要求美国的可再生能生产从 2008 年 90 亿加仑/年增加到 2022 年 360 亿加仑/年。按照 RFS 的要求，美国对先进生物燃料（如生物乙醇）的投资在四年内必须达到 110 亿美元，在十年内增加到 460 亿美元，在十五年内增加到 1050 亿美元。预计到 2012 年，先进生物燃料将达到所生产的全部可再生燃料的 13.2%，到 2017 年增加到 37.5%，2022 年达 58.3%。①

此外，该法案还为联邦政府和商业大厦的电器及照明产品制定了第一个强制性联邦能效标准，要求将电灯泡的能效提高 70%，并加速研究二氧化碳的管理及贮存问题（"碳捕捉"和"碳封存"）。

值得注意的是，该法案还提出要加大对美国本土石油的开采，计划在未来 40 年内将开采 100 亿桶原油。②

总的来看，美国希望通过这部新能源法案的实施有效提高国内能效并实现节能目标，并与推广可再生能源一起保持美国能源独立性与安全性。

4.《美国清洁能源与安全法（ACESA）》（2009 年 6 月）

对于 2009 年 1 月入主白宫的奥巴马总统来说，美国面临的能源困局依旧是对海外石油的严重依赖关系。尽管前几任政府也提出过开发新型替代能源的政策，但都没有取得突破性的进展。对奥巴马而言，这既是挑战也是机遇。奥巴马既要接过其前任递过来的发展新能源技术的接力棒，更要使之为美国早日实现能源独立创造机会，为美国提高能源安全、巩固霸权地位提供能源保障。正是在这种背景下，奥巴马政府于 2009 年 6 月出台了《美国清洁能源与安全法》。

该法案共分为清洁能源、能源效率、减少全球变暖污染和向清洁能源经济转型四篇，其中分别对可再生能源和节能发电标准、碳捕捉和封存、清洁交通、州能源环境发展基金（SEED）、清洁能源发展管理部门、

---

① *Energy Independence and Security Act of 2007*，http：//georgewbush‒whitehouse. ar-chives. gov/news/releases/2007/12/20071219‒1. html.

② Ibid.

智能电网和输电、建筑节能、照明和家用电器节能、工业节能等进行了明确规定，对温室气体减排目标、减排辅助项目、排放总量控制要求、成本控制措施、排放配额分配、炼油厂和商业燃煤发电厂、碳市场监管、额外的温室气体排放标准、HFC 和黑碳等提出了具体的标准和要求。[①] 该法案是一个具有里程碑意义的综合性能源法，它将通过创造数百万的新的就业机会来推动美国的经济复苏，通过减少对国外石油依存度来提升美国的国家安全，通过减少温室气体排放来减缓全球变暖。[②]

该法案重点包括以总量限额交易为基础的减少全球变暖计划。该法案对美国大型温室气体排放源（约占美国温室气体排放总量的85%）设置了具有法律约束力且逐年下降的总量限额。这些大型排放源包括发电厂、制造业设施和炼油厂。该法案要求 2020 年这些排放源要减少相当于 2005 年排放水平17%的温室气体排放（大致相当于1990 年排放水平的 4%），到2050 年要减少相当于 2005 年排放水平83%的温室气排放（大致相当于1990 年排放水平的80%）。在排放交易体系下，法案要求排放源要对其排放的每一吨温室气体都要持有相应单位的排放配额，这些排放配额可以进行交易和储存。同时，每年发放的配额数量在 2012～2050 年间将会显著地减少。

根据美国众议院能源与商业专门委员会的分析，法案中可再生能源、清洁能源技术和能源效率计划的补充性减排措施将实现额外的减排。那么，这将使美国的碳排放，相对于 2005 年的排放水平，到 2020 年要削减 28%～33%，到 2050 年要削减超过80%。

该法案包括以下几项重要的条款：

第一，要求电力公司到 2020 年，通过可再生能源发电和提高能源效率满足 20%的电力需求。

第二，新清洁能源技术和能源效率技术的投资规模将达到1900 亿美元，其中包括能源效率和可再生能源（2025 年达到 900 亿美元的投资规

① 高静：《美国新能源政策分析及我国的应对策略》，载《世界经济与政治论坛》，2009 年第 6 期，第 60 页。

② *The American Clean Energy and Security Act of 2009*，http：//www.c2es.org/federal/congress/111/acesa－short－summary.

模），碳捕捉和封存技术（600 亿美元），电动汽车和其他先进技术的机动车（200 亿美元）以及基础性的科学研发（200 亿美元）。

第三，颁布执行新的建筑、家用电器和工业节能标准。

第四，设置美国主要碳排放源的排放总额限制，相对于 2005 年的排放水平，到 2020 年削减 17%，到 2050 年削减 83%。法案中的补充减排措施，如防止热带雨林砍伐的投资计划，将实现重要的额外碳排放。

第五，保护民众免受能源价格上涨的影响。根据国会预算办公司和环境保护局的最新分析，到 2020 年，该法案将使每个家庭每天支付额外的低于 50 美分的成本（这其中还没有考虑能源效率节省的成本）。①

从《国家能源政策》到《美国清洁能源与安全法》，在短短的十年时间里，美国的能源政策和能源战略重心发生了根本性的变化：前期着力于石油进口渠道的多样化和确保运输通道的顺畅，后期则把重心放在了开发可再生能源和替代能源方面，从根本上降低对石化能源的过度依赖；前期重视提高传统能源的能效，后期主要通过推动技术进步实现全社会节能，同时也更加关注环境问题；在对待气候变化问题上，前期的小布什政府消极应对，后期的奥巴马政府积极承诺减排义务，大力发展清洁能源，作为应对气候变化的倡导者，美国态度发生了显著变化。②

5. 美国第一能源计划（2017 年 1 月）

早在 2016 年 5 月，尚未得到共和党正式提名的特朗普就前往北达科他州宣布他的能源计划，主要内容包括：强调"美国优先"和"能源独立"、为促进就业增加化石能源开采、放松对油气公司管制、开放更多联邦土地供能源开发、支持拱顶石管道（Keystone XL）项目、拯救煤炭产业等。特朗普入住白宫后，于 2017 年 1 月 20 日公布其能源政策《美国国家能源计划》，以此作为新一届政府能源政策的总体纲领，其内容延续了竞选期间的承诺。此后，特朗普逐步推进其能源新政。2017 年 1 月 24 日特朗普签署行政令批准了拱顶石项目和达科他（Dakota Access）

---

① *The American Clean Energy and Security Act of 2009*，http：//www.c2es.org/federal/congress/111/acesa－short－summary.
② 白洋：《从三次能源立法看美国能源政策演变》，载《经济研究导刊》，2013 年第四期，第 134 页。

项目的管道建设。同年 2 月 1 日特朗普又废除了一项要求美国上市石油和矿业公司必须披露海外经营中向当地政府支付款项的规定。①

2017 年特朗普能源政策频频出台。3 月 28 日,白宫新闻秘书办公室发布了《特朗普总统的能源独立政策》。这一旨在"促进能源独立和经济增长"的行政法令要求重新评估奥巴马政府的《清洁能源计划》,允许租赁联邦土地用于煤炭项目,并赋予各州更多权力来决定能源项目。其内容包括:解除对能源生产和相关就业的规制;要求环保署中止、修正或废除与原能源计划有关可能压制美国能源工业的四个措施;废除有碍于能源独立的前政府气候变化行政行动;解除对石油、天然气和页岩油气行业的限制;责令政府重新审视有碍于能源发展的行动,中止、修订、废除没有得到法律授权的行动;指示各部门用最有效的科学和经济学进行监管分析;解散"温室气体社会成本机构间工作组"。② 4 月 28 日颁布的"执行美国优先离岸能源战略"行政令启动了向油气开发活动开放新的近海水域的程序。③ 6 月 1 日,特朗普正式宣布退出《巴黎气候协定》。

第三节　美国页岩气革命及其影响

近年,最受全球能源界关注的事件就是美国的页岩气革命。所谓"革命"指的是美国在页岩气开发、生产所取得的巨大成就。自 21 世纪初美国取得关键性技术的突破后,美国的页岩气产业迅速发展,美国也随之成为世界上唯一实现页岩气大规模商业性开采的国家。页岩气的大

① 《特朗普行政法令》,https：//www. federalregister. gov/executive – orders/donald – trump/2017。

② 《特朗普能源独立政策》,https：//www. whitehouse. gov/presidential – actions/presidential – executive – order – promoting – energy – independence – economic – growth/。

③ 《特朗普行政法令》,https：//www. federalregister. gov/executive – orders/donald – trump/2017。

规模开采不仅改变了美国的能源结构，也给世界能源格局带来了深刻的影响。

一、美国页岩气产业发展现状

（一）页岩气概况

页岩气（Shale gas）是以吸附或游离形式赋存于泥岩、高碳泥岩、页岩及粉砂质岩夹层中的一种非常规油气资源。非常规油气是指在目前技术条件下不能采出，或采出不具经济效益的石油和天然气资源。一般包括致密和超致密砂岩油气、页岩油气、超重（稠）油、沥青砂岩、煤层气、水溶气及天然气水合物（可燃冰）等。在现存的油气资源中，常规油气资源的比例一般是 20%，非常规油气是 80%。随着勘探开发技术的进步，非常规油气资源可以向常规油气资源转化（页岩气就是一个很好的例子）。未来非常规油气资源是世界油气产业发展的重点。

在非常规油气资源中，页岩气具有低孔、低渗透性、气流阻力大等特点，储量规模大，生产效益好，但开采难度较大。其主要成分是甲烷，具有较低的碳排放量，开发过程中对环境造成的负面影响是各种化石能源中最小的。

2011 年，页岩气占全球非常规天然气资源量的 50%。据初步评价，全球页岩气资源量高达 456.2 万亿立方米，相当于煤层气与致密砂岩气的总和。其中，北美地区页岩气资源量达 108.7 万亿立方米，占全球总量的 23.8%。中亚和中国为 99.8 万亿立方米，占 21.9%。中东—北非为 72.2 万亿立方米、拉丁美洲为 59.9 万亿立方米，分别占 15.8% 和 13.1%。日本、韩国、澳大利亚、新西兰等经合组织太平洋国家的页岩气资源量为 65.5 万亿立方米，占 14.4%。其他国家和地区为 50.1 万亿立方米，占 11%。[①]

目前全球只有美国掌握商业开采页岩气的相关技术，仅美国和加拿

---

① 崔民选主编：《中国能源发展报告（2011）》，北京：社会科学文献出版社，2011 年版，第 151 页。

大拥有商业开采页岩气气田。

案例 5 - 1 美国非常规油气资源的商业化开发

美国天然气技术学院勘探生产技术中心主任 Kent F. Perry 将非常规天然气分为四大类：致密气、煤层气、泥盆纪页岩气和天然气水合物（可燃冰）。目前，致密气、煤层气和页岩气资源的开发，约占美国总产气量的一半，已有效弥补美国常规天然气供应的不足。

其中，致密气是指渗透率小于 0.1 毫达西（md）的砂岩地层天然气。尽管这类资源的规模、位置和性质变化很大，但它仍是目前美国勘探开发最广泛的非常规天然气资源之一。美国几乎所有的地质盆地都含有致密气资源，但是仅有一小部分在现有技术条件下是经济可采的。技术进步和气价上涨对致密气勘探开发起着积极的推动作用，使其产量迅速增加，1999 年美国本土 48 个州的致密气产量从 1970 年的 0.8 万亿立方英尺提高到 3.3 万亿立方英尺，占本土总气产量的 19%。至 2001 年，美国本土大约有 4 万口致密气生产井，主要来源于全国 900 个气田的 1600 个气藏。

煤层气是赋存在煤系及其围岩中的一种自生自储式非常规天然气，是"21 世纪重要接替型气体能源"。美国是世界上主要的煤层气资源国之一，也是世界上煤层气商业开发最为成功的国家。目前美国煤层气的产量规模约为 2.7 万亿立方英尺。美国煤层气产量提高很快，2003 年产量达到 1.6 万亿立方英尺，而 1989 年为 0.15 万亿立方英尺。美国煤层气产业的成功发展已在保证美国能源供应安全和经济发展方面起到了不容忽视的作用。

在非常规气体能源中，页岩气是最富有产业化挑战性的资源。作为一种从页岩层中开采出来的天然气，页岩气分布广泛，很早就已经被人们所认知，但开采难度远高于传统天然气，被称为"在石缝中挖掘出的真金"。目前，只有在天然气技术、政策、市场方面都具有较高发育水平的北美地区——美国和加拿大实现了对页岩气的规模化商业开发。

作为"未来的能源之星"，总体上，天然气水合物（可燃冰）的开发利用还处于勘探前期和实验室科研阶段。一般认为，2030 年前后，天然气水合物（可燃冰）的开发利用将逐步进入商业化。也有激进人士认为，目前投资巨大、研发态势良好和需求驱动力强大，天然气水合物（可燃冰）的开发利用有望迅速取得商业化成果。

在世界范围内，美国对非常规天然气资源的成功开发，不仅为能源可持续发展提供了良好的样板，更为世界天然气市场的融合发展提供了源源不断的动力。

尤其是 2007 年以来，页岩气接替煤层气，成为美国气体能源市场的"新宠"。在传统油气替代和低碳的双重驱动下，到 2011 年美国的页岩气产量已达到近 1800 亿立方米。这一产量水平，超过了同期中国天然气市场的总消费量（1300 亿立方米）。

（资料来源：《美国致密气和煤层气资源现状》，http：//www.csgcn.com.cn/article/show/10119.aspx；《美国非常规能源的商业化开发引爆"气体能源革命"》，《中国能源发展报告（2011）》。）

（二）页岩气产业发展状况

美国页岩气储量十分丰富。据美国能源信息署（EIA）报告称，2012 年美国可开采的页岩气达 862 万亿立方英尺，储藏量仅次于中国，位居世界第二。据推算，这可以满足美国 100 年的需求。[1]

美国页岩气开发历史悠久。从 1821 年美国钻探出第一口页岩气生产井至今，美国的页岩气开发已近 200 年。然而由于受到技术、经济条件的限制，成规模开采页岩气还是近 20 余年的事情。

1982 年美国开始对页岩气进行探索性开采。冷战结束后，20 世纪 90 年代，美国的页岩气产量出现较高速增长，1989~1999 年十年间美国页岩气产量实现了翻两番，达到 106 亿立方米。进入 21 世纪以后，随着以水平钻井技术和水力压裂技术为核心的配套技术走向成熟，以及成本的大幅降低，美国的页岩气产量大幅增长。2000 年美国页岩气产量只有 110 亿立方米，在全美天然气总产量中仅占 1.6%。到 2010 年，页岩气

---

[1] *Annual Energy Outlook 2012*，http：//www.eia.gov/forecasts/archive/aeo12/.

产量上升至 1378 亿立方米，较 2000 年增长了 12.5 倍，占天然气总产量的近 23%。而到 2011 年页岩气产量已近 1800 亿立方米，较前一年增加了 30.6%。页岩气占全美天然气年产量的比重由 20 世纪末的不到 2% 增至超过 30%，增幅十分可观。据美国能源信息署公布的《年度能源展望2012》（AEO2012）报告显示，2012 年页岩气产量将占全美天然气供应量的 37%，到 2035 年页岩气产量有可能达到 3851 亿立方米，将占到全美天然气总产量的 49%（参见图 5-1、5-2）。①

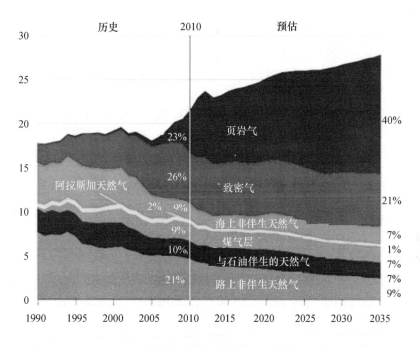

图 5-1 1990~2035 年美国天然气生产情况（单位：万亿立方英尺）
资料来源：美国能源信息署《年度能源展望 2012》。

据美国能源信息署统计数据显示，2010~2017 年美国页岩气储量占天然气产量都有所增加，页岩气占美国天然气总储量的比例从 2016 年的62% 增加到 2017 年的 66%（参见图 5-3）。来自页岩的天然气估计产量增

---

① *Annual Energy Outlook 2012*，http：//www.eia.gov/forecasts/archive/aeo12/.

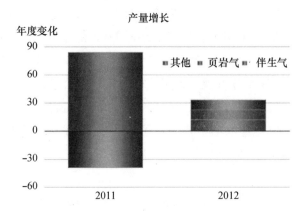

图 5 - 2 2011 ~ 2012 年美国天然气产量增长情况

资料来源：《BP 世界能源统计年鉴（2013 年）》。

加了 9% ，从 2016 年的 17.0 万亿立方英尺增加到 2017 年的 18.6 万亿立方英尺。[①] 而美国页岩气产量在 2010 ~ 2017 年也有明显提升（参见表 5 - 3）。

表 5 - 3 2010 ~ 2017 年美国页岩气产量的变化

	产量（十亿立方英尺）	增长率（%）
2010 年	1293	–
2011 年	2116	63.7
2012 年	3110	50.0
2013 年	5336	71.6
2014 年	7994	49.8
2015 年	10371	29.7
2016 年	11415	39.0
2017 年	13447	17.8

资料来源：美国能源信息署《2010 ~ 2017 年美国页岩气产量》。[②]

---

① "U. S. Crude Oil and Natural Gas Proved Reserves, Year - End 2017," https：//www. eia. gov/ naturalgas/ crudeoilreserves/pdf/usreserves. pdf.

② 《2010 ~ 2017 年美国页岩气产量》，https：//www. eia. gov/dnav/ng/hist_xls/RES_EPG0_ R5302_NUS_BCFa. xls。

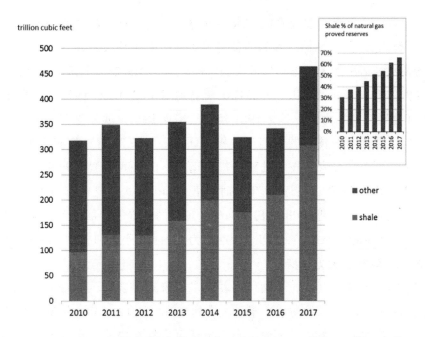

图 5 - 3　2010 ~ 2017 年美国页岩气储量及占天然气产量比（单位：万亿立方英尺）

资料来源：美国能源信息署《美国原油和天然气 2017 年底探明储量（2018 年）》。

（三）主导页岩气革命的基本要素

美国的页岩气革命之所以能取得成功，主要是源于页岩气开发技术上的突破和政府对页岩气商业开发政策的扶持两个关键因素。

1. 技术上取得突破

页岩气革命的成功主要源于科技的进步。尽管 1821 年美国的米希尔能源公司（Mitchell）在美国东部页岩中钻探出了世界第一口页岩气井，但是当时技术条件的不成熟使得这一举动仅具有实验性。为了解决页岩气开发生产的技术难题，美国技术人员进行了长期的技术攻关，最终通过融合"水平钻井技术"和"水力压裂技术"实现了页岩气商业开采方面的技术突破。水平井（横井）是美国页岩气开发最主要的方式，也是页岩生产井最有利的完井方式。水平井单井产量大，生产周期长，特别是对于页岩这样的产层薄，孔隙度小、渗透率低的储层开发，显示出直井无法比拟的效果。页岩气从水平井中获得的估计最终采收率大约是直井的 3 倍。"水力压裂技术"则是通过打横井，注入炸药、化学品以及大量含砂的水等，在地底数千米以下的致密页岩层中制造细小裂缝，即"压裂鸡蛋壳"，使储存其间的页岩气释放出来并予以回收。① 事实证明，新技术的运用能大幅增加单井页岩气的产量，并能够有效降低生产成本。以美国第一大页岩气田——福特沃斯盆地 Newark East 页岩气田②的 Barnett 页岩气开发为例，尽管 1981 年就已经在 Barnett 页岩区发现了良好的气层，然而由于技术的原因开发极为缓慢。1997 年后，随着水平钻井、水力压裂等一系列新技术的逐步推广运用，Barnett 页岩气开发步伐明显加快。到 2007 年，在近 10 年的时间里，Barnett 页岩气区有 8629 口页岩气井投入生产。到 2008 年初，Barnett 每天的页岩气产量达到了近 1 亿立方米，Newark East 页岩气田也因此成为美国页岩气产业最大的气田。③

2. 政策上大力扶持

由于早期的页岩气开发存在着较多的未知因素，风险较大，因此美国政府对页岩气开发初期给予了大力的支持。从 1978 年卡特推出的《国家能源法案》开始，美国政府对于包括页岩气在内的非常规天然气的勘探开发出台了许多优惠政策，涵盖了基础研发投入、税收津贴、价格改革等多方面。1980 年美国政府颁布了《能源意外获利法案》，其中规定1980~1992 年间钻探的非常规天然气井的产出可享受税收补贴政策（其中页岩气为 3.5 美分/每立方米）。而得克萨斯州对本州的页岩气开发免收生产税。1989 年的《天然气井口价格解除管制法》彻底取消了对页岩气、煤层气等天然气的井口价格控制。根据美国康菲国际石油有限公司的估计，最初非常规天然气开发的 30% 的利润来自政策优惠。2005 年出台的《2005 年能源政策法》又规定，十年内美国政府每年投资 4500 万美元用于包括页岩气在内的非常规天然气研发。④

---

① Martin Wolf, "Prepare for a Golden Age of Gas," *Financial Times*, February 22, 2012.

② Newark East 页岩气田是 20 世纪 90 年代美国得克萨斯州政府建立的。按照美国能源信息署的气田储量评价，该气田的储量居全美气田第三，但产量占全美页岩气总产量的一半以上，是美国最大的页岩气田。2004 年美国地质调查局 USGS 评价的页岩气田的资源量为 7560 亿立方米，其中 Newark East 页岩气田为 4134 亿立方米。2006 年该气田成为得州产量最大的气田。

③ 聂海宽、张金川、张培先、宋晓薇：《福特沃斯盆地 Barnett 页岩气藏特征及启示》，载《地质科技情报》，2009 年第 28 卷第 2 期，第 88－92 页。

④ *Energy Policy Act of 2005*，http：//www1. eere. energy. gov/femp/regulations/epact2005. html.

二、页岩气革命的影响

页岩气革命既称之为革命，就意味着它不仅对美国的能源及经济，而且对世界的能源格局，乃至地缘格局都具有非常重要的影响力。

（一）对美国的影响

1. 正逐步改变美国的能源消费结构

（1）页岩气革命首先改变了美国的能源消费结构。页岩气产量的快速增长，一方面使美国天然气消费出现大幅增长（参见图 5 - 4），另一方面使美国天然气价格直线下跌。2002 ~ 2007 年，美国的平均天然气价格接近 7 美元，到了 2012 年不足 3 美元，跌幅近 57%。这对美国的煤电行业影响巨大，直接导致了美国发电能源中天然气的比例大幅上升，而对煤炭的需求大幅减少（参见图 5 - 5）。近年来美国电力煤炭需求持续下降，2012 年再降 9.7%，为 1984 年以来的最低水平，当年燃煤发电的装机比例下降到 42%，比 2011 年的 39% 又下降了 3 个百分点。2012 年 8 月初，美国能源部宣布美国将在未来 4 年停止使用发电量总计 27 吉瓦（GW）装机容量的燃煤电厂。[①]

（2）页岩气革命推动了页岩油的生产。页岩油是存储在页岩中的石油资源，基本上也可以采用开发页岩气同样的水平井技术和水力压裂技术进行开采。由于美国国内油价与气价走势背离，气价过低，导致美国页岩气产量增速放缓，为了追求更大的利润，美国许多开采商转向开采页岩油。有越来越多原先准备开采页岩气的钻机用于开采页岩油，导致页岩油产量逐年增加（参见图 5 - 6）。2012 年，美国页岩油出现爆发式增长。据美国能源信息署报道，2012 年美国页岩油日产量将达到 72 万桶，相当于其国内石油日产量的 12.5%，预计到 2035 年还有望在现有基础上翻番，日产量达到 144 万桶。美国石油协会（API）则提出了更

---

① 张经明、梁晓霖：《"页岩气革命"对美国和世界的影响》，载《石油化工技术与经济》，2013 年第 29 卷第 1 期，第 9 页。

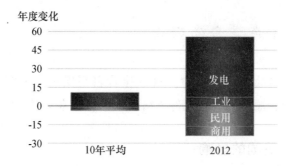

图 5 - 4 美国天然气消费增长情况（单位：亿立方米）

资料来源：《BP世界能源统计年鉴（2013年）》。

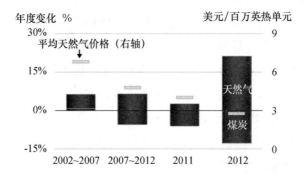

图 5 - 5 美国用于发电的煤炭、天然气转换及天然气价格变化

资料来源：《BP世界能源统计年鉴（2013年）》。

为乐观的预测，认为如果条件具备，2035 年美国页岩油的日产量可以达到 200~300 万桶。[1] 目前美国页岩油增产的主要来源地是北达科他州和得克萨斯州。其中，得州是美国主要的石油产地之一，而北达科他州之前只是一个石油生产小州，但凭借着页岩油，在 2012 年一季度末就超过

———

① *Annual Energy Outlook 2012*，http：//www. eia. gov/forecasts/archive/aeo12/.

阿拉斯加成为美国重要的石油产地（见见图 5 - 7）。①

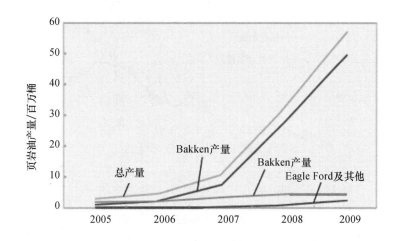

图 5 - 6 2005 ~ 2009 年美国页岩油产量及区块分布

资料来源：《当代石油石化》，2012 年第 10 期，第 12 页。

　　正是得益于页岩油的开发加快，近年美国石油产量持续增长（参见表 5 - 1）。2013 年 1 月，美国能源信息署发言人乔纳森·高更表示，美国原油产量将维持增长态势。2013 年美国原油日产量有望增加 90 万桶，达到 730 万桶。高更指出，这是自 1859 年美国实现商业化石油开发以来产量上出现的最大增幅。预计到 2014 年，美国原油产量还将增加 60 万桶/天，升至 800 万桶/天，从而达到 1988 年以来的最高水平。②

　　（3）页岩气革命促进了美国"再工业化"进程。20 世纪 80 年代，美国开始了"去工业化"，即将劳动密集型、资源地理优势及其消耗型

---

　　①　北达科他州的巴肯页岩油田（Bakken Shale）拥有丰富的石油储备。根据美国地质调查局（USGS）近期的估算，巴肯地区蕴藏的待发现油气储量为石油 36.5 亿桶，天然气 1.85 万亿立方英尺以及 1.48 亿立方米天然气液。截至 2012 年 6 月，巴肯地区共有 4141 口井在生产，而整个巴肯地区最大可供钻井数为 389802 口。因此，未来 5 年，巴肯有足够的空间，可用于打新井，以保证稳定增长。

　　②　《美国页岩油气产量创新高》，http：//www. nea. gov. cn/2013/01/23/c_132122704.htm。

图 5 - 7 美国北达科他州的石油产量

资料来源：《BP 世界能源统计年鉴（2013 年）》。

的产业在全球进行再配置，仅保留了美国控制的利润最丰厚的部分制造业。这使美国制造业占 GDP 的比重从 2000 年的 14.2% 降至 2010 年的 11%，服务业就业人数也大幅度下降。[①] 然而"去工业化"一方面造成了美国金融业、信息技术等行业突飞猛进的发展，但另一方面带来了金融衍生品的严重泛滥及由制造业外迁引起的第二产业空洞化。过度依赖以金融业、房地产业为代表的虚拟经济，使美国在 2008 年的经济危机中受到了沉重打击。这时，以先进制造业为代表的实体经济的作用重新凸显出来，并受到美国各界的高度关注。在 2009 年 9 月召开的 G20 峰会上，奥巴马总统提出了"可持续和均衡增长框架"建议。紧接着，美国政府颁布了《重振美国制造业政策框架》，包括支持电动汽车发展、推进电网现代化及发展智能电网、加强清洁城市基础设施建设、支持高速铁路发展、开发新一代航空运输系统和支持下一代信息技术研究和互联网普及等一系列提案。2009 年 11 月，奥巴马又发表声明，强调美国经济要转向可持续的增长模式，即出口推动型增长和制造业增长，正式发

---

① 李勇坚、夏杰长、雷雄：《页岩气革命、美国再工业化与中国应对策略》，载《中国经贸导刊》，2013 年 3 月下，第 18 页。

出了向实体经济回归的信号。这表明，"再工业化"已经成为美国重塑竞争优势的重要战略。而推动美国实施"再工业化"的最重要因素就是页岩气革命导致的美国制造业竞争力的有力提升。页岩气和页岩油的大规模商业化开发使美国的气电等各种能源、基础原料成本和公用事业服务等生产要素价格在全球形成了极强的竞争力。以天然气为例，2012年美国的天然气批发价格仅相当于人民币0.4元/立方米，同期德国进口俄罗斯的气价约合1.9元/立方米、日本进口天然气的成本高达3.4元/立方米。低廉的天然气价格使美国的天然气化工等行业的价格竞争优势非常突出。

（二）对国际能源格局及地缘政治的影响

1. 对国际能源格局的影响

首先美国页岩气革命的成功对国际能源格局的影响体现在，世界油气中心将极有可能由中东地区西移至南、北美洲。近年来，西半球的美国、加拿大、委内瑞拉、巴西及法属圭亚那等国采用页岩气开采新技术发现了巨量非常规油气资源。其中，美国"技术上可开采"的页岩气储量为862万亿立方英尺，折合约为24万亿立方米，热值相当于数百亿吨油当量，可满足美国"40年"的天然气消费需求，[①] 美国非常规石油资源总储量更是超过2万亿桶；加拿大非常规油气储量约达2.4万亿桶；委内瑞拉、巴西等南美洲也发现拥有近2万多亿桶非常规油气资源。[②] 相比之下，号称"世界油库"之称的中东地区（包括中东、北非），其石油储备不过8000多亿桶，加上天然气资源折合共计不到1.2万亿桶。可见，南、北美洲包括非常规油气资源在内的油气资源总储量超过大中东地区五倍有余。丰富的储量加上先进的开采技术，使国际能源署做出了关于2017年美国的石油产量将超过沙特阿拉伯位居全球第一的乐观预测，届时南、北美洲其他国家的石油产量也将大幅增加，如此一来，世

---

① Martin Wolf, "Prepare for a Golden Age of Gas," *Financial Times*, February 22, 2012.

② Amy Myers Jaffe, "The Americas, Not the Middle East, Will Be the World Capital of Energy," *Foreign Policy*, September/October 2011, p. 86; Martin Wolf, "Prepare for a Golden Age of Gas," *Financial Times*, February 22, 2012.

界油气中心西移至南、北美洲并非没有可能。

其次，世界能源供销格局将发生积极变化。长期以来，世界能源以常规油气资源为主，能源供销格局具有典型的二元特征，即包括以欧佩克产油国、新兴油气生产大国（如俄罗斯）为主的供应方（卖方）和以经合组织（西方发达国家为主）、新兴市场国家（如中国、印度）为主的消费方（买方）。20世纪70年代石油危机爆发后，卖方一度控制着油气定价权，买方一般不得不被动接受卖方的垄断性油气销售价格。如今随着页岩油气资源被大量勘探并陆续开发，那些缺乏常规油气资源的国家如美国、加拿大、墨西哥、巴西、阿根廷、中国、澳大利亚、南非、印度、波兰、乌克兰、法国等国的能源自给能力将增强，能源紧张状况将被大大缓解。这也意味着欧佩克成员国及俄罗斯等对世界油气市场的主导权和地缘政治影响力将被削弱。这样一来，世界油气市场将呈现出真正多元化的格局，国际油气价格波动区间将缩小，价格将更趋理性，这无疑有助于国际能源市场和世界经济的稳定。

2. 对地缘政治的影响

第一，美国的霸权地位将进一步巩固。二战后至今，美国凭借着世界上最强大的经济实力和军事力量维持其霸权地位。为了获得支持这些力量的油气资源，美国不遗余力地在几乎所有全球能源热点地区进行渗透、控制和争夺，其中在中东尤甚。为了控制中东的油气资源，美国扶持沙特阿拉伯的王室政权，在海湾驻扎重兵，多次发动"石油战争"。而如今页岩气革命的成功使美国完全有可能实现其梦寐以求的"能源独立"，彻底摆脱对中东石油的依赖，这无疑将"有助于美国改善其地缘战略环境，缓解其实力下滑的趋势，其全球霸权地位也由此可以苟延残喘更久、更长。"[①]

第二，中东在世界地缘政治格局中的地位将下降。世界油气中心的西移将首先对中东全球油气中心的地位造成巨大的冲击。在逐步失去美国市场后，由于美国天然气进入欧洲市场，中东油气在欧洲的份额也将

————
① 林利民：《世界油气中心"西移"及其地缘政治影响》，载《现代国际关系》，2012年第9期，第52页。

缩小，这些将极大削弱中东在国际能源格局，乃至世界地缘政治格局中的地位。中东能源战略重要性的下降使西方国家，尤其是美国会大大减弱对中东事务的关注和介入。[①] 这在 2011 年利比亚战争中美国的表现就可见一斑。战争中，美国甘于退居幕后，将表现的机会让给英、法、意、西等欧洲国家，其"低强度干涉"的意愿十分明显。而在叙利亚爆发内战、埃及政局剧烈动荡之时，美国也似乎没有了以往的积极参与意识。有评价认为，这是美国实力衰弱不得已而为之，尽管这种说法不无道理，但是也应该看到，随着油气自给度的大幅提升，"石油战争"已经不再是美国处理中东事务的首要选择了，因为这不符合美国的国家利益。

第三，俄罗斯的地缘政治地位将被削弱。2000 年以来，国际油价的大幅上涨使俄罗斯经济迅速恢复，俄在国际地缘战略版图中的地位随之大幅提升。这一切都是建立在俄庞大的油气资源储量及生产和出口能力、国际能源格局的二元对立、国际油价的高企、欧洲对俄油气资源严重依赖的基础之上的。如今随着美国石油，尤其是天然气产能的激增，美国对国际油价调控能力增强，国际油价已很难再现 2008 年的飙涨行情，天然气价格更是一路走低，这严重影响到俄油气出口创汇，进而制约了俄经济复苏的步伐。而国际能源二元格局的打破，世界油气中心的西移，欧洲对俄需求的下降都不可避免地对俄这样一个拥有强大"能源武器"的大国地位造成巨大的打击。未来，随着油气资源地缘政治影响力的下降，俄对之前需求俄油气资源的欧盟成员国及中日韩等亚太国家施加地缘政治影响将越来越难。

第四节　美国的能源外交战略

长期以来，为了维护本国作为全球最大的能源进口国的利益，美国

---

① Paul D. Miller, "The Fading Arab Oil Empire," *The National Interest*, July/August 2012, p. 43.

实施了积极的、全方位的能源外交战略。美国能源外交战略的目标是，确保美国在国际能源体系中的地位，提升美国国家能源安全度和保障度，加强对能源生态环境的保护，保证美国的能源安全，从而巩固和维持其霸权地位。[①] 其核心是维护美国的能源安全。

美国实现其能源外交战略目标的主要手段包括：

一、控制全球的能源供应地

对能源供应源头的渗透、争夺和控制是美国能源外交最主要的手段。其中中东地区的油气资源一直是历届美国总统首要关注的对象。从 20 世纪初美国对中东石油资源的争夺，到全面控制中东产油国市场，美国石油外交功不可没。20 世纪七八十年代中东产油国拿起"石油武器"发起的反对以美国为代表的西方国家的斗争使美国石油外交暂时受挫，但是并没阻止美国控制中东石油资源的步伐。通过发动海湾战争和伊拉克战争，美国推翻了萨达姆政权控制了伊拉克，稳定了与沙特阿拉伯的战略伙伴关系，加强了与中东其他主要产油国的能源合作。冷战后，美国将中亚—里海地区的油气资源视为其 21 世纪能源进口多元化的重要战略基地，因此积极对该地区进行渗透。为此，美国政府采取了多元化的能源外交战略，主要表现为政府与企业密切配合，辅以适当的军事策略。小布什时期，美国通过经济援助、技术援助及经贸合作等方式加强与中亚—里海国家的联系，逐步控制了一些重要的油气产地。同时，与该地区的亲美国家（如格鲁吉亚、阿塞拜疆等）合作修建绕开俄罗斯的油气管道，以控制该地区油气资源的外运。近年，非洲以其丰富的石油储备、上乘的油品质量和强大的出口能力受到美国青睐。"9·11"事件以后，美国政府通过一系列首脑外交主动拉近与非洲国家的距离，与此同时，鼓励和协助美国石油企业对非洲产油国进行投资，以开发当地的油气资源。如今赤道几内亚、安哥拉、加蓬、刚果（布）、科特迪瓦、利比亚

---

① 倪世雄、潜旭明：《霸权之基：美国的国际能源战略》，载《理论参考》，2013 年第 1 期，第 49 页。

等国油气资源基本上被美国石油公司掌控。① 2007 年 10 月，美国打着"反恐"的旗号，成立了非洲司令部以指挥美军在非洲的军事行动，其目的也是为了控制非洲的石油资源，保护在当地的美国石油公司的利益。

二、控制海陆能源运输通道

保障从能源生产者到能源消费者之间海、陆能源运输线的安全与通畅是美国能源外交的主要目标之一。为此，一方面，美国通过政治、经济和外交等综合手段力争控制陆上的油气管道。经过 20 世纪近一个世纪的苦心经营，美国基本上控制了中东绝大多数国家石油运输线，如今，仅剩下伊朗不在其控制范围之内。在中亚—里海地区，美国近些年的努力取得了明显的成效。随着巴库—第比利斯—杰伊汉石油管道（Баку - Тбилиси - Джейхан）和南高加索天然气管道（巴库—第比利斯—埃尔祖鲁姆管道）先后投入运营，美国实现了对该地区部分油气外运线路的有效控制，为美国进一步的渗透打下了基础。相比中东和中亚—里海地区，非洲石油运往美国相对便利得多。这客观上是因为非洲油田大多位于大西洋海底或中西非沿海，距离美国更近，运输更加方便。而更重要的是，由于美国实施了有效的对非能源外交战略，美国和非洲产油国关系发展良好，使从西部非洲的港口经大西洋向美国运输石油不受政治因素的干扰。② 近年美国石油公司积极参与修建了乍得西南经喀麦隆通往海上的输油管道，参与了西非天然气管线建设，这些都有助于美国对该地区石油外运通道的控制。另一方面，美国通过强化军事存在和军事活动加强对海上能源运输通道的控制。在中东、西亚和北非，美军修建了多处陆上基地和设施，它们分布在土耳其、沙特阿拉伯、巴林、阿曼、埃及和肯尼亚；海军基地有沙特阿拉伯的朱拜勒和巴林的麦纳麦（美驻中东海

---

① 美国之所以如此重视几内亚湾周边的产油国（安哥拉、喀麦隆、乍得、刚果、赤道几内亚、加蓬、圣多美和普林西比），一个重要原因是这些国家都不是 OPEC 成员，它们的日产量自然无需受到 OPEC 产量配额的限制。

② 尚玉婷：《美国对非洲的军事化能源政策》，载《国际资料信息》，2008 年第 11 期，第 12 页。

军司令部驻地、美第 5 舰队驻地），埃及的巴纳斯角和肯尼亚的蒙巴萨；空军基地有土耳其的因切尔利克、安卡拉、伊兹密尔，沙特阿拉伯的宰赫兰和阿曼的马希拉岛等。此外，为保障美国在非洲的石油权益，监控非洲石油资源的运输通道，近年美国增强了在靠近尼日利亚、安哥拉、加蓬等国水域的海军力量。除了非洲东北部的吉布提军事基地外，美国还在圣多美和普林西比建立了军事基地。2006 年 12 月初，美海军还在圣普修建了规模庞大的雷达网，这也是为确保"美国重要石油供给区"的海上安全。

三、争夺全球能源博弈主导权

1973 年第一次石油危机的爆发宣告全球能源博弈进入了一个新的阶段。欧佩克成员国中阿拉伯产油国的觉醒并一致对外使美国意识到，以单个国家的力量难以应对新形势下的挑战。为此，美国积极倡导建立了一系列国际能源合作机制，如国际能源署、八国集团等，其目的是整合西方发达国家集体的力量，实现对国际能源市场的调控，以形成美国为主导的国际能源体系。

1974 年 11 月，国际能源署（IEA）正式成立，其初衷是对抗欧佩克。1976 年 6 月，七国集团/八国集团（G7/G8）成立，它虽然没有将能源问题作为唯一议题，但是也一直将其列为最主要的议题之一。经过几十年的发展，如今国际能源署和八国集团这两大国际能源合作机制在美国协调经合组织（OECD）国家立场和政策，稳定世界能源市场，提高对能源出口大国谈判能力，与欧佩克争夺全球能源市场主导权等方面发挥着越来越重要的作用。最近一次国际能源署与欧佩克的较量发生在 2011 年 6 月。为了应对利比亚战争对国际石油市场的冲击，5 月 19 日，国际能源署呼吁欧佩克增加石油产量。6 月 8 日，在欧佩克成员国会议上，由于伊朗和委内瑞拉阻止了沙特阿拉伯有关正式提高产量的议案，导致与会各方未能就提高产量配额达成一致。6 月 23 日，在美国的提议下，国际能源署对外宣布，为缓解供需矛盾，平抑油价，未来 30 天将每天释放 200 万桶战略储备石油，以填补利比亚高品质轻质低硫原油出口减少的缺口（每天 150 万桶）。不难发现，国际能源署此举对抗欧佩克在石油市场主导地位的意图十分明显。这次释放战略储备石油由美国带头，美国承担了一半的释放量，而日本、德国、法国、西班牙和意大利共同承担另一半的释放量，因此美国被视为这次释放事件的始作俑者。[①] 美国希望借此机会对欧佩克进行打击，削弱其在石油领域的控制力，从而维护美国的能源安全和霸权地位。

四、建立石油储备机制

自第一次石油危机以来，美国在发达国家统一能源政策的制定和协调方面一直处于核心地位，而战略石油储备机制则是美国协调与这些国家对外能源政策的主要渠道。战略石油储备（SPR）是美国为应对由各种突发事件导致的石油供应中断而建立的应急反应机制，是美国对外石油战略的重要组成部分。美国战略石油储备的构想始于二战时期。1944年，时任美国内政部长的哈诺德·伊克斯提出，为维护美国的经济安全，需要建立国家战略石油储备。1952 年，美国国家矿产资源政策委员会也提出了类似建议。1956 年，苏伊士运河危机的爆发使艾森豪威尔总统认识到了建立战略石油储备的重要性，再次提议建立国家战略石油储备。出于各种原因，这些建议始终未能付诸实施。1973 年 10 月，第四次中东战争爆发后，阿拉伯国家对美国等西方国家实行全面石油禁运，导致美国经济陷入严重衰退，这才促使美国政府下定决心建立战略石油储备。1975 年 12 月 22 日，福特总统签署了《能源政策与储备法》，授权美国能源部建造储备能力为 10 亿桶的战略石油储备。1977 年 7 月 21 日，美国正式开始储备石油，后来逐步形成 7 亿桶的储备能力。战略石油储备是美国应对可能出现的石油供应中断的最主要手段，是美国的"能源安全稳定器"。建立这一机制的目的并不在于弥补损失掉的进口量，而在于遏制国际油价的上涨。此外，还可以起到一种威慑作用，使人为的供

①　国际能源署这次释放战略储备石油的行动具有显著的政治目的。当时油价的高企已经成为奥巴马政府的一大心病，因此需要借此机会打压油价。但是此次对油价的干预最终以失败告终。油价在国际能源署宣布决定之后探底回升，增强了市场对石油牛市的信心。

应冲击不至于发生或频繁发生。在应对国际突发事件而释放战略储备石油的时候，美国一般不单方面采取措施，而是要同国际能源署成员国协调立场后再作决定。如今，美国庞大的战略石油储备既是抵御国际石油供应严重中断的有效武器，也是其争夺全球霸权的最重要筹码之一。

五、强化金融手段争夺油价定价权

国际油价定价权是指一个国家在国际油价制定上的话语权，也是一个国家通过政策调整能够影响国际油价的能力。如今，拥有多大的国际油价定价权既取决于一个国家是否在石油储备、勘探、生产、销售、运输、冶炼和出口等多个环节具备强大实力，也取决于该国是否具备足够有效的金融手段以应对国际石油市场波动引发的各种挑战。

通过上面的分析不难发现，美国的石油生产链十分完善，而随着页岩油产量增加，美国还将进一步挤压欧佩克的油价定价权。[①] 除了这些客观因素外，不能忽视美国在不断强化金融手段以争夺国际油价定价权上的努力。一方面，建立"石油美元机制"。20 世纪初美国的石油出口居全球首位，借此机会美国迫使其他西方国家接受了"阿克纳卡里协定"规则，即国际油价一律按成本最高的美国原油在墨西哥湾港口离岸价作为基准。这为石油用美元定价奠定了历史基础。此后至今，"石油美元"的垄断地位在一直没有被撼动。另一方面，建立石油期货市场。1978 年 11 月，纽约商品交易所（NYMEX）推出世界第一个石油期货合约——取暖油期货合约。1979 年第二次石油危机爆发后，石油期货的套期保值作用逐步显现，许多国际石油企业纷纷选用石油期货来规避国际油价的风险。20 世纪 80 年代，纽约商品交易所的原油期货市场迅速发展。21 世纪初，纽约商品交易所的能源期货和期权交易量就已经超过三大交易所（纽约、伦敦和新加坡）总量的 60%，其上市的西得克萨斯轻质原油（WTI）成为全球交易量最大的商品期货，是全球石油市场最重

---

① 《美国页岩油产量增加挤压欧佩克油价定价权》，http://www.mofcom.gov.cn/article/i/jyjl/k/201305/20130500133004.shtml。

要的定价基准之一。如今，国际石油市场已经不仅仅是一个单一的供需市场，它还是国际金融市场的最重要组成部分，美国正是通过"石油美元机制"和成熟的石油期货交易体系将国际油价的部分定价权掌控在自己手中。

第六章

能源进口国的能源
安全与能源外交

第一节　能源进口国能源安全的特点

与冷战时期较为简单的二元对立的国际能源格局不同的是，当代国际能源格局呈现出多元化的特征，主要表现在参与能源博弈主体的多元化。其中，作为全球能源主要消费者的能源进口大国的话语权不断增强，其能源政策对世界能源政治和外交产生着实质性的影响。

能源进口国既包括美国、欧盟成员国、日本等西方工业发达国家（传统能源进口国），也包括中国、印度等新兴市场国家（新兴能源进口国）。[①] 在 20 世纪，传统能源进口国是全球能源消费大户，它们消耗了世界绝大部分的能源产量。进入 21 世纪以后，虽然这些国家的能源消费增长趋缓，自 2006 年以来甚至出现连年下降的情况，但是不可否认它们仍然是全球能源消费的最主要力量。另外一支突起的力量是以中国、印度为代表的新兴市场国家。随着经济的迅速发展，它们对能源的需求也迅猛增加，由于本国能源保有量不足，它们不得不大量增加进口来弥补国内需求的缺口。

客观的说，能源进口国的能源安全形势都不容乐观，它们面临着一个共同的问题，即，国内能源供需失衡，能源需求远大于能源供给，这使国家必须寻找可靠的能源进口途径进口能源以满足国内的需要。对这些国家来说，如何开展能源外交以获取稳定的能源供应并保障能源安全，这不仅关系到国家经济的持续发展，而且关系到国家的社会稳定和长远战略利益的实现。

能源进口国的能源安全通常是指在合理的价格水平下从国外生产基

---

① 美国、中国等能源消费大国虽然也是能源进口型国家，但考虑到这两个国家的特殊性，本书将其单列成章。

地连续获取能源供应保障的程度。[①] 对能源安全的追求决定了能源问题在这些国家对外政策和外交活动中的优先地位。这在冷战结束后，尤其是 2000 年以来表现得非常明显。欧盟、日本、中国等能源进口大国随着对进口能源依赖程度的增长，它们逐渐重视并加强了开展能源外交、保障能源安全的措施。

由于无论是工业发达国家，还是新兴市场国家都不能摆脱对国外能源生产基地的严重依赖，这使它们的能源安全状况难以改观，从而使解决有关问题成为这些国家能源外交的共同特点。横向对比能源进口国的对外能源战略不难发现，它们能源外交的基本任务大多是：促进进口能源的多元化，保证各国的大型能源企业进入海外原材料基地，研究和实施综合的对外政治经济措施，保证长期的能源进口的安全等。[②]

在能源进口大国中，欧盟和日本占据着非常重要的位置。冷战后，为了实现能源进口多元化，保障地区和国家的能源安全，它们都制定了有效的对外能源战略，开展了积极的能源外交，并取得了丰硕的成果，本章即以欧盟和日本为例分析能源进口国的能源战略和外交特点。

第二节　欧盟的能源战略与能源外交

20 世纪 80 年代中期以来，欧洲一体化进程明显加快，并取得显著成效。如今欧盟已成为全球最大的经济体，也是全球最重要的能源消费区之一。在欧盟的发展过程中，建立内部统一的能源大市场，制定共同的能源政策，实施全欧能源外交一直是欧盟追求的最重要战略目标。而这一切都与欧盟面临的严峻能源安全形势有着密切的关系。为了应对这些挑战，欧盟将能源安全提升到了前所未有的高度，在欧盟

---

①　[俄] 斯·日兹宁著，强晓云、史亚军、成键等译，徐小杰主审：《国际能源政治与外交》，上海：华东师范大学出版社，2005 年版，第 143 页。

②　同上，第 194 页。

的共同外交中保障能源安全被列为首要目标。对于欧盟而言，能源安全可以定义为，"能源安全即供应安全，是指欧盟在合理的经济条件下开采本国的资源或将这些资源作为战略储备；依靠可进入的、稳定的外部来源来保障能源消费的能力，在必要的情况下，可动用欧洲的战略储备加以补充。"①

一、欧盟的能源安全形势

（一）能源需求稳步增长

20 世纪 90 年代欧盟成立以来，欧洲经济一体化发展的步伐不断加快，经济一体化水平逐步提高。与此同时，作为世界第三大能源消费市场和世界上最大的能源进口地区，欧盟对能源的需求也稳步增长。2003 年 1 月，欧盟委员会发表了《欧洲至 2030 年能源和运输趋势》（《European Energy and Transport – Trends to 2030》）的报告，其中指出，到 2030 年欧盟的能源消费将以年均 0.4% 的速度稳步增长。由于欧盟国家致力于减缓全球气候变暖现象，在能源消耗中将减少石油的比重，代之以天然气能源，因此在未来欧盟的能源消费结构中天然气的比重将迅速增长。1990 年欧共体的天然气消费量仅为 2.22 亿吨油当量，到 2000 年就已经上升到 3.39 亿吨油当量，预计到 2030 年欧盟天然气的消费量还将上升到 6.05 亿吨油当量，占欧盟年能源消费总量的 32.3%，成为欧盟第二大消费能源。与天然气消费上升相反的是，该报告预计欧盟石油消费量将有所下降，将从 1990 年占能源消费总量的 41.3% 下降到 2030 年的 35.2%，但是石油仍然是欧盟第一大消费能源（参见图 6 – 1）。②

---

① ［俄］斯·日兹宁著，强晓云、史亚军、成键等译，徐小杰主审：《国际能源政治与外交》，上海：华东师范大学出版社，2005 年版，第 131 – 132 页。

② *European Commission European Energy and Transport – Trends to 2030*，January 2003.

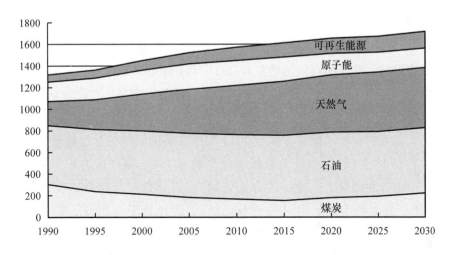

图 6 - 1 欧盟的能源消费情况（单位：百万吨——按照等量石油单位换算）

资料来源：European Commission，*European Energy and Transport - Trends to 2030*，*Jan* 2003。

（二）能源供需矛盾突出

尽管能源需求稳步增长，但欧盟的石油和天然气的储量和产量都非常有限，难以满足欧盟日益增长的油气需求。

石油方面。欧盟的产油国主要是英国、丹麦和意大利。据英国 BP 公司 2013 年的统计，截至 2012 年英国已探明石油储量为 4 亿吨（约合 31 亿桶），占世界总探明储量的 0.2%，储产比为 8.8 年；丹麦为 1 亿吨（约合 7 亿桶），占比低于 0.05%，储产比为 9.7 年；意大利为 2 亿吨（约合 14 亿桶），占 0.1%，储产比为 33.7 年。这三个国家的探明石油储量之和仅为 7 亿吨，仅占世界剩余储量的 0.35%。2012 年三国石油产量分别为 4500 万吨（约合 96.7 万桶/日）、1010 万吨（约合 20.7 万桶/日）和 540 万吨（约合 11.2 万桶/日），占世界石油总产量的比重分别为 1.1%、0.2% 和 0.1%，三国石油总产量为 6050 万吨，仅占世界总产量的 1.4%。相比产量而言，这三个国家的石油消费量却很高，分别是 6850 万吨（约合 146.8 万桶/日）、760 万吨（约合 16 万桶/日）和 6420

万吨（约合 134.5 万桶/日），占世界石油消费的比重分别是 1.7%、
0.2% 和 1.6%。同期，欧盟 27 国的石油产量和消费量分别为 7.3 亿吨
和 6.11 亿吨，占世界总量的 1.8% 和 14.8%，受经济放缓以及油价居高
不下的影响，欧盟的石油消费量较 2011 年下降了 4.6%。很明显，如此
有限的产量不可能满足当年欧盟 27 国的石油需求。[1]

　　而据英国 BP 公司 2018 年的统计，当前欧洲主要产油国分别是英国、
丹麦、意大利、罗马尼亚。截至 2017 年底，英国已探明石油储量为 3 亿
吨（约合 23 亿桶），占世界总探明储量的 0.1%，储产比为 6.3 年；丹
麦已探明石油储量 1 亿吨（约合 4 亿桶），占比低于 0.05%，储产比为
8.7 年；意大利为 1 亿吨（约合 6 亿桶），占比低于 0.05%，储产比为
18.9 年；罗马尼亚为 1 亿吨（约合 6 亿桶），占比低于 0.05%，储产比
为 21.8 年。2017 年底，欧盟国家的探明石油储量之和仅为 6 亿吨，仅
占世界剩余储量的 0.3%。2017 年欧盟国家的石油产量为 0.692 亿吨，
（约合 146.4 万桶/日），较去年产量下降了 1.3%，过去十年间降幅一直
维持在 4.9% 左右，石油消费量为 6.454 亿吨，2006～2016 年十年间欧
盟国家石油消费量年均增长率为 -1.6%，但 2017 年欧盟国家石油消费
量较 2016 年增长了 1.8%。尽管欧盟在对其能源消费结构进行调整，但
石油仍在欧盟国家能源消费中占较大比重，且仍需大量进口。[2]

　　天然气方面。欧盟的天然气极度匮乏。在欧盟成员国中，除了英国、
波兰、罗马尼亚、荷兰、德国、意大利和丹麦有少数天然气储备以外，
其余国家基本没有天然气储备。据英国 BP 公司 2013 年的统计，截至
2012 年底，欧盟 27 国的天然气探明储量仅为 1.7 万亿立方米，仅占世
界探明总储量的 0.9%，储产比仅为 11.7 年。2012 年，欧盟 27 国的天
然气产量为 1496 亿立方米，占世界总产量的 4.4%，而同年，其天然气
消费量虽然较 2011 年减少了 2.3%，却仍有 4439 亿立方米，占世界总

　　① 《BP 世界能源统计年鉴（2012 年）》，http：//www.bp.com/liveassets/bp_internet/china/
bpchina_chinese/STAGING/local_assets/downloads_pdfs/Chinese_BP_StatsReview2012.pdf。
　　② 《BP 世界能源统计年鉴（2018 年）》，https：//www.bp.com/content/dam/bp - country/zh_
cn/Publications/2018SRbook.pdf。

消费量的 13.4%，供需缺口高达 2943 亿立方米。① 天然气需求的巨大缺口主要依靠从俄罗斯和挪威等国进口来补充。2012 年，欧盟的天然气消费降至 2000 年以来最低水平，其中对俄天然气（管道气）出现明显下降（参见图 6-2）。而这一现象至 2017 年也仍未有重大改变，欧盟天然气探明储量为 1.2 万亿立方米，占世界天然气储量的 0.6%。2017 年欧盟天然气产量为 1178 亿立方米，而消费量则高达 4668 亿立方米，仍主要依赖进口。全球天然气产量增长了 4%，或 1310 亿立方米，几乎是近十年平均增速（2.2%）的两倍。俄罗斯增幅最大（460 亿立方米），其次是伊朗（210 亿立方米）和澳大利亚（170 亿立方米）。天然气消费量增加了 960 亿立方米，增速 3%，为自 2010 年来最快增速。消费增长主要来自中国（310 亿立方米，15.1%），中东（280 亿立方米）和欧洲（260 亿立方米）。②

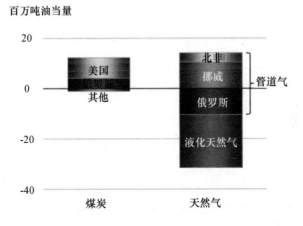

图 6-2　2012 年欧盟煤炭和天然气进口的变化

资料来源：《BP 世界能源统计年鉴（2013 年）》。

---

① 《BP 世界能源统计年鉴（2012 年）》，http://www.bp.com/liveassets/bp_internet/china/bpchina_chinese/STAGING/local_assets/downloads_pdfs/Chinese_BP_StatsReview2012.pdf。

② 《BP 世界能源统计年鉴（2018 年）》，https://www.bp.com/content/dam/bp-country/zh_cn/Publications/2018SRbook.pdf。

（三） 能源对外依存度高

在 21 世纪初出版的《欧洲至 2030 年能源和运输趋势》的报告中，欧盟就指出了到 2030 年前欧洲能源供给安全的脆弱性问题。该报告预测，欧盟对能源进口的依存度将从 2000 年的 50% 上升到 2030 年的 68%，其中石油的进口依存度将从 75% 上升到接近 90%，天然气的进口依存度将从 45% 上升到 80%。[①]

以天然气为例。据欧盟委员会统计，2010 年，欧盟 40% 的天然气从俄罗斯进口，30% 来自阿尔及利亚，25% 来自挪威。到 2030 年，欧盟所需天然气的 60% 将来自俄罗斯，其对外部天然气的总进口依赖度将达到 80%。[②] 欧盟成员国中，除丹麦、英国不需要进口天然气外，绝大多数国家对天然气都存在着较大的进口依存度。德国和法国是天然气依存度最大的两个国家。德国的天然气储量很少，大约 0.1 万亿立方米，年产量近 90 亿立方米，消费量却高达 752 亿立方米，其产量仅能满足国内需求的 12%。法国的天然气更加匮乏，所需天然气几乎全部依赖进口。其他国家中，比利时、芬兰、卢森堡、葡萄牙、瑞典、希腊、西班牙所需天然气也几乎全部依赖进口。在进口方向上，大部分欧盟国家对俄罗斯的天然气依赖比较严重。据美国能源信息署 2007 年的统计数据显示，这一年德国从俄进口天然气 345 亿立方米，占其年消费总量的 42%，是俄在欧洲的天然气最大进口国；意大利进口俄天然气 220 亿立方米，占其年消费量的 28%；法国进口俄天然气 101 亿立方米，占其年消费量的 24%。与西欧国家相比，东欧国家尽管进口总量较小，但对俄天然气依赖程度更高。如匈牙利进口俄天然气 75 亿立方米，占其年消费量的 60% 以上，捷克进口俄天然气 72 亿立方米，占其年消费量的 80%。波兰约一半的天然气需求依靠从俄进口，斯洛伐克和保加利亚所需要的天

---

① IEA，《Key World Energy Statistics，2003》，p. 12，p. 13.

② *Energy 2020 – A Strategy for Competitive, Sustainable and Secure Energy*，http：//eur - lex. europa. eu/LexUriServ/LexUriServ. do? uri = CELEX：52010DC0639：EN：HTML：NOT.

然气几乎全部从俄进口。[1] 正因为对俄天然气依赖较大，导致 2007 年初和 2009 年初俄乌"斗气"时欧盟深受其害。为减少对俄能源的严重依赖，增强欧盟的能源安全，欧盟国家纷纷加快了能源多样化和进口多元化步伐，以缓解对俄能源依赖。

（四）能源进口来源地形势复杂

长期以来，欧盟能源进口的主要来源地是中东地区、非洲和以俄罗斯为主的前苏联地区。这些地区和国家油气资源丰富，但都存在着威胁欧盟能源安全的地缘政治经济问题。中东地区集中了世界石油储量的48.4%，[2] 也是欧盟国家进口石油的最主要来源地，目前欧盟从该地区进口的石油占欧盟总消费量的近40%。然而中东地区是世界有名的热点地区，自第一次石油危机以来局势一直处于动荡之中，先后爆发了中东战争、两伊战争、海湾战争和伊拉克战争等大规模的地区战争。2012 年以来，受伊朗核危机的影响，海湾石油出口面临供应中断的危险，这些无不威胁到欧盟的能源安全。长期以来非洲在欧盟的能源进口中占有重要的地位，这既是由于其丰富的油气储备（占世界石油储量的 7.8% 和世界天然气储量的 7.7%），同时也源于非洲国家与欧盟成员国之间历史上的殖民关系，西欧国家也因此曾长期独占非洲油气资源。但是冷战结束以来，非洲局势持续动荡，尤其是 2010 年底爆发的西亚北非局势动荡直接威胁到欧盟国家在非洲的能源供应安全。以俄罗斯为主的原苏联地区自冷战时期起就是西欧能源的主要进口地区。苏联解体以后，俄罗斯、中亚及里海地区依然是欧盟能源进口的主要方向，俄更是欧盟能源最主要的进口国家。然而近年来这一地区的地缘政治风险逐渐显现，俄政府不断加强对能源行业的控制，打造能源超级航母（如"俄罗斯石油公司"和"俄罗斯天然气工业公司"），垄断了对欧油气生产、运输和销售，同时欧盟的天然气运输需要通过俄美势力争夺的中间地带（如乌克

---

[1] 《欧洲各国对俄罗斯天然气的依赖》，http://news.xinhuanet.com/world/2009/01/08/content_10623591.htm。

[2] 《BP 世界能源统计年鉴（2012 年）》，http://www.bp.com/liveassets/bp_internet/china/bpchina_chinese/STAGING/local_assets/downloads_pdfs/Chinese_BP_StatsReview2012.pdf。

兰和外高加索），这些使得欧盟急欲降低对俄能源依赖。

正是在上述诸多因素的共同作用下，欧盟越来越重视能源安全，开始从地缘政治等多个角度思考未来欧盟的能源供应安全问题。

二、欧盟的能源外交战略

（一）欧盟能源政策的演变

欧洲一体化进程最初自能源领域起步。在1965年促成欧洲共同体诞生的3个重要条约中，《欧洲煤钢一体化条约》（1951年）和《欧洲原子能共同体条约》（1957年）都与能源合作有关。但尽管如此，这两个条约的签订并不意味着欧共体已经有了明确的共同能源政策，因为它们只是针对煤炭和核能两个部门的合作分别从目标和原则上进行了规划，为以后具体能源政策的制订和实施提供了一个制度框架，并不具备共同行动计划和有效的保障措施。直到1973年第一次石油危机爆发前，欧共体一直没有给予能源足够的关注，更缺乏共同的能源政策，这主要是由于石油价格低廉且外部供应充足，不存在能源进口安全问题，这也掩盖了制订共同能源政策的紧迫性。此外，在欧共体一体化初期，关税同盟和共同农业政策是各成员国关注的焦点，能源问题自然不会提上欧共体的议事日程。

20世纪60年代开始，国际能源消费格局发生了变化，石油逐渐取代煤炭成为最主要的消费能源。进入70年代以后，在欧共体的能源消费结构中，石油已占59.5%，其中98%依赖进口，主要来自中东和北非。[①]石油的高度对外依赖直接导致了欧共体国家在前两次石油危机中束手无策，经济也遭受重大打击。整个70年代，在阿拉伯国家"石油武器"的打击下，西欧国家陷入生产衰退、通货膨胀以及国际收支大幅赤字的经济危机之中难以自拔。70年代的两次世界性石油危机使得欧共体对石油安全有了全新的认识，有力推动了欧洲共同能源政策的产生。

---

① 黄嘉敏等著：《欧共体的历程——区域经济一体化之路》，北京：对外贸易教育出版社，1993年版，第202页。

20 世纪 80 年代，欧盟开始意识到能源安全的重要性并积极推动共同能源市场的建立。1983 年 11 月，欧盟能源部长理事会第一次授予共同体制定独立的能源政策的权限。1986 年，《欧洲能源政策》获得通过，该文件奠定了欧洲能源政策的法律基础，明确了到 20 世纪末欧洲能源政策的目标，标志着当代欧洲能源政策的初步形成。1988 年 5 月，欧委会又出台了《能源共同市场》的报告，其中明确提出了通过建立统一的能源市场，鼓励竞争，保护私人投资，打破垄断，提高效率，降低成本和价格，确保能源供应安全，克服各成员国各自为政的"能源民族主义倾向"的内部能源政策的基本思路。为此，欧共体需要不断完善相关立法，以促使各成员国开放能源市场，采用相同的技术标准和管理规则，实现电力、天然气管网的跨国连接等。

冷战结束前后，欧洲局势的骤变和中东欧国家的"回归欧洲"促使欧盟在制定共同能源政策问题上加快了步伐。1993 年开始，在欧盟委员会的倡议下，各成员国政经产研等部门积极参与了一场广泛的能源政策大辩论，从不同角度提出了许多建设性意见，并于 1995 年 1 月 11 日发表了《欧盟能源政策绿皮书》。在此基础上，欧盟决策层经过近一年的研究论证，于 1995 年 12 月通过了《欧盟能源政策》（即《白皮书》），从而完成了欧盟能源发展总政策的制定任务。《白皮书》阐述了欧盟能源政策的基本目标，即，完成内部能源市场的建立，在竞争基础上保证能源供应和能源安全，改善能源生态状况。[①] 这成为后来欧盟能源政策的基本指导方针。

进入 21 世纪以后，随着能源安全形势的日益严峻，欧盟对能源安全更加重视。2000 年 11 月，欧盟发布了《欧盟能源供应安全绿皮书》（简称《绿皮书》），这标志着欧盟已经把能源安全问题置于其能源政策中十分重要的地位。《绿皮书》提出的欧盟能源安全战略包括两个方面：一是对外确保能源供给；二是对内协调能源消费与需求。《绿皮书》提出，到 2010 年，欧盟能源政策的目标是强调与欧盟条约规定的市场一体化、

[①] ［俄］斯·日兹宁著，王海运、石泽译审：《俄罗斯能源外交》，北京：人民出版社，2006 年版，第 273 页。

可持续发展、环境保护和供应安全，通过增大本地区进口能源的多样化和灵活性以及保持在紧急状态下的应急供应能力，加强能源供应的保证。此外还强调加强可再生能源的开发，要求到2010年使可再生能源在一次能源生产中占有相当的比重。[①] 2006年3月，欧盟委员会出台了《获得可持续发展，有竞争力和安全能源的欧洲战略》的能源政策。该文件从欧洲能源投资需求迫切、进口依存度上升、资源分布集中、全球能源需求持续增长、油气价格攀升、气候变暖等方面进行了全面的深入分析，并提出了环境可持续性、有竞争力和供应安全三个战略目标，这实际上也是此后欧盟能源安全所遵循的三个基本原则。欧盟希望这些战略目标的实现能帮助欧盟始终处于能源技术的前沿，提高欧盟应对突发事件的能力，并使欧盟在阻止全球气候变暖问题上能领导全球。2007年3月，欧洲理事会通过《能源和气候变化一揽子计划》，为欧盟明确了三大目标：到2020年，欧盟减温室气体排放减少20%，欧盟的再生能源份额提高20%，欧盟能源效率提高20%。[②] 为了实现上述目标，欧盟需要推出新的战略性文件，以整合欧洲能源市场，使能源政策欧洲化。

2010年11月10日，欧盟委员会正式发布了《能源2020——寻求具有竞争性、可持续性和安全性能源》（简称《能源2020》）的最新能源战略文件。这是近年来欧盟为保障能源供应安全和实现应对气候变化目标所采取的重大举措，对未来十年欧盟能源新战略的优先行动领域进行了系统的战略规划，具有重要现实意义。《能源2020》明确了欧盟在能源领域的中期政策目标，强调欧盟需要在能源生产、使用和供应方面进行意义深远的变革。为此，该战略文件拟定了未来五个优先领域，具体包括：实现能效的欧洲，争取到2020年实现节能20%的目标；建设真正统一的泛欧能源市场，确保能源自由流动；为居民和企业提供安全、可靠和用得起的能源；推动技术研发和创新，扩大欧洲在能源技术和创新上的领先地位；强化欧盟能源市场的外部层面，加强欧盟的国际伙伴

---

① AliM. EL—Agraa, "The European Union History Instiution Economic and Politics," Edited, *Prentice Hall Europe 1998*, p. 270.

② *The EU Climate and Energy Package*, http：//ec. europa. eu/clima/policies/package/index_ en. htm.

关系。①

总的来看，欧盟的能源政策是伴随着欧洲一体化进程而逐步形成的。进入 21 世纪以后，随着欧洲一体化进程的加快和国际能源形势的剧烈变化，欧盟更加积极地制定和实施统一的能源政策，其终极目标是尽快建立一个紧密相连、充分运作的统一能源市场，以维护欧盟的能源安全。②

案例 6 - 1　法国——全球核能利用大国

法国能源相对贫瘠，石油和天然气蕴藏量有限，而煤炭资源早在 20 世纪 50 年代便逐渐枯竭。为了有效缓解国内能源不足的压力，法国政府大力发展核能，并最终成为全球核能利用第一大国。

法国的核电发展主要分为两个阶段：20 世纪 50 ~ 70 年代是法国核电起步阶段。在此期间，法国核电以气冷堆为主。1958 年，法国从美国西屋公司购买了压水核反应堆技术专利，并对该技术进行创新改进和国产化。20 世纪 70 年代至今，是法国核电发展成熟阶段。在这一阶段，法国完成了压水堆核电站的标准化和系列化发展过程。压水核反应堆又被称为第三代核反应堆，其发电成本比火力发电站低 30% ~ 50%。此外，压水核反应堆安全性较高，产生的放射性物质较少。

目前，核电已经成为法国最主要的发电方式。法国拥有 59 座核电站，核电发电量占法国总发电量的近 80%，高居世界各国之首。通过发展核电，法国的能源自主率从 1973 年的 22.7% 提高到了今天的 50% 以上，每年因此减少石油进口费用 240 亿欧元。法国也是世界最大的电能出口国，在极大程度地以核电满足本国用电量之外，其总产电量的 20% 可用于输送到意大利、荷兰、德国、比利时、英国等周边国家。连德国人都不得不感叹："没有我们的邻居法国，我们都快没电用了。"核电站发电成本远低于风力等形式发电，而法国核电电价仅是传统煤电电价的60%。法国的核能工业使法国在提供低价清洁能源这一领域上成为世界

---

① *Energy 2020 - A Strategy for Competitive, Sustainable and Secure Energy*, http：//eur - lex. europa. eu/LexUriServ/LexUriServ. do？uri = CELEX：52010DC0639：EN：HTML：NOT.

② 《欧盟领导人同意到 2014 年建成统一能源市场》，http：//news. xinhuanet. com/world/ 2011 - 02/04/c_121051083. htm。

的领跑者。

为什么法国选择发展核电作为解决能源需求的最主要方式呢？最基本的出发点还是"能源独立"。

首先，20世纪70年代石油危机触发的供应安全担忧令法国以及很多欧洲国家寻求另一渠道安全获取能源而不过度依赖于政治外交。长期以来欧洲依赖于中东和俄罗斯的石油和天然气供应，然而这些地区和国家局势的不稳定可能导致在任何时间供应短缺和价格上涨。世界主要的储铀国家是加拿大、澳大利亚等政治局势稳定的国家，这对铀的价格和供应的稳定作用积极，并保证了法国铀的进口安全。

其次，面临日益减少的石油和煤的储量和日渐上升的原料价格，生产以铀为原料的核电使得法国很大程度上摆脱了对传统能源的依赖。任何铀价格上涨将只对核电成本产生轻微影响，因为燃料只占核电的生产总成本的一小部分。况且，法国可以比较便捷地从其北非殖民地获取廉价铀原料。在"拥有能源就拥有未来"的大环境下，德国等国家选择新能源，最近几年尤其重视对生物质能的研究和开发，以备在未来半个世纪后的生产应用。而法国考虑到雄厚的科技基础和匮乏的资源，最终选择走核能路线，不断开发新技术，有力地保障核电生产和运输的安全以及核废料的合理处理，得到了很多国家的信任。从世界核协会发布的铀储量上分析，现已探明的铀储量还能使用50年左右，如果考虑到所谓的补充储量，则仍可维持200年，这比已探明的石油天然气等原料的使用期限要长很多。

此外，核电还是唯一一种生产过程中零排放的生产方式。发展核电是降低二氧化碳排放量的有效方式，如今法国每千瓦小时的碳排放量仅是英国或德国的1/10，更是像丹麦这样的无核电站国家的1/13。

（资料来源：《法国核能漫谈》，http://finance.ifeng.com/news/industry/20100617/2318209.shtml；《法国利用核能居全球第一》，http://news.xinhuanet.com/mrdx/2006/07/31/content_4899551.htm。）

（二）欧盟的能源外交战略

在1991年《马斯特里赫特条约》（简称《马约》）签订之前，欧盟缺乏统一的能源外交战略，英国、法国、意大利和德国等欧盟成员国实行的是独立的对外能源政策。《马约》的签订催生了欧盟共同外交与安全政策（CFSP），并使之成为与共同体并列的联盟第二大支柱。CFSP 不仅将欧洲政治合作推向了新的高度，也为欧盟能源外交战略的制定和实施提供了机制保障。

冷战结束后，欧共体积极发起制定的《欧洲能源宪章》可以视为欧盟共同能源外交战略的先声。为了推动和保护对西欧具有战略意义的中东欧地区的能源投资和开发，保证欧洲获得稳定的能源供应，1990 年 6 月，时任欧共体轮值主席国荷兰的首相路德·卢柏斯在都柏林欧洲理事会会议上提出了建立欧洲能源共同体的建议和"欧洲能源宪章"的设想。1991 年 12 月 17 日，欧共体、所有欧洲国家、澳、加、土、美、日在荷兰海牙签署了《欧洲能源宪章条约》。该文件几乎涉及到所有在能源供应或过境运输方面对欧盟市场具有重要意义的国家，为欧盟在欧亚地区开展能源合作创造了良好的政治条件。

2000 年 10 月，欧盟与俄罗斯启动了欧俄能源对话进程，双方决定在能源领域建立战略伙伴关系，这是欧盟首次代表所有成员国与其他国家建立能源战略伙伴关系，标志着欧盟已经进入国际能源外交舞台，并得到能源合作伙伴的认可。同年 11 月，欧盟委员会提出了《致力于能源供应安全的欧洲战略》，该文件强调了欧盟保障外部能源供应的必要性。

2006 年初发生的俄乌"斗气"事件直接推动了欧盟共同能源外交战略的发展。为了减少对俄能源依赖，缓解国际油价持续上涨压力，在 2006 年 3 月 8 日欧盟委员会发表的能源政策文件中，欧盟强调了统一对外能源政策的重要性，提出要加强与能源供应方的对话与沟通，建立确保能源供应安全的国际机制，在与外部能源供应者的对话中，欧盟应"用一个声音说话"。[①] 同年 3 月 23~24 日，在布鲁塞尔举行的特别首脑会议上，欧盟责成欧盟委员会、总务委员会和欧盟负责共同外交与安全事务的高级代表索拉纳着手研究欧盟共同对外能源战略的基本原则。同年 10 月，欧盟委员会向欧盟理事会提交了题为《对外能源关系：从原则

---

① *Green paper – A European Strategy for Sustainable，Competitive and Secure Energy*，http：//ec. europa. eu/energy/strategies/2006/2006_03_green_paper_energy_en. htm.

到行动》的报告，系统阐述了欧盟能源外交的具体行动纲领。

2007 年 3 月 8～9 日，欧盟部长会议公布了《欧洲新的能源政策》提案（EPE）。为实现新能源政策确定的目标，欧盟发布了"2007～2009 年欧洲委员会能源行动计划"。在"行动计划"中，欧盟对未来三年欧盟能源外交的方向和重点进行了明确论述，强调实施全方位的国际能源战略。"行动计划"要求加快落实欧盟对外共同开发能源的政策，包括通过对话和建立伙伴关系进行更加紧密的能源合作，如与欧佩克、经合组织及大型跨国能源集团等的合作。为此，"行动计划"强调要从三个方面实施全方位的能源发展战略：一是通过与俄罗斯建立伙伴关系及签署合作协定，确保欧盟能源供给的稳定，特别要保证欧盟中长期的能源安全；二是强化对中亚、里海与黑海地区能源产业的项目评估、商业投资与技术合作，进一步使能源供给的来源多样化；三是与其他能源消费大国进行双边和多边能源政策对话，在能源开发、平衡供给、稳定价格和新型能源研究与使用领域进行必要的合作，争取保持欧盟在能源战略领域处于主动和优先的地位。[①] "行动计划"的出台意味着欧盟能源外交战略基本形成。

2010 年 11 月出台的《能源 2020》对欧盟未来十年的能源外交战略做了进一步的规划。《能源 2020》指出，要强化欧盟能源市场的外部层面，加强欧盟的国际伙伴关系。鉴于在气候变化、油气资源的获得、能源技术开发和提高能效等方面面临的诸多挑战，欧盟认为需要加强与国际社会的合作，并"用一个声音说话"。欧盟的对外能源战略必须奉行2006 年确定的能源供应的安全性、竞争性和可持续性的基本原则。欧盟对外能源战略必须确保所有成员国的有效团结、责任和透明，并反映欧盟的利益，确保欧盟内部能源市场的安全。欧盟对外能源战略还必须与欧盟其他领域的外交行动保持一致并相互促进。为实现这一系列对外战略目标，《能源 2020》还提出了四项行动计划：一是整合与欧盟邻国的能源市场，建立共同的监管机制。其中包括执行能源共同体条约，运用

① *Energy Policy for Europe*，http：//ec. europa. eu/energy/strategies/2007/2007 _01 _energy_ policy_europe_en. htm.

欧盟技术支持，执行内部市场规范，促进邻国能源企业现代化等。二是与主要能源伙伴建立特殊的伙伴关系。在坚持能源进口来源和线路多样化的同时，欧盟要与能源主要供应国和过境国加强能源伙伴关系。三是促进欧盟在未来发展低碳能源中的作用。四是促进具有法律约束力的核安全、可靠性和防扩散标准。[①]

应该看到，与欧盟内部能源一体化以市场化为导向不同的是，欧盟的对外能源战略更重视从战略和安全的高度看待能源安全问题，把强化对外能源合作列为其能源外交战略的优先目标。在近年出台的一系列能源政策文件中，欧盟多次提到能源问题应该成为欧盟发展对外关系的最重要目标之一。未来为了实现能源安全的战略目标，欧盟仍将不断强化能源在对外贸易、投资援助、双边关系等领域的重要地位，并适时调整能源外交布局，以更加积极的姿态投身到能源地缘政治博弈中去。

三、欧盟的能源外交布局

成员国的能源构成、对外能源进口结构和渠道以及欧盟对外关系的资源与手段等因素决定着欧盟共同能源外交的地缘战略布局。[②] 由此不难看出，欧盟能源外交主要针对的是挪威、俄罗斯、中东、北非、中亚—里海等邻近地区，而未来欧盟能源进口的增量预计来自中东和中亚—里海地区。有关欧盟对中东、俄罗斯和中亚里海地区的能源外交在其他章节中已有详细阐述，故这一部分主要就欧盟能源外交地区布局的其他方面做一分析。

（一）构建"泛欧能源共同体"

"泛欧能源共同体"是欧盟能源外交的首要战略任务。该共同体建立在欧盟内部统一能源大市场基础之上，包括《欧洲睦邻政策》所涵盖

---

① *Energy 2020 – A Strategy for Competitive，Sustainable and Secure Energy*，http：//eur-lex. europa. eu/LexUriServ/LexUriServ. do？uri = CELEX：52010DC0639；EN；HTML；NOT.

② 扈大威：《欧盟的能源安全与共同能源外交》，载《国际论坛》，2008 年第 2 期，第 3 页。

的所有国家和地区。《欧洲睦邻政策》制定于 2004 年，它适用于东扩后与欧盟接壤的国家——阿尔及利亚、亚美尼亚、阿塞拜疆、白俄罗斯、埃及、格鲁吉亚、以色列、约旦、黎巴嫩、利比亚、摩尔多瓦、摩洛哥、巴勒斯坦被占领土、叙利亚、突尼斯和乌克兰。虽然俄罗斯也是欧盟的邻国，但是双方已经签署了涵盖四个共同空间的"战略伙伴"关系文件，所以欧盟没有将俄纳入《欧洲睦邻政策》范围之内。尽管欧盟强调该文件制定的初衷是为了避免扩大后的欧盟和邻国间出现新的分界线，①但是不能忽视的一个事实是，这些国家中大多数都与欧盟能源安全密切相关。其中乌克兰、白俄罗斯、摩尔多瓦是俄石油和天然气输往西欧的重要过境国，外高加索的阿塞拜疆和格鲁吉亚是石油和天然气的生产国和重要过境国，地中海和北非邻国不仅是世界上重要的能源储备国，而且也是重要的能源过境国，突尼斯和摩洛哥连接马格里布—西欧天然气管道，是天然气输往意大利、法国、西班牙和斯罗文尼亚的重要过境国。

2005 年 10 月 25 日，欧盟委员会代表与塞尔维亚、黑山、阿尔巴尼亚、波黑、保加利亚、罗马尼亚、克罗地亚、马其顿、科索沃代表及希腊在雅典共同签署了《能源共同体条约》。该条约包括了欧盟成员国和《欧洲睦邻政策》所覆盖的非欧盟成员的东欧国家。该条约是"泛欧能源共同体"未来发展的法律基础，对于加强欧盟与东欧、北非、中亚—里海和中东地区国家的能源合作具有重要的意义。按照计划，未来该条约将逐步吸收挪威、土耳其、乌克兰和摩尔多瓦等国为成员国。

建立"泛欧能源共同体"对欧盟维护其能源安全具有十分重要的意义：一是通过与这些邻国结成能源利益共同体，有利于欧盟对各国能源市场的渗透和扩张，并确保从这些国家安全进口和过境运输能源；二是以该共同体为基地，向其他能源主产区辐射影响力；三是有利于欧盟平衡俄罗斯的能源控制力。

在受到"欧债危机""乌克兰危机"等一系列冲击欧盟能源安全的事件后，欧盟对成立欧盟能源联盟有了更大的诉求。2015 年 3 月欧委会

---

① 欧盟有关《欧洲睦邻政策》的解释，http：//eeas. europa. eu/delegations/china/what_eu/neighbourhood_policy_eastern_partnership/index_zh. htm。

副主席塞夫科维奇在欧洲再生能源资源论坛（EUFORES）就欧盟新能源联盟发表演讲提到，欧委会通过了能源联盟战略。塞夫科维奇认为这是20世纪50年代煤钢共同体以来最具雄心水平的能源项目，希望实现能源体系的根本性转变，即从煤钢共同体转向太阳和风联盟。能源联盟是迈向具有经济可持续性、环境友好性和社会包容性的能源市场的重要一步。这样的能源市场是一体化的、互连的、有韧性的和安全的，是一个造福民众、企业和环境的三赢战略。这一能源联盟战略主要包括五个方面：一是保证供应安全。成员国和民众在出现能源供应问题时可以依靠邻国，这是能源领域的团结，也是在成员国间建立信任的方式，为此欧盟正采取一系列措施将能源资源和供应路线多元化；二是建立单一市场，使能源成为欧盟范围内第五项自由流动；三是提高能效，能效提高1%，欧盟天然气进口下降2.6%；四是发展低碳经济；五是投资创新性可再生能源。①

（二）加强与非洲国家的能源合作

非洲一直是共同体/欧盟重要的油气进口来源地区。在《2007～2009年欧洲委员会能源行动计划》中，欧盟将与非洲建立一个真正的、平衡的、全面的欧非能源伙伴关系列为优先领域之一。② 在非洲，北非的阿尔及利亚、利比亚和埃及对于欧盟能源安全的重要性尤为突出。其中，阿尔及利亚是世界上第三大液态天然气出口国，是继俄罗斯之后欧盟第二大天然气进口国（输欧天然气占阿天然气出口量的90%），同时还是撒哈拉能源输往欧洲的重要过境国，因此，欧盟将发展与阿能源战略伙伴关系作为其对非能源战略首要目标。2006年6月，欧盟首脑会议提出加强与阿尔及利亚的能源对话，同意与阿建立战略伙伴关系。

2003年联合国安理会决议取消了对利比亚制裁后，欧盟能源公司开始重返利比亚。2004年欧盟启动与利比亚对话与接触，双边贸易发展迅

---

① 《欧委会副主席谈欧盟新能源联盟》，http：//www. mofcom. gov. cn/article/i/jshz/zn/201503/20150300915350. shtml。

② *Energy Policy for Europe*，http：//ec. europa. eu/energy/strategies/2007/2007 _01 _energy_policy_europe_en. htm.

速，2005 年利比亚一度成为欧盟第二大石油进口国（第一位是沙特阿拉伯）。2006 年利比亚与欧盟双边贸易额为 260 亿欧元，成为非洲对欧最大的出口国，其中石油占了绝大部分贸易份额。据《全球数据库》2009年官方贸易数据显示，利比亚石油出口主要流向为欧洲国家，包括意大利（42.5 万桶/天，占出口的 32%）、德国（17.8 万桶/天，占 14%）、法国（13.3 万桶/天，占 10%）、西班牙（11.5 万桶/天，占 9%）。[①] 正是考虑到石油对西欧国家能源安全的重要战略意义，2011 年 2 月利比亚战争爆发后，法、德、意等国迅速介入并使战争得以很快结束。由此也可以预计，未来受欧盟支持的利比亚新政府必然会加快与欧盟能源合作的进程。

欧盟是埃及最大的贸易伙伴，埃及出口的大约 1/3 面向欧盟，埃及还是欧盟第六大液态天然气供应国。近年欧盟加大了对埃及的经济援助规模，埃及也尤其希望发展与欧盟在能源领域的合作关系。2006 年 11月，欧盟推出了"欧盟—地中海共同能源房间"计划，将埃及、黎巴嫩、叙利亚、约旦等国家纳入其中，并提出要逐步将这些国家的电力、天然气和石油市场融入欧盟统一能源大市场。2007 年 11 月 1 日，欧盟和埃及共同主持了欧洲 - 非洲 - 中东能源大会。近年计划中的天然气管道将埃及、约旦、叙利亚和土耳其连接，向欧盟供应天然气，如能落实，必将极大改善欧盟与埃及的能源关系。

（三）对美国的能源竞争与合作

作为全球最大的能源消费国，美国的能源利益遍布全球，这使它自然成为欧盟能源外交最重要的方向之一。欧盟和美国都具有对世界能源格局至关重要的影响力。美国是全球最大的能源消费国，欧盟是世界第二大能源消费体。根据英国 BP 公司 2013 年的统计数据，美国的石油消费占全球石油消费总量的 19.8%，天然气占 21.9%，欧盟占全球石油消

---

① 《美国能源信息署公布有关利比亚石油数据》，http：//www.mofcom.gov.cn/article/weihurenyuan/a/201012/20101207306592.shtml。

费总量的 14.8% 和天然气消费的 13.4%。[①] 2017 年美国的石油消费占全球石油消费总量的 19.7%，天然气占 20.1%，欧盟占全球石油消费总量的 14% 和天然气消费的 12.7%。[②] 欧盟东扩后油气进口需求不断上升，2017 年欧洲石油进口量为 5.16 亿吨[③]；美国的天然气消费虽已实现完全自给，但石油进口量依然很大，2017 年日进口达到 790 万通。[④] 这客观上决定了欧美在能源领域必然形成一定的竞争态势。

事实上，对外能源的巨大进口需求并不是导致欧美能源竞争的唯一原因，由于欧盟与美国所面临的能源安全形势完全不同，这使得双方对能源安全内涵的理解各不相同，导致双方开展对外能源合作的战略目标存在较大差异，在能源外交实施过程中行动也难以保持一致。

在能源进口结构上，欧盟的天然气所占份额较大且逐年提升，其能源安全集中于保证天然气的不间断供应。相比而言，美国重视石油供应安全，十分关注石油供应地区的外交。在能源市场结构上，美国已经形成了高度统一的能源市场，而欧盟的统一能源大市场仍处于建设当中。在对外依存问题上，尽管双方对外能源依赖都很大，但美国的能源进口渠道中断的风险相对较低，因为美国最大的能源供应国是与其政治经济关系紧密的加拿大和墨西哥，而欧盟主要的能源供应国或地区几乎都存在着或多或少的地缘政治风险。在开展多边能源合作问题上，欧盟强调在市场化、自由化和互惠与公平原则基础上建立能源生产国、过境国与消费国的多边能源合作体系，为此欧盟按照关贸总协定的原则创建了《能源宪章条约》，而一贯不愿过多受到协议和国际组织束缚的美国对此明显缺乏热情。在开展与某些"无赖国家"能源合作上，欧盟坚持外部能源供应多元化原则，发展同波斯湾重要产油国——伊朗的能源关系，将其列入欧洲能源外交的优先方向之中。这与美国的立场常常对立，如在法国道达尔公司参与开采伊朗天然气田问题上，欧盟坚决顶住了美国

---

① 《BP 世界能源统计年鉴（2012 年）》，http：//www. bp. com/liveassets/bp_internet/china/bpchina_chinese/STAGING/local_assets/downloads_pdfs/Chinese_BP_StatsReview2012. pdf。

② 《BP 世界能源统计年鉴（2018 年）》，https：//www. bp. com/content/dam/bp – country/zh_cn/Publications/2018SRbook. pdf。

③ 同上。

④ 同上。

的压力。在节能减排和应对气候变化方面，在 2007 年 3 月举行的欧盟春季首脑会议上，欧盟单方面做出承诺，到 2020 年将欧盟温室气体排放量在 1990 年的基础上减少至少 20% 的目标。[①] 然而欧盟这一解决全球气候变化问题上的"表率作用"并未得到美国的认可。同年 4 月，在华盛顿举行的欧美峰会上，美国拒绝了欧盟要求达成有约束力的国际减排和提高能效指标的承诺。[②] 美国认为能源利用方面的技术进步和技术创新比一个全球性法规（如《京都议定书》）更能有效地发挥作用，而一个僵化的法规框架有可能阻碍可持续能源技术进步所需要的经济增长。[③] 在能源危机管理问题上，美国强调强大的军事力量是维护能源安全的有效保障，外交途径次之。而欧盟则强调市场规则和善治，认为在发展对外能源关系上更应注重通过市场的力量来保证能源供应安全，主张与能源生产国、过境国进行政治对话和开展全方位的经济合作。在对俄能源外交方面，欧盟认为维护能源供应安全意味着必须处理好与俄罗斯的关系，因此欧盟将建立与俄长期稳定的能源关系视为自己能源供应安全战略的重点内容。而美国对欧俄能源关系一直十分警惕，认为欧盟对俄能源依赖以及俄罗斯天然气工业公司对欧盟能源扩大影响及对欧洲能源基础设施不断增强的影响，是跨大西洋能源合作的潜在的长期威胁。[④]

尽管欧美的能源竞争态势很明显，但是欧盟也清楚，在没有美国参与的情况下，欧盟的全球能源外交难以顺利实现，因此欧盟仍然积极推动跨大西洋能源对话与合作。欧盟对美能源外交的战略目标是，推动美国共同参与建立有关温室气体减排的全球性框架协议，并继续与美国共同推动建立开放和竞争的全球能源市场、能源效率、法规及研发合作。[⑤]

近年来，尽管美国对欧盟倡导的强制减排目标兴趣不大，但是对于

---

① 《欧盟峰会确定温室气体减排新目标》，http://news.xinhuanet.com/world/2007/03/09/content_5823509.htm。

② 《欧美峰会虚多实少》，http://www.gmw.cn/content/2007/04/30/content_601108.htm。

③ 崔宏伟：《欧盟能源安全战略研究》，北京：知识产权出版社，2010 年版，第 239 页。

④ Zeyno Baran, " European Energy Security: Time to End Russian Leverage," Washington Quarterly, Autumn, 2007, pp. 131 – 44.

⑤ 崔宏伟：《欧盟能源安全战略研究》，北京：知识产权出版社，2010 年版，第 236 页。

欧盟提出的可替代能源与可再生能源技术研发却积极回应。如在 2007 年
4 月的欧美首脑会议上欧美虽然在强制减排问题上分歧很大，但在推动
清洁煤、碳捕捉与存储、生物燃料以及提高能效等方面的技术进步达成
了一致，美国表示到 2015 年降低 30% 的能源强度，到 2017 年减少 20%
的汽油消费等。[①] 在发展对俄能源关系上，美国支持欧盟利用反垄断法
和能源企业拆分法（如能源市场改革法案）等手段，削弱俄罗斯天然气
工业公司对欧盟市场的渗透和垄断，支持欧盟建设绕开俄将中亚里海油
气资源运输到西欧的油气管道，彻底打破俄对中亚里海的能源垄断，使
中亚里海国家摆脱俄政治经济影响，这些与欧盟能源进口多元化战略的
目标完全一致。此外，虽然在有关气候变化议题上欧美存在不小分歧，
但双方在要求发展中大国（中国、印度等）承担更多责任方面却依然保
持合作立场。

第三节　日本的能源战略与能源外交[②]

一、日本能源概况

日本是一个能源极度匮乏的国家，能源自给率很低，除拥有少量的
水力、地热、风力和天然气外，日本 96% 的一次能源都依赖进口，能源
自给率仅有 4%。如果算上核能等新能源，那么日本的能源自给率也仅
能达到 18%。[③]

从 2008 年度日本的能源供应来看，原油自给率仅有 0.4%，剩下的
99.6% 全部依赖海外进口，其中对阿联酋、伊朗、卡塔尔等国为首的中

---

① "2007 EU – U. S. Summit Statement: Energy Security, Efficiency and Climate Change," ht-tp: //europa. eu. int/comm/index – en. htm.

② 本节由中国社科院日本研究所常思纯撰写。

③ 日本经济产业省编：『エネルギー白書』，2010 年版，第 153 頁。

东地区的依存度达到 87.8%，大大高于美国和欧洲对中东地区 19% 的原油进口依存度。天然气的进口依存度高达 96.4%，其中，75.5% 来源于印度尼西亚、马来西亚、澳大利亚等亚太地区，对中东地区的依存度相对较低，达到 24.5%。液化石油气（LPG）的进口依存度达到 73.2%，其中 86.2% 来源于沙特阿拉伯、阿联酋、卡塔尔等国为首的中东地区。此外，煤炭供应的 99% 以上也完全依赖于进口，并且进口的来源地也高度集中于澳大利亚（62.8%）、印度尼西亚（19.1%）和中国（5.7%），仅这三个国家就占到日本煤炭进口总量的 87.6%。[①] 2016 年，日本是全球第四大原油进口国，进口额为 508 亿美元，与 2012 年进口额相比，下降了 66.8%，这主要受 2012 年以来全球原油赤字影响。[②] 从日本的能源消费结构来看，尽管该国对石油消费的依存度从 1973 年的 75% 下降到 2008 年的 46.4%，但是对包括石油、天然气、煤炭在内的石化燃料的整体依存度在 2008 年仍高达 84.5%，占到其能源需求的八成以上。[③] 2016 年，日本的能源自给率为 8.3%，是 2012 年以来的最高值。同年，日本石化燃料的依存度为 89%，高于 2010 年的 81%。[④]

近年来，随着日本对核能和可再生能源的开发，该国的能源消费结构也在逐渐发生变化。截止到 2010 年 3 月末，日本拥有 54 台核机电组，核电占全国发电总量的 29.2%，具有仅次于美国、法国的世界第三大核电设备容量。[⑤] 此外，日本大力推动可再生能源的开发和利用，其太阳能光伏发电、太阳能电池产量多年位居世界首位，约占世界总体产量的半壁江山。此外，在风力发电、太阳能热利用、生物质能利用、水力发电和地热发电等方面，日本都取得了一定的发展。在日本政府的推动下，上述可再生能源占到日本一次能源供应的 6%，核能的供应则从 1980 年的 5% 上升到 2008 年的 10%。而同期，石油的供应从 65% 下降到 42%（参见图 6 - 3）。不过总体来说，对核能和可再生能源等非石化能源的供

---

① 日本经济产业省编：『エネルギー白書』，2010 年版，第 170 ~ 174 頁。

② 《最新全球原油进、出口 TOP 国家排行榜》，http：//www. oilsns. com/article/226415。

③ 日本经济产业省编：『エネルギー白書』，2010 年版，第 181 頁。

④ http：//www. enecho. meti. go. jp/about/pamphlet/pdf/energy_in_japan2017. pdf。

⑤ 日本经济产业省编：『エネルギー白書』，2010 年版，第 175 頁。

应量还是较低，具有较大的发展空间。2011 年 3 月东日本大地震后，占日本全国发电总量近 1/3 的核电站全部停机。日本不得不大量进口化石燃料，通过增加火力发电来弥补电力不足，其中煤炭又成为能源的主角之一。2013 年日本能源结构中煤炭的比重上升至 23%，明显高于其他发达国家。近十年来在以石油、天然气为主的能源结构中，日本的煤炭仍约占一次能源供给总量的 20% 以上。日本大量进口化石燃料，煤炭的需求又进一步增大，煤炭占比也相应提高，2014 年高达 25.5%，居发达国家之首。2014 年日本一次能源国内总供给的比例为：煤炭占 25.5%，石油占 41.4%，天然气占 25.2%，核能占 0.0%，而 2010 年核能的占比为 11.3%。从目前的发展现状来看，日本尚未彻底解决福岛核泄漏问题，扩大核能发电产业的计划基本落空。日本国内居民近几年多次举行反核大游行，加之 2020 年东京要承办夏季奥运会，日本核电安全受到全世界人民的关注。因此在未来一段时间内，日本的核电产业不会有较大发展，无法实现核电的大量生产。[①]

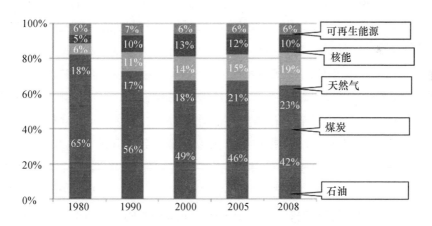

图 6-3　日本在一次能源供给中各种能源所占比例

资料来源：日本经济产业省编：『エネルギー白書』，2010 年版，第 100 頁。

---

① 张季风：《日本能源结构解析——以煤炭为中心》，载《东北亚学刊》，2017 年第 3 期。

二、日本的能源战略

由于能源的极度匮乏和供需的不平衡，日本政府长期以来将能源安全问题视为国家发展战略的重中之重，如何保障能源的安全、稳定供应也一直被列为国家能源战略的优先考虑方向，国家还根据国际能源市场的变化和日本经济发展状况适时对其能源战略进行调整。

二战后初期，日本的能源战略主要是立足于国内，依靠煤电等自有能源的开发利用满足经济重建的需要，石油等进口能源在日本能源供给中所占的比重不超过20%。20世纪60年代日本经济的高速增长导致石油需求大幅增加，1962年石油首次超过煤炭成为日本能源消费的第一大主体，此后石油在日本的能源消费结构中也一直占据着首要位置。① 随着经济的发展，日本对石油的依赖不断增大，日本政府开始实施以石油自主开发为核心的国家能源战略。为了进一步推动海外石油资源的勘探和开发，1967年日本组建了大型国有能源企业——日本石油开发公司（后更名为日本石油公团），并先后出台了《石油业法》（1962年）和《石油开发公司法》（1967年）等一系列法律。

20世纪70年代的两次石油危机使得日本经济受到严重影响，为了避免出现能源供应不足的情况，日本政府将确立石油应急措施、完善石油储备体制、减少对中东石油依存度并确保自主开发石油、研究开发石油替代能源、推动节能发展等措施作为重要任务，开始着手调整其对外能源战略。日本政府于1973年制定的《石油紧急对策纲要》，1975年制定的《石油储备法》，规定了民间石油储备的义务。并于1978年正式启动了国家能源储备战略，在加强民间石油储备的同时，积极推动国家石油储备的发展，建立政府和民间共同参与的能源储备体系。1979年和1980年，日本又分别通过了《能源使用合理化法（节能法）》和《促进石油替代能源开发和引进法（石油替代能源法）》。通过这一系列对策法规的确立，日本完善了以确保石油稳定供应、促进石油替代能源开发和

---

① 日本経済産業省編：『エネルギー白書』，2010年版，第157頁。

加强节能的综合能源政策体系。

20 世纪 80 年代到 90 年代，随着日本人民生活水平的不断提高，对能源的需求也不断增长，日本政府也进一步明确了能源战略中确保能源稳定供给和节能的重要性。1980 年，日本政府成立新能源综合开发机构（NEDO），积极推动煤炭液化技术、以大规模深层地热开发为目的的勘探、钻井技术和太阳能发电技术的研发等重点项目。1993 年，日本将"阳光计划"① "月光计划"② 和"环境保护技术开发计划"③ 全部纳入"新阳光计划"，整合了过去独立推动的新能源开发、节能技术及环境保护等三个领域的技术开发，力求加速光电池、燃料电池、深层地热、超导发电和氢能等的开发利用。

进入 21 世纪，日本能源战略的调整更加频繁。2002 年 7 月，日本国会正式通过《独立行政法人石油天然气 – 金属矿产资源机构法》，根据这一法规，2004 年 2 月正式成立了独立行政法人"日本石油天然气 – 金属矿产资源机构"（JOGMEC），该机构整合了石油公团与金属矿业事业团的业务，以战略性和高效性支援日本企业自主开发油气资源和勘察开发金属矿产资源、保障和推进石油天然气和稀有金属资源的国家储备计划、防治矿害作为其工作重点。2006 年 5 月，日本经济产业省基于实现世界最先进的能源供需结构、综合加强资源外交及能源环境合作、加强应急措施的观点，出台了《新国家能源战略》。该战略全面反映了日本中长期能源发展方向，其核心目标是：确立受到国民信赖的能源安全保障体系；确立能源问题与环境问题一体化解决的可持续发展基础；为亚洲及世界克服能源问题做出积极贡献。④《新国家能源战略》中明确提出了到 2030 年要实现的八项能源战略，包括：节能领跑者计划（2030

---

① 日本于 1974 年正式开始的以 2000 年为目标，开发清洁能源来替代未来相当一部分能源需求的计划，其重点是推动太阳能、地热能、煤炭和氢能这四种可替代石油的能源技术的研究和开发。

② 日本于 1978 年正式开始的以提高能源转换效率、开发剩余能源回收和利用技术为主要目的的计划。

③ 日本于 1989 年推出的以开展地球环境技术研究为目标的计划，主要研究使用人工光合作用固定二氧化碳、二氧化碳的分离和化学物质的生物分解等技术。

④ 日本经济产业省：「新・国家エネルギー戦略」，2006 年 5 月，第 15～19 頁。

年前提高 30% 以上的能源效率）；下一代汽车及燃料计划（2030 年前汽车燃料对石油的依存度从目前的 98% 降至 80% 左右）；新能源创新计划；核能立国计划（2030 年前实现核能发电占比从目前的 29% 提高到 30% ~ 40% 以上）；综合资源确保战略（2030 年前实现拥有资源开发权的原油占石油进口总量的比例从目前 15% 提高到 40%）；亚洲能源合作战略；加强国家能源应急战略；能源技术战略。①

2006 年 6 月，日本经济产业省又发表了《新经济增长战略》，提出要在亚洲地区大力推动节能合作、促进石化燃料的清洁利用、推动石油储备制度的引入和普及、对气候变动问题做出积极贡献。② 在此基础上，2008 年 9 月，日本经济产业省公布了《新经济增长战略》修改方案，进一步提出要集中财力大幅改善"资源生产率"和"加强创新实现产品和服务的高附加价值化并以此进军海外市场"的两大战略，以应对资源价格上涨和全球经济多极化的形势。该战略还特别强调为实现战略目标，需要进一步加强日本的能源外交。③

2009 年 12 月和 2010 年 6 月，日本内阁通过了"新增长战略（基本方针）"和"新增长战略——复活朝气日本的方针"，其中提出了"绿色创新战略"，力求通过实施该战略，推动国内资源的循环利用，在加快对稀有金属、稀土等替代材料技术开发的同时，促进综合资源能源确保战略的实现。④

2011 年 3 月 11 日，受地震影响，日本福岛核电站损毁严重，大量放射性物质泄漏。事故发生后，世界各国重新对能源安全进行审视。为确保能源安全和实现低碳发展，日本于 2016 年发布了《能源革新战略》报告。日本经济产业省发布的《能源革新战略》主要有两个目标：第一，通过对能源供给系统的改革，扩大能源投资，实现 2030 年能源结构优化，从而进一步完成安倍政府 GDP 达 600 万亿日元的目标；第二，通过加大能源投资、提高能效、降低温室气体排放，实现 2030 年温室气体

---

① 日本経済産業省编：『新経済成長戦略』，2006 年版，第 49 页。
② 同上，第 47 页。
③ 日本経済産業省编：『新経済成長戦略の改訂』，第 21 ~ 22 页。
④ 日本首相官邸：『新成長戦略』，http：//www. kantei. go. jp/jp/sinseichousenryaku/。

排放量与 2013 年相比减少 26%。报告显示，《能源革新战略》是对以节能、可再生能源为主的相关制度进行整改，进而对整体能源消费结构进行改革，且改革必须与经济增长以及应对全球变暖问题相结合。经各方统筹计划，此次改革主要围绕节能、可再生能源、能源供给系统这三大主题，并分别策划了节能标准义务化、新能源固定上网电价（FIT）改革、利用物联网进行远程控制技术开发等战略。[1]

2017 年 12 月 26 日，日本政府召开有关氢能与可再生能源的阁僚会议，正式发布"氢能源基本战略"。该战略主要目标包括到 2030 年左右实现氢能源发电商用化，以削减碳排放并提高能源自给率。氢能源因来源广泛、燃烧热值高、清洁无污染和适用范围广等优点，被视作 21 世纪最具发展潜力的清洁能源。日本"氢能源基本战略"主要目标还包括未来通过技术革新等手段把氢能源发电成本降低至与液化天然气发电相同的水平。为了推广氢能源发电，日本政府未来还将重点推进可大量生产、运输氢的全球性供应链建设。该战略强调，实现氢能源型社会绝非坦途，日本将率先向这一目标发起挑战，在氢能源利用方面引领世界。[2]

2018 年 7 月 3 日，日本政府公布了最新制定的"第 5 次能源基本计划"，提出了日本能源转型战略的新目标、新路径和新方向。这是一份面向 2030 年以及 2050 年的日本能源中长期发展规划的政策指南和行动纲领。该计划具有三个特点：一是首次将可再生能源定位为 2050 年的"主力能源"，坚持继续发展核电；二是首次明确提出削减钚的库存量；三是首次提出通过淘汰落后低效的火力发电技术装备来发展清洁高效火电，将节能和氢能作为应对气候变化政策的重要抓手，并新增了面向 2050 年的能源情景展望。[3]

---

① 《日本发布"能源革新战略"》，http：//news. cnpc. com. cn/system/2016/03/15/001584145.
shtml。

② 《日本发布"氢能源基本战略"》，http：//www. china - hydrogen. org/hydrogen/mix/2017/
12/31/7171. html。

③ 周杰：《最新日本能源中长期发展规划"新看点"》，http：//intl. ce. cn/sjjj/qy/2018/
07/10/t20180710_29692390. shtml？ from = singlemessage。

三、日本的能源外交战略

能源外交战略是日本国家能源战略的有效组成部分。作为一个能源稀缺、进口依存度极高的国家，日本长期积极关注国际政治经济形势的变化，跟踪研究世界能源发展态势，在此基础上谋划本国的能源外交战略。这一战略的主要目标可以概括为：保证国外能源的长期稳定供应和进口来源多元化，积极参与双边和多边能源合作，加强与能源生产、出口国的外交关系，推动节能环保技术的交流与合作，提高全球能源资源的合理利用。

在国家能源战略的指导下，日本实施并不断加强了能源外交的全球规划与运作。日本以投资促进、产业援助、技术合作、勘探援助等多种方式，对能源丰富的国家实施了积极的能源外交。目前，日本能源外交战略的重点主要包括以下几个方面：

（一）加强与中东石油生产国的能源合作

沙特阿拉伯、阿联酋、伊朗、卡塔尔、科威特等中东国家是日本石油进口的首要来源地。日本对中东地区的原油进口依存度在 1968 年最高时曾达到 90.9%，最低时在 1987 年曾降至 67.4%。但进入 20 世纪 90 年代后，日本对中东地区石油的依赖程度再次攀升，一度又达到 90% 以上，2008 年日本对中东的石油进口依存度仍高达 87.8%（参见图 6 - 4）。为了保障中东石油的稳定供应，日本通过增加对中东国家的政府开发援助（ODA）、在中东地区积极开展环境外交等方式，进一步加强与中东国家的政治经济关系。伊朗的石油蕴藏量位居世界第二，在日本看来，"可以说伊朗的石油支撑了日本的高速经济增长，无论在过去还是现在，伊朗都对日本而言是必不可少的存在"。① 1999 年，伊朗宣布发现三十年以来最大的陆上油田——阿扎德甘油田，该油田探明储量 240 亿

---

① 日本外务省：「イラン地域情勢」，http：//www. mofa. go. jp/mofaj/press/pr/wakaru/top-ics/vol51/index. html。

桶,潜在生产能力为每天 30 万～40 万桶。① 这一油田的发现进一步提升了伊朗在日本能源外交战略中的地位。日本甚至不顾美国的反对,积极改善与伊朗的关系。2000 年伊朗总统哈塔米访日,日本同意向伊朗提供74.94 亿日元贷款,以换得哈塔米承诺给予日本开发油田的优先谈判权。② 2004 年 2 月,日本与伊朗达成协议,共同开发阿扎德甘油田。该项目是日本历史上最大规模的石油开发项目。此外,日本还积极介入中东热点问题的解决进程。2003 年 12 月,小泉内阁不顾国内外的反对,正式批准派兵伊拉克的计划。时任日本外务大臣的川口顺子就指出,此举是 "因为日本 90% 的石油供应来自中东,伊拉克的复兴事关日本的国家利益"。③ 同时,日本还积极参与伊拉克重建,2003～2007 年日本共承诺向伊拉克提供 58.58 亿美元无偿资金援助,成为美国之外最大的对伊拉克援助国。④ 在日本政府的积极推动下,2009 年 12 月,日本石油资源开发公司(JAPEX)与马来西亚国家石油公司共同中标了位于伊拉克南部的哈拉夫油田,并于 2010 年 1 月与伊拉克签订合同正式开发该油田。预计 2012 年起可日产原油 5 万桶,2016 年后有望增至 23 万桶/日。⑤ 在伊拉克数一数二巨大油田区所处的南部巴士拉省,利用日本政府开发援助的炼油厂设备新建项目将于 2018 年内正式启动,日元贷款总额预计超过3000 亿日元(约合人民币 181 亿元)。日伊两国政府 2012 年就该项目达成协议,但因极端组织 "伊斯兰国" 等势力的影响而陷入停滞。日本希望援助生产石油制品的炼油项目,支持伊拉克重建。⑥

2018 年 2 月,日本经济产业省宣布,日本对其海外最大自主开发油田——阿联酋阿布扎比下扎库姆油田的权益已延长 40 年,但权益比重从

---

① 刘强著:《伊朗国际战略地位论》,北京:世界知识出版社,2007 年版,第 344 页。
② 日本外务省:「日本の ODA プロジェクト」,http://www.mofa.go.jp/mofaj/gaiko/oda/data/gaiyou/odaproject/middleeast/iran/contents_02.html#m021201。
③ 日本外务省:「第 159 回国会における川口外務大臣の外交演説」,http://www.mofa.go.jp/mofaj/press/enzetsu/16/ekw_0119.html。
④ 日本外务省编:「ODA 国別データブック 2008」,http://www.mofa.go.jp/mofaj/gaiko/oda/shiryo/kuni/08_databook/pdfs/04－04.pdf。
⑤ 日本经济产业省编:『エネルギー白書』,2010 年版,第 273 页。
⑥ 《日本政府开发援助在伊拉克援建炼油设备项目年内将启动》,http://world.huanqiu.com/exclusive/2018/10/13201501.html。

之前的 12% 下降至 10%。日本经济产业大臣世耕弘成表示，日本政府对此结果表示满意。阿联酋是日本进口原油的重要产地，从比重上看仅次于沙特阿拉伯，占比为进口总量的 1/4。[①]

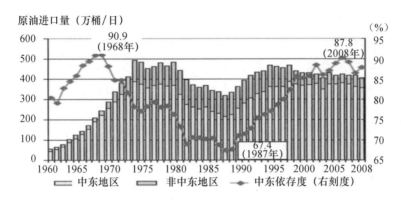

图 6 - 4　日本的原油进口量及对中东依存度

资料来源：日本経済産業省编：『エネルギー白書』，2010 年版，第 170 頁。

（二）发展与俄罗斯、中亚和非洲的能源合作

21 世纪以来，随着国际原油价格的飙升，日本加快了实施能源进口多元化战略的步伐。此时，强调能源兴国的俄罗斯和中亚国家开始引起日本政府的关注，并逐步成为其能源外交的重点地区。在俄罗斯，日本通过与俄罗斯合作勘探、开发油气田、共同修建远东石油管道等方式，积极谋求与俄罗斯的能源合作。在日本对俄能源外交的推动下，日本政府及企业积极参与了俄罗斯远东地区"萨哈林"1 号、2 号油气开发项目，而俄罗斯也基本按照日本对俄方铺设输油管道到日本海沿岸的希望，修建了远东石油管道。2009 年 2 月，日本资源能源厅与俄罗斯天然气工业公司和俄罗斯石油公司就合作事宜达成框架协议。根据协议，日本资源能源厅将对上述两个企业与日本企业及相关机构之间的合作提供支持。

---

① 《日本海外最大自主油田权益延长 40 年》，http：//www. nea. gov. cn/2018/03/02/c_137008648. htm。

日本石油天然气－金融矿产资源机构（JOGMEC）则与俄罗斯伊尔库茨克石油公司（INK）在伊尔库茨克进行联合勘探，并成功于 2010 年 10 月在俄罗斯西伯利亚东部 3 个矿区发现大规模油气田，预计可开采石油蕴藏量高达 0.5 亿吨（3.7 亿桶）。[①] 由于该矿区的原油与中东产原油相比较轻质，是硫磺成分较少的良质原油，一旦该油田正式投产，将有助于缓解日本对中东地区原油的依赖。2013 年 5 月，俄罗斯石油公司总裁伊戈尔·谢钦当天同日本国际石油开发株式会社（INPEX Corporation）社长北村敏明签署了一份合作协议。根据这份协议，双方将成立一家合资企业，共同开发位于鄂霍次克海的"马加丹－2"和"马加丹－3"区块。这两个区块的可采资源总量为 15.77 亿吨石油当量，日本公司在该项目中所占比例为 33.33%。位于鄂霍次克海大陆架的"马加丹－2"和"马加丹－3"油田总面积达 2.8 万平方千米，水下深度不超过 200 米。据消息人士透露，那里的石油储量预计为 34 亿桶，相当于日本三年的需求量。根据现有资料，油田勘探工作可于 2017 年启动，开采工作预计将在 2020 年中期展开。[②] 此外，日本在中亚通过频繁的高层访问、建立"日本—中亚外长会议"会晤机制、提供经济援助等方式全面建立与中亚国家的经济政治联系，试图将中亚培育成未来日本能源进口的新基地。如哈萨克斯坦于 2000 年在里海北部城市阿特劳附近发现了卡沙甘油田，这是可采量高达 130 亿桶的巨大油田。日本极力争取，获得了北里海国际石油开发公司 8% 的股权，积极参与该油田的开发。[③] 2012 年安倍上台以后，日本对中亚五国的政府开发援助（ODA）支出总额开始上涨。2017 年 3 月日本外务省公布的最新数据显示，2015 年其对中亚 ODA 支出总额几乎是 2014 年的两倍。这主要是基于近年来日本能源进口情况以及中亚能源资源市场形势的变化。其中主要是乌兹别克斯坦和哈萨克斯坦的铀、稀土资源以及土库曼斯坦的天然气资源与日本能源资

---

① JOGMEC:「ロシア連邦イルクーツク州における日露共同探鉱調査事業での油ガス発見について」，http://www.jogmec.go.jp/news/release/docs/2010/pressrelease_101025.pdf。

② 《日俄企业签署能源合作协议 日政府将全力支持》，http://tsrus.cn/caijing/2013/05/30/24515.html。

③ 日本经济产业省编:『エネルギー白書』，2010 年版，第 274 頁。

源进口关系的变化。乌兹别克斯坦的铀藏量比哈萨克斯坦更丰富，日本一直渴望与其进行铀矿开采合作，然而双方的合作进展非常缓慢。2011年日乌双方才签署了扩大贸易与投资合作备忘录以及铀业、稀土业领域合作协议和开采协议，标志着双方在矿产资源合作项目上进入具体实施阶段。2013 年 5 月土库曼斯坦开始在日本设置大使馆；9 月土库曼斯坦总统访日，双方签署《新合作伙伴关系联合声明》《日土政府间技术合作协议》以及《石油天然气领域合作备忘录》等共 6 项协议，标志着土日两国关系特别是在能源合作关系上取得重大进展。① 2013 年，日本企业参与开发的"巨无霸"油田——哈萨克斯坦卡沙甘油田开始投入商业生产。日本"国际石油开发帝石"欧美合资公司称，卡沙甘油田原油存储量最大达到 130 亿桶，相当于日本 10 年的原油进口量。② 在非洲，近年来日本政府也通过扩大贸易、投资和 ODA 等方式，加强与非洲国家的政治经济关系，以争取获得更多的石油资源。目前，日本的能源企业在政府的鼓励和支持下，已经获得了埃及、利比亚、阿尔及利亚等国一些油气项目的开采权。

（三）开展与亚太地区国家之间的协调与合作

亚太地区也是当前日本能源外交的优先方向之一。一方面是因为亚洲的印度尼西亚、马来西亚、文莱等国是日本天然气和部分石油的进口来源地，印度尼西亚还是日本最大的液化天然气供应国，因此与这些国家开展能源合作无疑非常重要；另一方面，亚洲的中国、韩国等资源需求国正在实行能源进口多元化战略，这无疑与日本的对外能源战略存在利益冲突。因此，如何协调与这些国家之间的能源关系自然成为日本亚洲能源外交的重点。为此，日本政府一方面强调要加强在亚太经合组织能源小组框架内的合作，另一方面也积极推动东亚能源共同体的建设。此外，在核能、新能源、绿色能源技术、石油储备等方面，日本也积极与亚洲其他国家进行协调与合作。总的来看，日本正从多个角度全面推

---

① 王生、赵师苇：《安倍政府的中亚 ODA 政策研究》，载《当代亚太》，2017 年第 5 期。

② 《日本谋求多渠道油气供给 积极参与中亚油田开发》，http://money.163.com/13/0913/17/98LVKP7N00254TI5.html。

进其亚太能源外交战略，以确保其能源安全利益，并最终构筑有利于日本的亚洲地区能源合作框架。

四、日本对华能源外交

（一）日本对华能源外交战略的调整

1973 年，日本首次从中国进口了 113 万吨石油。[①] 此后的近 20 年间，随着中国石油产量的迅速增加和日本经济高速增长对石油需求的不断扩大，加上当时中日政治关系比较稳定，这使得日本对华能源政策比较温和，基本上采取的是合作态度。日本希望中国成为自己的能源供应国，并保持中日稳定能源供给关系。1978 年以来，日本通过与中国定期签订《中日长期贸易协议》，与中国约定进口石油和煤炭的数量，确保从中国稳定的进口能源。

自 20 世纪 90 年代以来，在国内石油产量增速放缓，国民经济高速发展的状况下，中国对石油进口的需求迅速增长。从 1993 年开始，中国由石油净出口国转变为石油净进口国。2003 年中国超过日本成为仅次于美国的全球第二大能源消费国。2000～2008 年的 8 年间，中国石油进口年增长率达到 12.39%，尤其是 2003～2006 年的石油年增长率高达 16.79%。2004 年中国进口石油首次超过亿吨，达到 1.23 亿吨。[②] 2010 年以来，中国石油对外依存度已经超过 55%，据估计，到 2020 年，中国石油对外依存度将上升至 64.5%。[③] 由于中国已经没有向日本供应石油的能力，因此在 2005 年中日第六次签订的《中日长期贸易协议》中，首次取消了中国对日出口石油的约定，中日失去了在能源领域开展合作的一个重要方式。

与此同时，近年来中国能源需求的急遽增加引起了日本各界的极大

---

① ［日］日本通商产业省通商产业政策史编纂委员会编，中国日本通商产业政策史编译委员会译：《日本通商产业政策史》（第 16 卷年表统计），第 127 页。

② 崔民选主编：《2010 中国能源发展报告》，北京：社会科学文献出版社，2010 年版，第 327－328 页。

③ 国家石油和化工网，http：//www.cpcia.org.cn/news/view.asp? id＝67908。

关注。2004 年 9 月，日本经济产业省综合资源能源调查会出台的《2030
年能源需求展望中期报告》中指出，日本将把中国能源需求的增长视为
影响日本未来全球能源战略的重要因素。[①] 而在 2004 年日本的《能源白
皮书》中，日本更是强调要把中国的能源发展趋势作为制定本国能源政
策的依据和立足点，[②] 其欲与中国展开全球能源争夺的意图已昭然若揭。

中东是"世界油库"，也是中国石油进口的首要源区，2001 年中国
对中东地区的石油依存度达到 56.2%。[③] 为了摆脱过度依赖中东石油的
局面，中国开始实施能源进口多元化战略，以保障中国能源安全和经济
的可持续发展，并成功将对中东地区石油依存度降至 2008 年的
50.1%。[④] 而中国的能源进口多元化战略无疑又与具有同样战略意图的
日本发生了战略碰撞。近年来，中日在俄罗斯远东石油管道的修建、中
亚油气资源的争夺和东海油气田的开发等问题上频频发生冲突，就是双
方能源战略碰撞的直接表现。因此，日本的对华能源外交战略也逐渐从
合作主导型向合作与竞争并存型发生转变。

（二）中日在能源领域的竞争

近年来，中日在能源领域的竞争主要表现为对能源供应地和能源管
线走向上的争夺。其中，在俄罗斯、中亚等地的竞争尤为激烈。

1．在俄罗斯的竞争

近些年，中日在俄罗斯能源领域竞争的焦点集中在远东石油管道的
走向上。1994 年，俄罗斯尤科斯石油公司向中方提出修建一条从俄罗斯
西伯利亚直达中国大庆的石油运输管道的建议，具体路线是，西起俄罗
斯伊尔库茨克州的安加尔斯克油田，绕过贝加尔湖后，向东进入中国，
直达大庆，俗称为"安大线"。预计管道建设好后，俄每年将向中国出

---

① 日本総合資源エネルギー調査会：「2030 年のエネルギー需給展望（中間とりまとめ
原案）」，http：//www. rieti. go. jp/jp/events/bbl/bbl040902_s. pdf。
② 日本経済産業省編：『エネルギー白書』，2004 年版，http：//www. enecho. meti. go. jp/
topics/hakusho/2004/html/16011132. html。
③ 崔民选主编：《2010 中国能源发展报告》，第 333 页。
④ 同上，第 335 页。

口原油 2000 万吨，2010 年后每年将出口原油 3000 万吨。① 然而，从 2002 年下半年开始，日本就不断介入"安大线"项目，提出修建另外一条石油管道"安纳线"以替换"安大线"。日方提出的"安纳线"是从东西伯利亚经过远东地区到太平洋港口的石油运输管道，起点仍然是安加尔斯克，但终点改成太平洋港口城市纳霍德卡。此后，为了获得俄罗斯政府对"安纳线"的支持，日本频频发动外交攻势。2002 年，时任日本首相的小泉纯一郎利用各种机会，多次与俄罗斯总统普京举行首脑会谈。日俄外长也在 2002 年进行了多达六次的直接会谈。2003 年 1 月，小泉纯一郎访问俄罗斯，达成"日俄行动计划"，其主要内容之一就是加强日俄能源合作。小泉首相在与俄罗斯总统普京的会谈中，承诺日本将向俄罗斯"萨哈林"项目共投资 80 亿美元，并表达了对远东石油管线的关注，提出与俄罗斯在修建管线过程中加强合作。② 2003 年 7 月和 9 月，俄罗斯政府先后否决了"安纳线"和"安大线"两个项目计划。尽管日本提出的"安纳线"计划未能如愿，但是中俄谈判十年的"安大线"方案也宣告流产。

日本推出"安纳线"的战略意图十分明显，日本希望开辟一条从俄罗斯远东进口原油的通道，以缓解日本旺盛的原油需求。"安大线"是一条通往中国的石油管道，主要满足中国的能源需求，日本很难从中直接受益，对此日本不能接受。至于俄罗斯否决"安纳线"和"安大线"的原因，根据俄罗斯自然资源部解释，因为这两条管道距离贝加尔湖都太近，存在着相当大的生态和环保风险。不过，还有另外两个不能忽视的原因，那就是"安大线"方案中俄方的主要推动者及参与者尤科斯石油公司的倒台和日本的从中作梗。

2004 年，俄罗斯石油管道运输公司在"安纳线"基础上提出了远东石油管道的新方案。这条石油管道计划起点是东西伯利亚的泰舍特，途经贝加尔湖北部，然后沿着贝加尔—阿穆尔大铁路和中俄边境地区，通往俄罗斯远东港口纳霍德卡，简称"泰纳线"。新管道主要输送俄罗斯

---

① 何中顺著：《新时期中国经济外交理论与实践》，第 220 页。

② 日本外务省：「日露首脑会談（概要）」，http://www.mofa.go.jp/mofaj/kaidan/s_koi/russia_03/jr_kaidan.html。

西伯利亚的原油至远东地区，再向中国、日本和韩国等国家出口。2004年12月31日，工程正式开工。2009年4月，东西伯利亚—太平洋石油管道通往中国的支线在俄罗斯阿穆尔州斯科沃罗季诺市开工建设。2010年9月27日，中俄原油管道正式竣工。这意味着日本与中国在远东石油管道走向上的争夺基本上尘埃落定。2018年1月1日，中俄原油管道正式投入使用，设计产能每年将达1500万吨。随着中俄原油管道一线二线全部投产，俄罗斯每年可向中国输入的原油量也将增至3000万吨。从结果来看，尽管中国抢先日本一步成为俄罗斯远东石油管道的直接顾客，但是远东石油管道也基本上符合日本原计划的希望，俄方铺设输油管道到日本海沿岸的设想。在这场有关远东石油管道走向的能源争夺战中，日本成功地促使俄罗斯改变初衷，修建了一条基本上符合日本计划的通往太平洋沿岸的石油管道，这无疑是日本对俄罗斯积极开展能源外交的结果。

2. 在中亚的竞争

近年来，由于独特的地理位置、丰富的资源储备以及不断提升的战略地位，中亚已经成为世界大国关注的重要地区。俄罗斯、欧盟、美国、日本和中国都对中亚的丰富资源有着巨大的利益诉求，各方之间的争夺也日趋激烈。中日在中亚的能源竞争主要表现在，日本为防止中国在中亚能源开发、运输和贸易中占据主导地位，而不断加大对中亚的外交力度和经济渗透，并希望通过修建绕开中国的油气管线，削弱中国与中亚油气管线的影响力。

中国与中亚的能源合作虽然起步较晚，但是凭借着毗邻的地理优势和同为上海合作组织成员国的良好政治基础，近年来中国对中亚能源资源勘探、开发和运输的投入大幅增加，并取得良好的效果。2006年5月25日，中国—哈萨克斯坦石油管道正式对华输油，这标志着中国首次实现以管道方式从境外进口原油。中哈石油管道全长962.2千米，西起哈萨克斯坦的阿塔苏，东至中国阿拉山口，2004年9月开工，2005年11月竣工，可每年输送1000万吨石油。[①] 中哈石油管道是中国为减轻对马

---

① 许勤华著：《新能源政治：中亚能源与中国》，北京：当代世界出版社，2007年版，第207页。

六甲海峡的过度依赖，寻求长期稳定的陆路能源供应的新尝试，预示着中国开始进入安全多元化供油时代。2009 年 12 月 14 日，中国—中亚天然气管道成功实现通气。该管道西起阿姆河右岸的土库曼斯坦和乌兹别克斯坦边境，经乌兹别克斯坦中部和哈萨克斯坦南部，从阿拉山口进入中国境内后，连接国内西气东输二线。该管道是中国第一条引进境外天然气资源的跨国能源大动脉，全长约 1883 千米，其中土库曼斯坦境内长 188 千米，乌兹别克斯坦境内长 530 千米，哈萨克斯坦境内长 1300 千米。据前期预测，随着项目全面竣工，将逐步达到每年从中亚地区向中国稳定输送约 300 亿立方米的天然气供应量，相当于 2007 年中国国内天然气总产量的一半左右。中亚天然气管道自 2009 年 12 月 A 线竣工投产，每年从中亚国家输送到国内的天然气，约占全国同期消费总量的 15% 以上。截至 2018 年 6 月 30 日，累计监管进口天然气 15937.2 万吨。① 除油气合作以外，中国还十分重视该地区铀资源的开发。哈萨克斯坦的铀蕴藏量位居世界第二，中国与该国建立了良好的双边关系。在铀资源合作问题上，中国秉承互利共赢的原则，在获得开发哈萨克斯坦铀矿开采许可的同时，也允许哈方参与中国境内核电站的建设，此举无疑有利于提高哈方自主开发利用核能的能力。

中国与中亚卓有成效的能源合作给日本造成了巨大压力。日本一方面担心其与中亚的能源关系"出现空白"，另一方面，也极不愿看到中国掌握中亚能源开发、运输与贸易的主导权，认为这会阻碍日本能源进口多元化战略的实施。为此，近年来日本通过频繁的高层访问、建立"中亚＋日本"对话机制、提供经济援助等方式全面建立与中亚国家的经济政治联系，试图将中亚培育成未来日本能源进口的新基地。

1997 年，时任日本首相的桥本龙太郎在演讲中提到要以中亚和高加索八国为目标开展"丝绸之路外交"，提出要推动与中亚各国的政治对话、经济及资源开发合作、和平建设。② 日本推出"丝绸之路外交"的

① 《2018 年上半年中亚天然气管道向中国输气 1635.6 万吨 同比增加 18.75%》，http：//www.oilone.cn/201807/18/6300.html。

② 日本外务省：『「対シルクロード地域外交」について』，http：//www.mofa.go.jp/mofaj/kaidan/yojin/arc_02/silkroad_a.html。

目的很明确，即通过发展与中亚和高加索八国的外交关系，谋求日本在该地区的政治经济利益，进而争取该地区能源开发和贸易的主导权。但由于种种原因，日本这一战略并没有能够顺利展开。2004 年 8 月，时任日本外务大臣的川口顺子访问乌兹别克斯坦、哈萨克斯坦、塔吉克斯坦和吉尔吉斯斯坦等中亚四国，在她的倡议下，启动了"中亚 + 日本"对话机制，并召开了首届"中亚 + 日本"外长会议。会后发表的共同声明确认了今后中亚与日本将建立多层次的对话机制，包括外长会议、高级官员会议以及双方产管学界共同参与的东京对话等形式。截止到 2018 年 1 月，"中亚 + 日本"对话机制共召开了六次外长会议，十二次高级别会议，十次学术对话，三次专家会议和贸易对话。

2005 年日本外务省将欧洲局的"新独立国家室"改组为"中亚—高加索室"，希望通过完善相关体制来加强对中亚和高加索地区的渗透。2006 年 6 月 1 日，时任日本外务大臣的麻生太郎在日本记者俱乐部发表演说时指出，尽管目前日本没有直接从中亚地区进口油气资源，但是中亚地区的原油日产量可达 200 万桶，相当于日本每日进口原油的 3 ~ 4 成；中亚地区的天然气年产量约为 1300 亿立方米，相当于日本进口量的 1.6 倍。① 因此，加强日本与中亚地区的外交以获取该地区的能源资源对日本而言至关重要。同年 6 月 5 日，在日本举行的第二届"中亚 + 日本"外长会议上，麻生太郎与中亚五国外长签署了首份名为"行动计划"的合作方案，其中着重提到要加强日本与中亚各国的能源合作。日本还提出了"南方路线"，决定帮助中亚修建一条连接塔吉克斯坦和阿富汗的公路和油气管线，打通中亚通向印度洋的出口，从而将中亚的石油和天然气直接输往日本。同年 8 月，日本首相小泉纯一郎访问了哈萨克斯坦和乌兹别克斯坦，这既是日本首相首次访问中亚国家，也是小泉以首相身份最后一次参加双边外交互动，预示了中亚地区在日本今后外交战略中的重要地位。

2010 年 8 月 7 日，日本外务大臣冈田克也在乌兹别克斯坦首都塔什

---

① 麻生太郎：『中央アジアを「平和と安定の回廊」に」』，http：//www. mofa. go. jp/mofaj/press/enzetsu/18/easo_0601. html。

干举行的第三次"中亚＋日本"外长会议上称，日本将加大对中亚国家的援助力度，在反对恐怖主义、打击毒品走私、建设基础设施等方面加强与中亚国家的合作。他特别强调中亚地区自然资源丰富，地缘政治地位重要，日本打算与中亚各国加强联系。冈田克也还提议，2011 年 3 月底之前在东京举办一次"中亚＋日本"经济合作论坛，进一步加强日本与中亚五国的经济联系。

总的来看，从 2004 年日本策划启动"中亚＋日本"对话机制以来，日本对中亚的能源外交日趋积极，务实性渐强。但是由于中国占据着天然的地缘优势，加上中国与中亚国家之间存在着上海合作组织这一关系到中亚安全与合作的主要机制，因此日本要"后来居上"，插足中亚事务，甚至主导中亚能源走向，这不是召开几次"日本—中亚外长会议"就能解决的，而且考虑到阿富汗、巴基斯坦等国的复杂安全形势，日本提出的"南方路线"等计划实施起来无疑也难度重重。

（三）中日在能源领域的合作

纵观当前国际能源形势，中日能源关系总体上是一种竞争多于合作的格局。出于双方各自的战略利益考虑，中日两国在能源领域的合作一直难以取得突破性的进展。但是不能否认中日两国在能源领域的合作仍然具有相当大的空间，双方在能源对话、技术交流、节能环保以及区域能源合作等领域都展开了沟通与合作。

1. 开展政府间能源对话

能源对话是政府间就能源问题展开的专题高层会晤，对增进了解和互信，探索解决事关双方利益的重大能源问题的有效途径有着重要的意义。近年来，中日也开始尝试举行政府间能源对话，以减少或消除双方之间在能源领域的摩擦，推动双方的能源合作。2007 年 4 月 12 日，时任日本经济产业大臣的甘利明与中国国家发展和改革委员会主任马凯在东京举行了中日第一次部长级能源政策对话，并共同主持召开中日能源合作研讨会。在能源政策对话上，甘利明与马凯就节能、煤炭、核能、多边能源合作等问题进行了广泛的意见交流。会后，中日共同签署了《关于加强两国在能源领域合作的联合声明》，双方一致认为，加强在节能环保、石油替代、新能源等方面的合作，是中日战略互惠关系的重要内容，是促进中日经济关系发展的重要增长点。①

2. 在节能环保领域的合作

中日在节能环保领域的合作始于 1977 年日本环境代表团首次访华之时。进入 21 世纪以来，虽然中日政治关系一度转冷甚至恶化，贸易领域的摩擦也时有发生，但中日政府和企业在节能领域的合作从未间断。近年，日本政府和企业通过直接投资、政府贷款、无偿援助等多种方式向中方出让了包括节能降耗及环境保护技术在内的许多高新技术产品，协助中国建设了江苏宜兴环保科技园、长江上中游江西造林工程、长江上中游湖北造林工程、内蒙古呼和浩特市水环境治理工程和内蒙古赤峰市松山区风力发电厂等一系列环保项目。2007 年 4 月 12 日，在东京举行的"中日能源合作研讨会"上，中日双方就节能技术的提供及共同研究开发新能源达成共识，并签署了 6 项合作协定。其中新日本石油公司与中石油集团签署了一项长期合作备忘录，新日本石油公司同意向中国提供石油精炼技术和石化产品技术，另外在开发生物燃料等新能源上也同意展开技术合作，同时加强在能源安全和环保方面的合作。2010 年 10 月，中国汽车技术研究中心与日本丰田汽车公司签署新能源汽车战略合作协议，双方将在技术合作、产品研发、产业促进等多个层面展开交流。该合作协议的签署对中国推动新能源汽车产业的发展具有重要意义。可以预测，中日在新能源和环保领域的合作将有极大地提升空间。2018 年 11 月 25 日，由中国国家发展改革委、商务部与日本经济产业省、日中经济协会共同举办的第十二届中日节能环保综合论坛在国家会议中心举行。双方共签署了涉及节能与新能源开发、污染防治、循环经济、应对气候变化、智慧城市、第三方市场等领域的 24 个合作项目。②

3. 在有效利用能源和建立石油战略储备体系等方面的合作

日本是一个资源极度缺乏的国家，除采取多种措施维持长期稳定的能源进口以外，历来还十分重视石油等能源的高效利用和石油战略储备

---

① 《人民日报》，2007 年 4 月 14 日。

② 《第十二届中日节能环保综合论坛在北京举行》，http：//www.ndrc.gov.cn/xwzx/xwfb/2018/11/t20181125_920497.html。

技术的重点研发。早在 20 世纪 70 年代，为了避免石油危机的再次出现对日本经济发展造成不利影响，日本开始建立了石油储备制度，经过几十年的不断完善，目前日本的石油战略储备技术已经接近世界一流水平，其国家和民间拥有的战略石油储备量远远超过经济合作与发展组织（OECD）要求满足全国 90 天需求的标准，足够日本使用半年左右。相比之下，中国的石油战略储备体系十分落后。直到 2003 年中国才正式启动了国家战略石油储备基地的建设工作，并选定了镇海、舟山、大连和黄岛作为第一批石油储备基地。2009 年 2 月，全国能源工作会议宣布，石油储备二期工程已经规划完毕，包括锦州等八个战略石油储备基地有望在年内开工建设。但是由于缺少资金，到 2010 年中国的石油储备量仅能够达到年进口石油 30 天的数量，还远未达到发达国家 90 天的水平。可以说，在今后石油储备体系的完善阶段，中国很需要学习和借鉴日本的经验。

4. 在构建东亚区域内多边能源合作机制上的合作

日本对加强与包括中国在内的东亚能源合作一直持比较积极的姿态。2002 年 9 月，日本在"10 + 3"会议上发出东亚能源合作倡议。2003 年 10 月，中日韩领导人在印尼巴厘岛举行了第五次会晤，并发表了《中日韩推进三方合作联合宣言》，其中日本呼吁推进三国在能源领域的互利合作，共同加强地区和全球的能源安全。2004 年 6 月，在青岛举行的亚洲合作对话外长会议上，日本也充分肯定了亚洲能源合作的重要性。对中国来说，开展东亚能源合作也是我国能源外交的优先方向之一。2007 年 4 月 12 日，在东京举行的第一次中日部长级能源政策对话会议上，中方就提出了"中日双方加强在多边合作框架下的政策协调，共同维护全球能源安全"。2017 年，中国国务院总理李克强出席第 20 次东盟与中日韩（10 + 3）领导人会议时，提出要凝聚共识，坚定支持区域一体化、推动建设东亚经济共同体建设，明确表示能源产业为代表的产能和投资等六大领域将是未来东亚国家的重点合作方向之一。在"一带一路"倡议的积极推动下，未来东亚区域能源领域的全面合作势必成为今后东亚区域合作的一大亮点。另外，中日韩、澜沧江—湄公河、东盟东部增长区等次区域合作将为地区能源合作提供有益补充。东亚各国能源合作诉求并不一致。中、日、韩三国作为能源消费和进口大国，在能源贸易与能源储备、开发等领域实质性合作不足，在国际油气市场的定价话语权尤其是"亚洲溢价"问题上有着共同诉求，中日韩领导人会议等机制可成为三国未来能源合作的平台。[①] 尽管如此，应该看到目前日本在推动东亚多边能源合作问题上基本上还是停留在外交姿态上，对于多边合作开发往往避而不谈，实际上这符合日本构筑有利于其亚洲地区能源合作框架的总体思路。但是不能忽视的一点是，同为东亚能源进口和消费大国的中国和日本在构建多边能源合作机制，加强区域能源合作问题上存在着诸多共同利益，在能源进口通道的安全保障、能源储备和能源利用技术合作交流、新能源开发等领域中日之间存在着巨大的合作空间。

---

① 张坤：《打造东亚能源共同体：现实与愿景》，载《中国石油报》，2017 年 12 月 12 日第 2 版。

第七章

能源出口国的能源
安全与能源外交

第一节　能源出口国能源安全的特点

能源出口型国家是指世界上拥有大量油气田、具备强大生产和出口能力的国家，包括波斯湾地区、里海—中亚地区、北美洲、拉丁美洲等14~15个国家。这些国家中的大部分属于欧佩克成员国（如沙特阿拉伯、委内瑞拉等），还有一些国家是独立的（如挪威）或者新兴的能源输出国（如俄罗斯）。

如何认识这些能源出口型国家？一方面，我们要看到这些国家无论是在国家制度、社会经济发展水平、国内政治稳定程度、宗教和文化价值观，还是在地缘政治利益、国际影响力等方面都存在着巨大的差异，而且它们的油气储量、生产能力、能源出口收入占财政收入的比重也不尽相同。由于能源出口对各个国家政治经济发展影响不一样，所处地缘政治环境差别很大，所以这些国家的能源外交优先发展方向也有很大差别，这导致了虽然这些国家都有维护世界能源市场稳定的良好愿望，但是它们在国际能源市场和投资市场上很多时候是一种竞争的关系。这也使得这些国家很难有效联合起来保护它们的集体利益，比如说21世纪初主要石油出口国都不能执行缩减石油产量和出口的义务。这与能源进口型国家（工业发达国家）情况显然不同，第一次石油危机后的历史证明，发达工业国家在面对国际能源安全问题时基本上能够共同应对，国际能源署的建立和发展就是一个很好的证明。

另一方面，不能忽视这些国家也具备一定的共性：第一，大部分能源出口型国家的油气生产部门都归政府管理，并通过国有公司行使职能，而且这些公司都具有垄断地位；第二，这些国家都有计划发展或支持为满足对外经济利益所需的油气工业，为此，这些国家都努力对能源工业实行包括私有化在内的改革，以吸引国内外投资；第三，许多国家逐步放开对外国公司参与开发油气资源的限制，它们通常使用的方式是，以产品分成协议或它的变异方式吸引跨国公司的参与；第四，这些国家能源外交最主要战略目标是保持适度高的油价、避免油价的剧烈变化；第五，通过分析 21 世纪初期这些国家的对外能源政策可见，它们对世界能源市场形势的影响以及对世界能源政治的影响力都在提升。[①]

俄罗斯既是传统的能源出口大国（苏联阶段），也是新兴能源大国，它虽然独立于欧佩克之外，但是依靠丰富的能源资源、坚实的能源工业基础和燃料动力综合体系中的潜力对全球能源市场和国际能源格局发挥着重要的影响力，本章将以俄罗斯为例阐述能源出口国的能源安全与能源外交。

第二节　俄罗斯的能源安全状况

一、能源安全形势总体平稳

相比其他能源出口型国家，俄罗斯具有完善的、运转良好的燃料动力综合体系统，这从根本上奠定了俄罗斯的能源安全，而近年来俄罗斯一系列能源生产、出口政策的出台更为俄罗斯能源安全提供了强有力的保障。

（一）俄罗斯油气储备十分丰富

俄罗斯是一个极具自然资源禀赋优势的国家。根据英国石油公司（BP）2018 年的最新统计数据显示，截至 2017 年底，世界石油剩余探明储量为 2393 亿吨（约合 16966 亿桶），其中俄罗斯储量为 145 亿吨（约合 1062 亿桶），占世界剩余探明储量的 6.3%，居世界第六位（除中东地区外，位于委内瑞拉和加拿大之后居世界第三位）。世界天然气剩余

---

① ［俄］斯·日兹宁著，强晓云、史亚军、成键等译，徐小杰主审：《国际能源政治与外交》，上海：华东师范大学出版社，2005 年 8 月，第 170 页。

探明储量为 193.5 万亿立方米，其中俄罗斯储量为 35.0 万亿立方米，占世界剩余探明储量的 18.1%，居世界第一位（参见表 7 - 1）。[①]

表 7 - 1　俄罗斯的油气储量

	剩余探明储量	占世界比例	储产比（年）
石油	145 亿吨	6.3%	25.8
天然气	35.0 万立方米	18.1%	55.0

资料来源：BP 世界能源统计年鉴（2018 年）。

　　另外，其他许多国际能源调查机构对俄罗斯拥有的石油天然气资源持有更乐观的看法。例如美国地质调查局（USGS）早在 2000 年发表的报告中指出，俄罗斯石油剩余储量为 187.55 亿吨，天然气剩余储量为 39.48 兆立方米，对于石油储量的统计远远高于 2018 年 BP 公司的统计。其中，西西伯利亚的石油和天然气储量都非常丰富，分别占俄罗斯全国储量的 69% 和 78%（参见表 7 - 2）。日本石油矿业联盟 2002 年发表的报告也认为俄罗斯石油剩余储量为 173.64 亿吨，仅次于沙特阿拉伯居世界第二位，天然气剩余储量为 36.68 兆立方米，位居世界第一位，这一数字与 USGS 的统计接近。另外世界石油跨国公司埃克森美孚公司进行的一项研究表明，全球石油资源可以用到 2050 年。按年产 5 亿吨计算，俄罗斯已探明石油蕴藏量可开采 38 年，未勘探石油蕴藏量可开采 31 年。

表 7 - 2　俄罗斯不同地区石油和天然气储量

地区	石油（单位：10 亿桶）					天然气（单位：兆立方英尺）				
	已探明储量	未勘探储量				已探明储量	未勘探储量			
		陆地	海域	合计	%		陆地	海域	合计	%
季曼—伯朝拉	9.8	5.7		5.7	7	24.3	52.1	—	52.1	5
伏尔加—乌拉尔	21.2	2.5		2.5	3	82.8	3.9	—	3.9	0

---

　　① 《BP 世界能源统计年鉴（2018 年）》，http：//www.bp.com/liveassets/bp_internet/china/bpchina_chinese/STAGING/local_assets/downloads_pdfs/Chinese_BP_StatsReview2018.pdf。

续表

地区	石油（单位：10亿桶）					天然气（单位：兆立方英尺）				
	已探明储量	未勘探储量				已探明储量	未勘探储量			
		陆地	海域	合计	%		陆地	海域	合计	%
巴伦支海	—	0.3	0.3	0		70.0	—	249.1	249.1	21
西西伯利亚	93.4	51.7	3.5	55.2	71	1051.6	239.1	403.9	642.9	55
东西伯利亚	2.3	2.8	—	2.8	4	35.2	63.0	—	63.0	5
北萨哈林	1.4	0.2	2.4	2.6	3	22.2	3.1	5.3	57.5	5
其他	9.4	3.4	4.9	8.3	11	124.1	36.8	63.5	100.2	9
总计	137.5	66.3	11.1	77.4		1410.2	398.0	770.8	1168.7	

资料来源：USGS, World Petroleum Assessment, 2000。

（二）俄罗斯油气生产能力极强

俄罗斯不仅能源储备丰富，而且具有超强的油气生产能力。石油和天然气在俄罗斯能源生产中的比例超过了80%，其产量的多少直接关系到俄罗斯燃料动力综合体整体能源的产量变化。

俄罗斯历史上就是一个产油大国。1980年苏联的石油产量曾达到创记录的6.03亿吨（这一高点俄罗斯至今未能突破）。1991年苏联解体给俄罗斯的燃料动力综合体带来了极大的打击。俄罗斯的石油产量从1990年的5.159亿吨持续下降到1996年的3.029亿吨，这也是俄罗斯独立以来的最低产量。此后1998年的卢布贬值和1999年以来国际原油价格的大幅飙升，使俄罗斯能源公司的出口收益大幅增加，利润的增加促使俄罗斯政府和能源企业扩大对石油生产部门的投资。受此影响，俄罗斯石油产量从1999年的3.048亿吨提高到了2016年的5.47亿吨，基本实现了18年连续增产，仅在2008年受金融危机的影响稍有下降（参见图7-1）。从2003年开始，俄罗斯石油的日产量超过沙特阿拉伯，重新回到世界第一产油国的位置。

俄罗斯天然气产量从1990～1997年的下降幅度不如石油领域那样明显。1993～2002年，俄罗斯的天然气产量一直在5500亿～5700亿立方米左右徘徊。2003年开始俄罗斯天然气产量出现较大幅度增长，当年产量达到5950亿立方米，较前一年同期增长7.2%。2004年，俄罗斯的天然气产量突破 6000 亿立方米，达到 6200 亿立方米，此后一直到 2012 年，产量基本维持在 6500 亿立方米左右。期间 2009 年的产量一度大幅下挫至 5275 亿立方米，跌幅近 20%，其主要原因是经济衰退导致国内需求下降和欧洲需求的减少（参见图 7-1）。2013 年，俄罗斯的天然气产量达到 6678 亿立方米，此后产量虽略有下降，但基本保持稳定，维持在 6400 亿立方米左右。

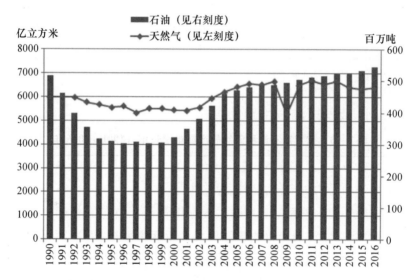

图 7-1　俄罗斯石油和天然气生产状况（1990~2016 年）

资料来源：俄罗斯联邦工业能源部。

　　而石油和天然气产量的年增长率似乎更能从宏观上反映近年俄罗斯油气的生产状况。石油方面，1991~1999 年，俄石油产量的年均增长率为 -5.52%，仅在 1997 年和 1999 年为正值，分别是 1.49% 和 0.16%，其余年份均为负值，尤其是 1991~1994 年，年增长率分别是 -10.47%、-13.66%、-11.01% 和 -10.51%，显示出产量大幅下降。2000~2009 年，俄石油产量年均增长率为 5.02%，其中 2000~2004 年是高增长期，2003 年更是达到了 11.17% 的最高值，仅在 2008 年增长率为负值，为 -0.61%。2010~2016 年，俄石油产量年均增长率为 1.47%，整体增长较为缓慢但相对稳定。2016 年达到年增长率最高值，为

2.43%。天然气方面，1991~1999年，俄天然气产量的年均增长率为 -
5.52%，其中仅1991年、1996年和1998年为正值，分别是0.32%、
1.03%和3.51%，其余年份均为负值，1997年年增长率为 -5.08%，是
降幅最大的年份。进入21世纪后，俄天然气基本保持了稳定增长的势
头，与石油生产不同的是，天然气的产量从2002年才开始恢复正增长。
2000~2009年，俄天然气的年均增长率为 -1.41%，其中2000年、
2001年、2007年、2009年为负值，为 -1.09%、-0.48%、-0.79%
和 -20.68%，2009年是降幅最大的年份。2010~2016年，俄罗斯天然
气产量年均增长率为3.12%，其中2010年增幅最大，为23.28%。整体
来看，俄罗斯天然气产量虽有波动，但近年来基本维持在6400亿~6700
亿立方米之间。

表7-3 俄罗斯石油和天然气产量年增长率（1991~2016年）

年	石油	天然气
1991	-10.47%	0.32%
1992	-13.66%	-0.40%
1993	-11.01%	-3.50%
1994	-10.51%	-1.75%
1995	-2.14%	-1.94%
1996	-2.54%	1.03%
1997	1.49%	-5.08%
1998	-1.01%	3.51%
1999	0.16%	-0.05%
2000	6.07%	-1.09%
2001	7.67%	-0.48%
2002	9.05%	2.30%
2003	11.17%	7.23%
2004	8.77%	4.20%
2005	2.40%	3.35%

续表

年	石油	天然气
2006	2.13%	2.40%
2007	2.29%	−0.79%
2008	−0.61%	2.15%
2009	1.23%	−20.68%
2010	2.23%	23.28%
2011	1.19%	3.11%
2012	1.37%	−2.31%
2013	0.97%	1.95%
2014	0.76%	−3.88%
2015	1.33%	−1.00%
2016	2.43%	0.71%

资料来源：俄罗斯联邦工业能源部。

俄罗斯天然气生产主要来源于西西伯利亚地区，该地区的天然气产量占到了俄罗斯天然气总产量的 92%，其中又以乌连戈伊、亚姆堡、梅德韦日耶这三个天然气田的产量最多。此外，远东萨哈林地区、巴伦支海、喀拉海和鄂霍次克海等海域也是俄罗斯潜在的天然气生产基地。

（三）俄罗斯油气出口

近年来，国际油价持续在高位徘徊，俄罗斯也借此提高油气出口量，并将此作为加速经济复兴和提升大国地位的重要手段之一。

2000 年俄罗斯出口石油 1.32 亿吨，此后俄石油出口基本保持稳步增长态势，2005 年石油出口为 2.52 亿吨，达到历史最高水平。2008 年受全球金融危机的影响，俄石油出口较前一年下降 7%，为 2.21 亿吨（参见表 7-4）。从 2010 年开始，俄罗斯石油出口小幅下降，主要原因是世界经济复苏乏力，尤其是新兴国家经济增速放缓，导致对能源和大宗产品需求下降。2015 年后，俄罗斯石油出口又恢复了增长的趋势。

近年石油出口的增加提升了俄罗斯在世界石油出口国家中的排名。

2004 年，俄出口的石油占世界出口总量的 7.5%，位居沙特阿拉伯（占世界出口总量的 18%）之后，成为世界第二大石油出口国。俄罗斯的石油出口具有多元性，其出口目标国或地区多达 50 个，这有力地保障了俄石油出口的安全性和自主性，巩固了其石油出口大国的地位。目前，欧洲是俄罗斯石油出口的主要市场，约占俄石油出口的 60%。根据《2020年前俄罗斯能源战略》，在未来 20 年内，俄罗斯将仍以欧洲作为其主要的石油出口市场。

表 7 - 4   俄罗斯石油和天然气出口（1992~2017 年）

年份	石油出口量（百万吨/年）	天然气出口量（10 亿立方米/年）
1990 年	228.0	265.0
1994 年	126.0	184.0
1996 年	126.0	197.0
1999 年	133.0	205.0
2000 年	132.0	194.0
2001 年	147.0	181.0
2002 年	190.0	185.0
2003 年	228.0	189.0
2004 年	222.2	200.0
2005 年	252.4	206.8
2006 年	249.9	201.1
2007 年	238.3	174.0
2008 年	221.6	185.7
2009 年	247.4	167.1
2010 年	250.6	152.7
2011 年	242.0	192.7
2012 年	239.6	185.8
2013 年	234.9	204.9
2014 年	221.5	189.2
2015 年	241.3	207.5
2016 年	253.7	202.3
2017 年	256.9	224.0

资料来源：俄罗斯联邦国家统计委员会、俄罗斯经济发展和贸易部。

　　相比石油出口而言，俄罗斯天然气出口在世界天然气出口中占的比重更大，目前俄罗斯是世界上最大的天然气出口国。从 2005 年开始，俄罗斯的天然气出口出现了持续减少的状况。2012 年，俄出口天然气 1858.45 亿立方米，同比减少 3.6%。其中，向独联体以外国家出口管道天然气 1127.4 亿立方米（减少 40.4 亿立方米，降幅 3.5%），对独联体国家出口天然气 584.51 亿立方米（减少 72 亿立方米，降幅 12.3%）。分析出口下滑的主要原因：一是受欧债危机的影响，欧洲需求持续减少；二是从 2009 年开始，卡塔尔和挪威的廉价液化天然气大举进军欧盟市场，挤占了俄罗斯的份额。但是值得注意的是，2012 年俄罗斯对亚太国家出口液化天然气为 146.53 亿立方米，较上年增加 2.347 亿立方米。① 天然气出口减少直接影响到了俄罗斯最大的天然气企业——俄罗斯天然气工业公司的营业收入。这个被 2011 年《财富》杂志称为世界最赚钱的公司在 2012 年净利润下降到了 378 亿美元，位于埃克森美孚公司（448.8 亿美元）和苹果公司（417.5 亿美元）之后，名列第三。② 自 2013 年以来，俄罗斯天然气出口量有所回升，此后几年虽有波动，但俄天然气出口量一直维持在 2055 亿立方米左右。

　　俄罗斯天然气主要出口欧洲和独联体国家，对独联体国家的天然气出口自 1996 年后基本维持在 800 亿立方米左右。为了扩大对亚太市场的天然气出口，俄罗斯近年来加大了对亚洲国家的能源外交力度。2006 年 3 月 21 日，俄罗斯天然气工业股份公司与中国石油天然气集团公司签署了《关于从俄罗斯向中国供应天然气的谅解备忘录》，以此为基础，中俄双方开始就天然气合作展开谈判。同年 10 月 17 日，俄罗斯也与韩国签署了天然气政府间合作协议，包括修建输气管道和向韩国供应液化天然气等。此外，俄罗斯天然气工业股份公司一直在有意开拓北美市场，曾计划到 2010 年后占领美国 10% 的液化天然气市场份额，但是这一计划随着美国页岩气革命的成功中途夭折。

---

　　① 《2012 年俄罗斯天然气开采量和出口量双双下滑》，http：//www.china.com.cn/international/txt/2013/01/05/content_27592042.htm。

　　② 《俄罗斯天然气工业公司 2012 年净利润降到世界第三》，http：//www.china.com.cn/international/txt/2013/05/02/content_28708377.htm。

俄罗斯油气的高生产和高出口为俄经济的复苏做出了巨大的贡献。自 2003 年开始，俄罗斯经济出现恢复性增长。到 2008 年金融危机爆发前，俄罗斯国内生产总值的增长速度连年保持在 6%～7% 的水平，外债大幅减少，财政实现盈余，经济颓势彻底得到扭转，并重新跨入世界十大经济体的行列。俄罗斯经济的出色表现是国家对油气产业的重视和国际市场屡创新高的石油价格双重作用的结果。据统计，石油和天然气在俄罗斯 GDP 中所占的份额超过 30%，石油企业收入在国家财政预算中所占比例超过 50%，在俄国家税收中所占比例高达 89%，2001～2008 年油气出口给俄罗斯财政带来的总收入超过 1 万亿美元。[①] 尽管"石油美元"为俄罗斯增加了大笔外汇收入，也极大地推动了俄国内经济的发展，但是俄罗斯以能源为出口导向的经济增长模式并未得到改善，俄"能源经济"的特征愈发明显，而且政府在其中发挥的作用越来越大，这给俄经济持续发展带来了不小的风险。

二、能源运输安全存在潜在风险

俄罗斯能源运输安全的潜在风险主要包括油气管道安全和油气过境安全两个方面。

俄罗斯的油气管道安全指的是管道存在的许多问题对管道的安全高效运输构成了潜在威胁，这也是现阶段俄政府面临的重要问题。这些问题中最突出的是管道老化严重，隐患增加。俄罗斯大部分油气管道都修建于 20 世纪六七十年代。根据国际能源署的统计，2000 年俄罗斯 73% 的石油运输管线已使用了 20 年以上，而 41% 的管线使用寿命已超过 30 年，30% 的天然气管道运营已经超过 20 年，其中约 15% 的运营时间在 30 年左右，在 1970～1990 年建成的天气管道中已有 4 万千米的管道已接近使用年限，成品油管道以 20 世纪五六十年代建设投产的管道居多，也呈老化趋势。[②] 根据俄罗斯相关部门对管道事故和故障的统计数据进

---

① 陈小沁：《解析〈2030 年前俄罗斯能源战略〉》，载《国际石油经济》，2010 年第 10 期，第 41 页。

② IEA, *Russia Energy Survey*, 2002, p. 89.

行分析得知，超过 30% 的故障发生在使用超过 20 年的管道上，可见管道老化对管道运营具有多么大的风险。俄油气管道面临的另外一个问题是保障资金短缺。为了保证油气管道的有效运营，俄政府必须对年限过长的管道进行维修和更换，但是这需要大量资金投入。据专家估计，到 2020 年前，对于油气管道系统的改造和现代化需要投资数千亿美元，其中对于油管道，尽管近年在一些低负载的地方铺设了小口径管道取代已被磨损的大口径管道，但这只是权宜之计，将来还必须对它们的输油能力进行改造，这些都需要增加新的投资。此外，俄罗斯地域广阔，油气管道遍布全国，保障这些管线的安全可靠运行是非常复杂的问题。为了应对因为管道老化导致的管道事故和故障，以及因为违反建设规章和工艺规范所造成的腐蚀及管道自身的一些缺陷等问题，俄罗斯每年需要检修 4000 ~ 5000 千米管道，完成这一工作也需要大量的资金投入。可以说，现在资金的缺乏与油气管道有效管理之间存在着明显的矛盾。

在油气过境安全方面，主要是指俄罗斯的油气外运过程中在过境国发生的安全问题。俄罗斯的油气出口除通过港口以外，还有通过陆路管道，在输往欧洲的油气中，石油基本上通过白俄罗斯运输，天然气主要通过乌克兰运输。俄罗斯近些年来逐步实现油气出口同价政策，对于原苏联加盟共和国的出口价开始与欧洲拉平，这导致白俄罗斯和乌克兰的不满，由此产生了数次"断油"和"断气"风波。尽管这些事件最后都得以解决，但是风险依然存在。不过这也从客观上推动了俄罗斯能源出口多元化的加快实施。

第三节　俄罗斯能源战略的调整

实力雄厚的能源工业体系是振兴俄罗斯经济，提升俄罗斯在国际舞台上地位的有利条件。正是基于这一认识，俄罗斯独立以来的历任政府都将制定和完善国家的能源战略作为首要任务。

一、叶利钦时期的能源政策

1992 年 10 月，俄罗斯政府出台了《新经济条件下的能源政策基本构想》。这是俄罗斯独立以后第一个比较系统的关于能源政策的文件。为了有利于该政策的实施，俄罗斯政府同时出台了若干具体的纲要，主要包括：《国家节能纲要》、扩大煤气供应覆盖面的《提高能源供应质量的国家纲要》，减少能源业废物排放的《环境保护国家纲要》，发展能源业设施和提高业内专家培训的《支持燃料动力综合体保障领域的国家纲要》，发展天然气工业的《"亚马尔"天然气纲要》《开发东西伯利亚油气区纲要》《加强安全和核能开发纲要》《可替代能源纲要》《非传统可再生能源利用纲要》《环保能源科技纲要》等。1995 年 5 月，俄罗斯颁布第 472 号总统令，确认了《关于俄罗斯联邦 2010 年前能源政策和燃料动力系统暨改革的主要方针》。同年 10 月，出台了第 1006 号联邦政府决议《2010 年前俄罗斯能源战略纲要》。1997 年 4 月 28 日叶利钦签署了第 426 号总统令，批准了《自然垄断领域结构改革基本原则》，同年 8 月俄政府签署了第 987 号政府令，批准了《关于自然垄断领域的结构性改革、私有化和加强监控的措施纲要》。

上述几个文件是俄罗斯能源政策早期的法律文件。其中《2010 年前俄罗斯能源战略纲要》具有重要的指导意义。该文件中基本确立了至 2010 年前俄罗斯能源政策的主要内容、结构改革前景、对外经济合作、能源外交的目标与任务等方面的问题。在俄罗斯国家能源战略总体方针的指导下，俄罗斯工业和能源部联合俄罗斯各能源企业协调开展工作，取得了一定的成绩，如基本满足了国家对能源的需求；推进了市场经济改革，实现了企业的股份制改造和部分企业私有化；加强了燃料动力综合体的建设，使天然气在俄罗斯能源消费结构中的比例从 1990 年的 38% 提高到 1999 年的 50%，使石油开采年产量稳定在 3.05 亿吨水平上；制定了包括一系列与俄罗斯能源战略相配套的重要法律法规；加强了俄罗斯中央各部门、联邦和地区之间在国民经济能源领域内的协调与合作。

　　虽然我们不能否认《2010 年前俄罗斯能源战略纲要》的重要意义，但是必须承认，除在整体上保证了国内和出口的能源需求外，该战略并未发挥实质性作用。一方面，该战略同当时的维克托·斯捷潘诺维奇·切尔诺梅尔金政府宣称的市场经济政策之间存在着一定的矛盾，如其中对能源的开采和生产规定了不被任何经济机制所支持的指令性计划份额，而实施这一战略的主要经济手段是所谓的"联邦执行权力机关、联邦主体执行权力机关、地方自治机关、企业、机构、组织和企业家在俄罗斯能源领域进行建设性协作"等较为空泛的理念，而实际上政府只是针对能源公司广泛使用个别平衡调节措施。① 另一方面，战略中确定的很多预期指标也未能实现。如在燃料动力综合体生产经营领域陷入了财政窘境，该领域投资低于预期 38% ~ 44%，石油和天然气的勘探量增长分别比预期少 67% 和 80%。能源领域固定资产的投资不足，磨损率高达 60% ~ 80%。没有建立起有序竞争的能源市场和合理的生产结构。这些都对俄罗斯的能源安全构成了威胁。② 在 2000 年 11 月批准的《2020 年前俄罗斯能源战略的基本原则》中明确指出，"《2010 年前俄罗斯能源战略纲要》并没有成为国家、机关和经营主体在实践中所参照遵循的主要文件，燃料动力综合体某些部门的经济和财政指标比估测值还要差，一次性能源的开采和对地方的供应没有保持足够的数量"。③

二、普京时期能源战略的调整

（一）适时出台新的能源战略

　　进入 21 世纪，世界经济形势和国际能源格局都发生了重大变化。其中，世界经济，尤其是新兴工业国家经济的迅猛增长对能源的需求猛增；

---

① Владимир Милов, Иван Селивахин, проблемы энергетической политики, рабочие материалы, 2005 (3).

② Энергетической стратегии России на период до 2020 года, http：//www. minprom. gov. ru/docs/strateg/1.

③ Энергетической стратегии России на период до 2020 года, http：//www. minprom. gov. ru/docs/strateg/1.

西方大国试图加强对世界能源资源的控制并左右国际油价，其中在对里海和中亚油气勘探、开发和出口方面对俄罗斯能源安全构成了威胁；俄罗斯国内石油及其制品的成本和税收水平与国外相比处于不利的竞争地位；俄罗斯能源企业的管理和生产活动等都出现了很多新变化。这一系列问题的出现都对俄罗斯政府制定新的能源发展战略提出了要求。

针对这些问题，俄罗斯政府于 2000 年 11 月出台了《2020 年前俄罗斯能源战略的基本原则》，其中不仅包括对《2010 年前俄罗斯能源战略纲要》的修改，同时还确立了 2020 年前俄罗斯能源政策的总方针。文件指出，要通过强化能源外交维护俄罗斯地缘政治利益和促进俄罗斯经济复苏。此后根据国际能源形势的发展，俄罗斯政府又对此文件进行了多次修改，最后于 2003 年 8 月通过了《2020 年前俄罗斯能源战略》。

《2020 年前俄罗斯能源战略》包括能源战略的目的和优先顺序、发展燃料动力综合体的问题和主要因素、经济发展前景的主要方向和预测参数、国家能源政策、能源需求前景、燃料能源产业发展前景、能源部门发展的地区特性、燃料能源产业中的科学技术和创新政策、燃料能源产业和相关产业部门的关系、能源战略的预期成果和实施体系等 10 个部分。其中明确指出，为了促进经济的迅速恢复，俄罗斯需要采取外交手段巩固俄罗斯在国际能源市场上的地位，使国家以平等的身份参与国际能源合作，最大限度扩大油气的出口能力，提升能源产品及服务在国际市场上的竞争力，在合理和互利的条件下，吸引外资进入俄罗斯能源领域，并鼓励本国能源公司进入国外能源市场、金融市场，获取先进的能源技术等。文件指出，俄罗斯是油气出口大国，未来几年内油气的出口不仅对国家经济发展至关重要，还是决定俄罗斯在世界经济和国际政治中地位的关键因素。为了实现上述能源战略目标，俄罗斯在能源领域的国际活动将主要集中在以下几个方面：出口能源；在其他国家勘探和开发能源；确保在其他国家能源市场的占有率、共同拥有这些国家的能源销售网络和能源基础设施；吸引外资进入俄罗斯能源领域；能源过境运输；国际科学技术和法律合作等等。①

2008 年金融危机对俄罗斯能源产业造成了较大的冲击。2009 年，由于国际金融危机的持续发酵，国际石油价格继续大幅下跌，俄经济受到的消极影响凸显。随着国际油价的不断下滑，俄罗斯乌拉尔原油价格与 2008 年 7 月创下的每桶 142.5 美元的历史高点相比，大幅下跌了近 80%，这导致俄罗斯出现严重的财政赤字。据测算，国际石油价格每桶下跌 1 美元，俄财政收入就会缩水 20 亿美元。据俄官方统计，金融危机使得 2009 年俄罗斯国内生产总值下降 8.7%，工业产值下降 13%。俄"能源经济"的极度脆弱性在国际石油价格剧烈波动时一览无遗。

面对严峻挑战，为了将金融危机造成的影响减至最低，并为俄罗斯能源及国家经济的可持续发展积蓄力量，俄罗斯政府决定调整能源政策。2009 年 8 月，俄罗斯政府对《2020 年前俄罗斯能源战略》做了重新审议和调整，出台了《2030 年前俄罗斯能源战略》。

为了最大限度地兼顾各方利益，俄罗斯政府集中了俄罗斯联邦和地区执行权力机构、科学院、大型能源公司和相关部门研究所等 30 余家单位的百余名专家共同参与完成了新能源战略的制定，以保障该战略的公平、合理、有效。

该战略并不是简单地与《2020 年前俄罗斯能源战略》进行时间替换，而是根据形势的变化对一些重要指标进行再修正，对相关内容进行调整。该战略指出，俄罗斯国家长期能源政策应遵循的原则是：促进建立强大的、可持续发展的能源公司，它们在海外市场能够代表俄罗斯的利益，并有助于国内竞争性市场的有效运转，同时确保国家调控的合理性与可预见性。为此，俄罗斯须制定和落实不同领域的国家能源政策，包括矿产资源利用与国家矿藏资源的管理；发展国内能源市场；形成合理的动力能源平衡结构；地区能源政策；能源领域的革新与科技政策；能源领域的社会政策；对外能源政策。该战略的目标是最有效地利用自身的能源资源潜力，强化俄罗斯在世界能源市场中的地位，并力争取得

_____

① Энергетической стратегии России на период до 2020 года, http：//www. minprom. gov. ru/docs/strateg/1.

最大的经济利益。

该战略的主要内容包括三个方面的内容：

第一，确定俄 2030 年前能源部门的三个发展阶段。其中第一阶段（2013～2015 年）的主要任务是克服油气出口创汇下降危机；第二阶段（2015～2022 年）是在发展燃料能源综合体基础上整体提高能源效率；预计 2030 年前，俄罗斯单位能耗将比 2005 年下降 50% 以上，甚至更低的水平，达到 3 亿吨油当量；第三阶段（2022～2030 年）是该战略调整的重要阶段，国家开始转向包括核能和可再生能源（太阳能、风能、水能等）的非常规能源。预计 2030 年前，俄罗斯每年利用可再生能源发电不少于 800 亿～1000 亿千瓦时，由非常规能源生产的电力将从 2008 年的 32% 增加到 38%。此外，2030 年前俄罗斯人均能源需求与 2005 年相比至少要增加 40%，电力需求增加 85%，发动机燃料增加 70% 以上，但同时家庭经济的能源支出不超过收入的 8%～10%。

第二，确定能源"东向"发展方向。该战略认为，尽管欧洲仍将是俄罗斯油气出口的主要方向，但是整个油气出口的增长将主要取决于东部方向的发展。该战略规定，今后俄罗斯的石油储量年均增长将达到 10%～15%，天然气达到 20%～25%。为达到这一目标，俄罗斯将逐步增加油气资源的开采，并重点开发东西伯利亚和远东地区以及北极地区的新油气田。

第三，确定 2030 年前对能源部门投资 60 万亿卢布的战略目标。发展可再生能源、集中供暖和建立能源保护部门都需要大规模投资。2030 年前，俄罗斯每年对燃料动力综合体的投资将增加 50%，总计约 60 万亿卢布。而投资的 50% 将放在第三阶段。其中东西伯利亚气田将免除天然气的矿产开采税。在能源基础设施建设过程中，俄罗斯将主要使用本国生产的产品和装备，其比例不低于 50%。①

（二）能源领域重新国有化

对能源产业的国有化是普京自 2000 年上台后整治国家经济的最重要

---

① Энергетическая стратегия России на период до 2030 года, http：//minenergo. gov. ru/ac-tivity/energostrategy/.

内容之一。担任总统不久，普京就发现在作为国家经济基础和未来崛起希望的能源领域，寡头占据了国家的大部分资源。2004 年，国有企业在俄罗斯石油和煤炭开采总量中的比重均不足 10%。俄罗斯石油出口虽居世界第二，但其利润大都掌握在能源寡头手中，石油收入只占俄联邦财政收入的 15%。国家对自然资源管理的严重缺失导致普京提出的到 2010 年实现国内生产总值翻一番的战略目标难以实现。在这种情况下，普京决定对能源领域实施重新国有化。2003 年 10 月发生的尤科斯事件标志着俄罗斯能源领域的国有化正式拉开序幕。

普京对能源领域的重新国有化包括四个方面的内容：

第一，打造大型国有能源企业。尤科斯事件发生后，俄罗斯国家杜马于 2004 年 8 月 20 日通过法案，剥夺了地方长官控制当地能源资源的权力，为国家控制能源工业扫除了法律障碍。随后，俄罗斯石油公司（以下简称"俄石油"）在政府的运作下于 2004 年末购买了尤科斯石油公司最大的子公司尤甘斯科公司的控股权，俄罗斯政府最终对尤甘斯科公司实施了国有化。紧接着俄石油通过外国贷款以 71 亿美元的价格收购了俄罗斯天然气工业股份公司（以下简称"俄气"）10.7% 的股份，加上之前的政府持股，使国有股比例超过 50%，俄罗斯政府由此完全控制了这家世界最大的天然气企业。2005 年 9 月，"俄气"又出资 130.1 亿美元，购买了西伯利亚石油公司 72.663% 的股份，加上原先已有的 3.016% 股份，"俄气"已拥有西伯利亚公司 75.679% 的股份，掌握了绝对控制权。至此，"俄石油"和"俄气"共掌握了俄罗斯 30% 以上的石油和 90% 的天然气生产。对于这一系列收购现象，俄罗斯科学院经济研究所的托姆别格认为，石油领域的国有化是非常正常的现象，把战略石油资源收归国有可以加强国家在燃料能源系统的存在，进而明显加强俄罗斯在世界能源市场上的地位，扩大俄罗斯地缘政治影响。[①]

2012 年 10 月，"俄石油"与英国石油公司（BP）和俄罗斯私人财团 AAR 达成协议，以 280 亿美元和 171 亿美元加 12.85% 股份的对价，分别购买它们各自持有的秋明 – 英国石油公司（TNK – BP）50% 的股

---

① 《环球时报》，2005 年 10 月 5 日，第 14 版。

份，将该公司日产 150 万桶原油、50 万桶天然气（原油当量）的生产能力收入囊中。这两笔交易完成后，"俄石油"将控制全球 5% 的石油天然气产能，超越中国石油和埃克森美孚，成为世界最大的上市石油和天然气公司，其一家公司的生产能力已经堪比伊朗全国。

第二，严格限制外资进入能源等战略领域。2007 年 1 月，俄罗斯政府通过《关于在俄罗斯境内对国家安全具有战略意义的商业组织注册资本直接投资的管理规定》，确定了航空航天、铁路、核能、矿物开采和军工生产等 40 项战略行业清单，规定私人外国投资者对列入清单的企业不能控股超过 50%，以国家身份出现的外国投资者则不能超过 25%，俄罗斯政府拥有交易否决权。俄罗斯政府还对矿产资源法进行补充修正，规定今后凡储量超过 7000 万吨的油田、超过 500 亿立方米的天然气田和50 吨以上的金矿都被视为战略矿床，外资不得参与开发。受此新规的影响，壳牌和秋明 - 英国石油公司先后失去对"萨哈林 - 2"号项目和"科维克塔"项目的控制权，而这为俄罗斯开拓东方市场提供了重要的基础。2008 年 5 月，普京签署了《俄罗斯联邦关于实施对保护国防和国家安全具有战略意义的经济主体进行外国投资的程序法》。该法律规定，外国私人投资者购买俄罗斯战略行业公司 50% 以上股份，需得到俄罗斯总理领导的外资委员会批准。外国国有公司不得在俄罗斯战略行业公司中控股，如果要收购超过 25% 的股份，则需得到一个专门委员会的批准。该委员会由俄罗斯总理担任主席。通过这些新的法律法规，俄罗斯政府为外国投资者参与重大油气项目重新拟定了"只能参与"的游戏规则。

第三，由国家掌控油气管道运输系统。俄罗斯拥有庞大的油气管道运输系统，其中石油管道运输系统由 5 万多千米的原油干线输油管道和2 万千米的成品油管道组成，天然气管道运输系统（也称"统一供气系统"）包括干线输气管道 15 万多千米和支线输气管道 6000 千米。俄罗斯油气管道运输系统的长度和运量位列美国之后，居世界第二位。油气管线是俄罗斯能源工业发展的主要依托，是普京开展能源外交、实现地缘经济和政治目标的重要筹码。目前，俄罗斯石油管道运输公司是俄罗斯唯一的国有管道运输公司，担负着全国近 90% 的石油管道运输业务。

"俄气"则拥有境内及向外出口天然气的所有主干管道，对天然气的产销实行完全垄断。凭借着通向中亚和欧洲的输气管线，俄罗斯基本控制着独联体的油气运输通道，将欧洲天然气市场牢牢掌握在自己手中，借此对世界天然气市场产生重要影响。油气管道系统所具有的如此重要的战略作用，使得俄罗斯政府在私人和外资参与管道建设和运营方面实行严格的准入制度，私人和外资虽可以适当参与管道的建设工程，但是极难涉及管道的运营管理。

第四，通过严格许可证发放和税收政策强化对能源领域的控制。许可证制度是俄罗斯政府用来控制能源企业在俄罗斯经营的主要手段。从1992年开始，俄罗斯对石油公司申请勘查、开采和生产许可证的各种条件十分繁杂，包括钻井数目、商业生产开始时间、产量和销售范围等。从1993年1月1日起对能源企业出口油气产品（原油、石油产品、石油气及其他碳氢化合物、天然气）也实行许可证制度。对能源企业的许可证制度并没有因为俄罗斯"对外经济活动自由化"而减弱，相反自2003年起，少有私营或者外国公司获得开采俄罗斯大型油田的许可证，而俄罗斯石油获得的新油田开采许可证越来越多。除许可证制度以外，俄政府还通过不断提高石油出口税和减少天然气出口税的方式强化国家在能源领域的地位。针对在俄罗斯石油领域外资及私营企业占较大比重的情况，俄罗斯政府对石油出口课以重税。天然气是俄罗斯政府控制的行业，也是俄罗斯实施能源外交的重要筹码，因此俄罗斯政府对天然气出口税（对关税同盟外国家征收出口价格的30%）征收远远低于石油出口税（约出口价格的60%）。俄罗斯此举意在增加国家石油稳定基金收入的同时，使外资因利润减少而退出俄罗斯石油领域。因为利润微薄，近几年俄罗斯私营和外资石油企业纷纷减产并减少出口，这导致俄罗斯石油出口税收下降。为此，2013年4月29日，俄罗斯财长西卢安诺夫宣布，俄罗斯可能会逐步取消石油出口税，用上调矿产开采税的办法来取代，以填补因为税收减少而带来的预算缺口。[①] 由此可见，俄罗斯调控能源

---

① 《俄罗斯或逐步取消石油出口税 评：将缓解中国油价上涨压力》，http://news. china. com. cn/live/2013/04/30/content_19753483. htm。

领域的税收手段还是很多的。

由上可知，普京自 2003 年以来，有计划分步骤地完成了对能源领域的全面掌控，国家掌握了全国 60% 以上的石油生产和几乎全部天然气生产及能源运输系统，为俄罗斯推行能源外交奠定了重要的物质基础。

案例 7 – 1　尤科斯事件

2003 年 10 月 25 日，俄罗斯总检察院拘捕了俄罗斯尤科斯石油公司总裁霍多尔科夫斯基，并以巨额诈骗及偷税、漏税造成国家 10 亿美元损失等罪名提起刑事诉讼。同时，检察院对尤科斯公司及其下属企业展开大规模调查。

霍多尔科夫斯基是"新一代俄罗斯人"的典型人物，他的发家史在 20 世纪 90 年代极具代表性。霍多尔科夫斯基靠投机发家，在 20 世纪 90 年代中期通过当时的第一大金融寡头别列佐夫斯基，以"股份换产权"的方式，仅仅花了 3 亿美元，就将俄罗斯最大的石油公司尤科斯收购到自己的名下。尤科斯是世界第 4 大石油公司，其石油储量达到 140 亿～210 亿桶，而当时俄罗斯全部已探明的石油储量也只有近 500 亿桶。尤科斯石油公司及其附属产业当时的市值是 320 亿美元，而大多数俄罗斯人认为尤科斯的实际价值更高，霍多尔科夫斯基仅以 3 亿美元就把它据为己有，这被俄罗斯人视为对国家资源的公开掠夺。由于拥有尤科斯，在 2003 年和 2004 年美国《福布斯》杂志上，霍多尔科夫斯基被评选为俄罗斯首富。

对于霍多尔科夫斯基被捕原因分析：一种认为是包括旧克格勃在内的官僚权贵阶层同转轨时期崛起的新的政治力量的斗争。俄罗斯著名社会学家克鲁斯诺夫斯卡娅举出一个数字，在最高权力阶层中，官僚贵族所占的比例从戈尔巴乔夫时期的 4.8% 增加到普京时期的 58.3%。另外一种分析认为，这是普京巩固自己政治权力的努力。因为从 2003 年开始，霍多尔科夫斯基开始表示自己对政治的浓厚兴趣，如支助反对党、评论国家事务，甚至拟定了一个改变俄罗斯政治体系并在新体系中担任总理职务的秘密计划。后一种说法虽无从证实，但在媒体上广为流传。

不过，一种比较大众化的解释是，双方斗争的原因是经济因素，也就是石油问题。2003 年 9 月，俄罗斯石油日产量已达 930 万桶，创下俄罗斯的新纪录，可以与世界最大石油生产国沙特一争高下。俄罗斯已探明的石油储量占世界第 6 位，天然气储量占世界第 1 位，能源产业作为国家经济支柱，对俄罗斯经济发展具有强劲拉动作用。石油在俄罗斯经济复苏中的作用可以说是至关重要的。当时，油气出口已占俄罗斯政府收入的 40%，能源公司更代表着股票市场上 75% ~ 85% 的资本。石油产量的增加本应让国库更加充实，但当时俄罗斯国库却囊中羞涩，因为俄罗斯政府只控制着本国石油工业的 7%。2003 年上半年，俄罗斯私营石油公司收入近 69 亿美元，而政府所收无几。

普京认识到了这一问题的严重性。从第二任期起，他开始下大力气整合国内石油市场，争夺国家在石油产业上的"主导权"。而逮捕霍多尔科夫斯基，拆分尤科斯石油公司只是这场整治石油行业的行动的序幕而已。此后，普京还采取一系列行政手段来加强国家对能源产业的控制。尤科斯案件公开后，政府紧急修补了尤科斯所钻的法律空子，提高了石油的生产税率，并通过增加赋税来有效地干预石油工业。随后，普京又剥夺了地方州长控制当地能源资源的权力。

普京一直希望建立一个囊括天然气和石油产业的国有能源生产公司，以抗衡那些国际能源巨头。尤科斯事件发生后，有 70% 的俄罗斯民众对普京将尤科斯重新国有化表示了支持。尤科斯事件发生后的第二年，普京公开表示支持"俄气"以 70 亿美元购入罗斯石油的计划，但这一计划遭到了克里姆林宫内部另一集团的坚决反对，从而重创普京的方案。克里姆林宫因而改变主意，决定以罗斯石油收购尤科斯，建立石油行业一个新的龙头。这就是后来尤科斯的核心资产"尤甘斯科"被拍卖的初衷。拍卖结束后不久，罗斯石油公司就以全部股份收购了拍卖中的胜利者"贝加尔财团"，而罗斯石油公司的新任董事会主席正是普京的总统办公厅第一副主任谢钦。通过这一精心设计的方案，普京终于向由国家重新控制石油工业的过程迈出了重要的一步。

收回尤科斯主要的资产"尤甘斯科"后，俄罗斯政府能控制的石油生产份额上升至 18%。更重要的是，普京通过尤科斯事件以儆效尤，给俄罗斯的能源寡头们敲了警钟——不要再指望在石油上赚大钱，因为这些钱是属于国家的。

2005 年 5 月 31 日，持续 11 个月之久的尤科斯案终于正式宣判，霍多尔科夫斯基被判 9 年监禁。克里姆林宫最终赢得了对寡头战役的决定性胜利。

（资料来源：《尤科斯事件路线图》，http：//news. xinhuanet. com/fortune/2004/10/08/content_2063420. htm。）

三、普京新任期的能源政策

2008 年全球经济危机，以及美国页岩气革命和乌克兰危机的爆发使俄罗斯原有的能源政策遭到冲击。2012 年普京再次出任俄罗斯总统以后，重新定位了其能源利益与诉求。其战略规划进一步调整为"在国家的主导下，以能源等传统行业为突破口，向创新性经济发展过渡"，[1] 包括调整国内经济发展结构，优化出口导向型经济模式，加大对科技、人才培养的投入，通过技术创新带动经济发展等。

普京首先提出了推进非常规资源的开发进程。2013 年 10 月 8 日，普京在印尼举行的 APEC 会议上指出，俄罗斯将在 2014 年初全面放开液化天然气出口。随后，俄罗斯政府委员会于 10 月 29 日通过了旨在终结"俄气"对 LNG 出口垄断的法律修正案，11 月 30 日总统普京签署了该决案。

其次，俄罗斯政府开始加快清洁能源的利用，提高能效。2013 年 3 月 7 日，俄罗斯政府批准通过了《国家能源发展规划》，包括对电力、石油、天然气和煤炭工业的现代化改造，合理、高效地利用可再生能源，节约能源和提高能效等。4 月 3 日，俄罗斯政府又通过了《2013 – 2020 年能源效率和能源发展规划》。根据规划，2020 年俄罗斯单位国内生产总值能源消耗将比 2007 年降低 13.5%，原油加工深度平均提高至 85%，温室气体排放量将降至 3.93 亿吨二氧化碳当量。5 月 13 日，俄罗斯总理梅德韦杰夫签署了一项《关于国家半数公共交通工具使用天然气作为

---

① 郭晓琼：《俄罗斯经济增长动力与未来发展道路》，载《俄罗斯研究》，2014 年第 4 期，第 208 页。

燃料的决定》的法令，公布了城市公共交通工具燃料替换计划，液化石油气、压缩天然气和液化天然气为主要的替代燃料。[1]

最后，乌克兰危机也使俄罗斯政府加快能源出口多元化进程。在南向上，2016年10月签署了"土耳其溪"天然气管道项目实施的政府间协议。2017年5月该输气管道在俄罗斯沿岸地区开工建设。在东向上，首先是与中国协作运作"西伯利亚力量"输气管道项目。其次，签署了供应LNG的系列协议，这也是俄罗斯燃料动力综合体一大重要的国际战略合作方向（2014年、2017年分别与中国、巴基斯坦签署了相应的政府间协议）。此外，俄罗斯政府同俄罗斯国家原子能公司（Rosatom）一起，有计划地与很多国家签署了核能领域合作的系列协议与备忘录。据统计，2014~2017年，俄罗斯共与14个国家（匈牙利、阿尔及利亚、阿根廷、南非、加纳、约旦、古巴、突尼斯、赞比亚、玻利维亚、乌兹别克斯坦、苏丹共和国、巴拉圭、柬埔寨）签署了和平利用核能的政府间合作协议。这些协议今后将成为俄罗斯国家原子能公司参与境外核电站建设的主要依据。[2]

第四节　俄罗斯的能源外交战略

俄罗斯的能源外交包含的内容十分广泛，既包括能源外交战略，也包括能源外交的具体方向和手段。

一、俄罗斯开展全方位能源外交的地缘优势

苏联的解体使俄罗斯作为一个地缘政治实体在世界地缘政治版图中

---

① 陈嘉茹、雷越、陈建荣：《2013主要油气国家能源政策分析（上）》，载《国际石油经济》，第60页。

② 《变革中的俄罗斯国际能源合作》，http：//www.china-nengyuan.com/news/131502.html。

的地位明显下降，然而不能否认的事实是，目前俄罗斯仍然是地跨欧亚大陆世界上地域最广阔的国家。正是由于俄罗斯具有独特的地缘优势，使其能够在近年来以一个能源大国的形象重新崛起，并积极地开展全方位的能源外交。俄罗斯的地缘优势体现在以下三个方面：

（一）地跨欧亚、联接东西、辐射性较强

苏联的解体无疑使俄罗斯的地缘战略空间受到挤压，如今俄罗斯面临着来自西方、南方的诸多压力，但是相比世界上大多数国家而言，俄罗斯仍然拥有很大的地缘优势：俄罗斯地跨欧亚两大洲，领土包括欧洲的东部和亚洲的北部，面积为1110万平方千米，占世界陆地面积的1/8，是世界上面积最大的国家；俄罗斯的疆界长约5万千米，其中陆上疆界为1万多千米，陆上与欧亚十几个国家接壤；海岸线长约4万千米，濒临太平洋、北冰洋和大西洋三个大洋和多个边缘海。鉴于此，美国地缘政治学家布热津斯基仍将俄罗斯视为重要的地缘战略棋手之一。这种独特的地缘优势，使俄罗斯对外政策的辐射性较强，能够发挥东西平衡的作用。而俄罗斯的能源分布也较为均衡，西伯利亚、乌拉尔、里海地区的能源都能够较为通畅的运输到欧洲和亚太地区。

（二）紧邻世界主要油气消费区

世界主要的油气消费区分为传统消费区和新兴消费区。传统的油气消费区包括北美、西欧和日本。在这些国家和地区，虽然能源的地位受到了由"新经济"引发的知识战的影响，但是油气资源却没有退出历史的舞台，这些地区对油气，尤其是天然气的需求仍在增加。21世纪初，仅美国、欧盟和日本三个地区对石油和天然气的消费就分别占到了世界总消费的51%、33%和10%，它们仍然是世界上重要的油气消费国和地区。而20世纪90年代以来，世界上又出现了一些新兴的油气消费区，特别是在亚太地区，受工业化的影响产生了许多新兴的油气需求国家，如中国、印度、印尼、巴基斯坦、马来西亚等国对油气的需求迅速增长。

传统的和新兴的油气消费区不断增长的油气需求是难以通过本地区的生产来满足的，供需缺口的很大部分需要由国际市场进口来弥补。而

一个国家要确定本国的能源进口渠道，最重要的就是要考虑市场与资源所在地之间的连接问题，这样，寻找资源丰富、地理位置接近的能源供应国具有重要的意义。因此，在未来全球的能源地缘战略竞争中俄罗斯以其有利的地理位置和控制着欧亚大陆两大能源基地（西伯利亚和部分里海）的优势而成为世界主要的油气消费国较为理想的选择。

（三）能源供应安全、稳定

目前世界石油消费国进口能源的主要来源是中东波斯湾地区。中东地区常年为领土、民族和宗教冲突、武器扩散以及国内政治问题所困扰，从 20 世纪中叶至今多次爆发战争，2003 年爆发的伊拉克战争使该地区至今仍然笼罩在战争的阴影之下。中东局势动荡、不稳定的常态使国际社会不得不为一旦该地区局势失控、石油供应出现危机或者中断而产生的严重后果担忧。相比之下，俄罗斯的能源供应安全、稳定。首先，俄罗斯所处的国际环境较为稳定，其周边地区基本上没有大的国际冲突和地区危机，这保证了俄罗斯国际石油运输的安全性和石油供应的稳定性。其次，近年来俄罗斯国内政局也逐渐趋于稳定。2000 年普京担任俄罗斯总统后，俄罗斯政府采取一系列强有力的措施整顿国内政治经济秩序，促进了经济的快速增长，维护了国家的统一和稳定，这为俄罗斯政府制定长远的能源外交战略提供了前提条件。正是在此基础上，俄罗斯政府才能积极制定《2020 年前俄罗斯能源战略》和《2030 年前俄罗斯能源战略》等国家重大发展战略。新能源战略的出台对于俄罗斯重塑其对国际能源市场的影响，维护地缘政治经济利益具有重要的战略意义。再次，2000 年以来俄罗斯政府通过扩大对燃料动力综合体的投资，保证了俄罗斯能源生产的稳步增长。这一方面满足了国内的能源需求，另一方面稳定的能源出口还有利于满足世界能源消费国对能源进口多元化的要求，对稳定国际能源市场起到了积极的作用。

二、俄罗斯能源外交战略的确立

俄罗斯能源外交战略作为一个国家对外战略的出台和实施是 21 世纪

的事情。叶利钦时期由于各种原因，俄罗斯缺乏明确、完整的能源外交
战略。进入 21 世纪，能源问题的全球化及政治化趋势，以及俄罗斯燃料
动力综合体在世界能源体系中的重大影响力都使能源因素成为俄罗斯外
交活动的基础。2000 年 12 月，普京在安全委员会会议上首次提出，要
求俄罗斯的能源政策应该适应国际局势和国际环境的变化。鉴于安全委
员会在俄罗斯决策中的核心地位，[①] 普京的讲话预示着能源政策将与俄
罗斯外交战略的制定和实施密切关联。

2003 年俄罗斯联邦政府批准了《2020 年前俄罗斯能源战略》，第一
次对俄罗斯能源外交战略的目标、手段、任务等做了详细的阐述。其中
指出：

俄罗斯对外能源政策的根本目标是，使俄罗斯从单纯的原料供应者
转变为可在国际能源市场执行独立政策的重要参与者。这种转变既是能
源领域加深国际经济一体化的客观趋势，也将使俄罗斯从中获取潜在实
惠。具体目标是，巩固俄罗斯在世界能源市场中的地位，提高燃料动力
综合体的出口能力和国际竞争力；建立非歧视性的能源对外经济活动制
度，允许俄罗斯能源公司进入外国能源市场、金融市场和获取先进的能
源工艺；促进互利、规模合理的外资引进。[②]

俄罗斯实施对外能源政策的手段是，从对外经济活动中获取最大的
国家利益，同时要评估进出口和运输领域相关政策的影响，以及俄罗斯
公司在世界能源和资本市场的存在；推动能源出口商品结构多样化，扩
大高附加值产品的出口规模；实现能源销售市场的多样化，在保障经济
合理性的前提下扩大俄罗斯公司在国际市场的存在；扶植可以吸引外资
的项目；在能源领域发展新型国际合作模式；在能源领域建立国家外贸
政策的协调机制。

[①] 俄罗斯安全委员会是俄罗斯国家安全、保证国家不受来自内部和外部威胁的最高决策
机构，它的主要任务是保证总统在宪法赋予的范围内所做出的有关国家安全的决定能够切实得
到执行。其成员包括总统、政府总理、联邦安全局局长、国家杜马主席、外交部部长、联邦委
员会主席、总统办公厅主任、内务部部长、安全会议秘书、国防部部长、对外情报局局长及各
联邦区代表等，由总统任主席。

[②] Энергетической стратегии России на период до 2020 года., http：//www. min-
prom. gov. ru/ministry/dep/energy/5/14/.

俄罗斯能源外交的主要任务是，为实施俄罗斯能源战略提供外部政治保障；保护俄罗斯能源公司的海外利益；与独联体、欧亚经济共同体成员国、欧盟、美国、东北亚国家，以及其他国家和国际组织积极开展能源对话；作为世界上最大的能源生产者、出口者和消费者之一，俄罗斯将与能源生产与消费国开展积极对话，参加国际能源会议的工作，在国际能源署（IEA）合作宣言基础上和"八国集团"框架内与工业发达国家开展合作，与主要石油出口国（既包括独立出口国，也包括欧佩克成员国）相互配合，协调行动，保障公平的能源价格。[①]

2008 年 7 月 15 日，时任俄罗斯总统梅德韦杰夫在《俄罗斯联邦对外政策构想》中强调了能源外交在俄罗斯外交中的重要作用，提出俄罗斯将实施有效的能源外交。《俄罗斯联邦对外政策构想》指出，为确保俄罗斯经济的稳定发展和世界能源市场的平衡，巩固与主要能源生产国的战略伙伴关系，积极发展与能源需求国和中转运输国的对话，实施 2006 年圣彼得堡"八国集团"会晤所达成的共识，俄罗斯将积极利用区域性的经济金融机构开展能源外交，捍卫俄罗斯在各地区尤其是独联体地区的利益。该构想是梅德韦杰夫对《2020 年前俄罗斯能源战略》的发展，他把能源外交提升到了国家对外战略的高度，正式通过国家纲领性文件确立俄罗斯的能源外交。[②]

2009 年 11 月，为适应国内外经济形势的变化和挑战，俄罗斯政府通过了《2030 年前俄罗斯能源战略》，修正和完善了《2020 年前俄罗斯能源战略》，形成了比较系统和全面的俄罗斯能源外交和国际合作战略。新战略对俄罗斯对外能源战略目标的界定是，完全融入世界能源市场并最大限度地有效利用俄罗斯资源潜力，巩固其在国际能源市场上的地位，使国家经济从中获取最大收益。为维护国家和全球的能源安全，俄罗斯能源外交政策的基本方针是，保持与俄能源传统消费国的稳定关系，同时与新兴能源市场建立同样稳固的合作关系，俄罗斯承诺将在高度负责和相互信任的基础上综合考虑能源生产国和消费国的利益。作为在世界

---

① 冯玉军、丁晓星、李东编译：《2020 年前俄罗斯能源战略（上）》，载《国际石油经济》，2003 年第 9 期，第 40 页。

② Концепция внешней политики Российской Федерации, http://президент. рф/acts/785.

能源贸易体系当中占有主导地位的国家之一，俄罗斯将积极参与能源生产和供应的国际合作，保证进一步提高所有主要类型的能源及其加工产品的生产效率，扩大包括能源技术在内的出口规模。[①]

通过对上述有关能源外交纲领性文件的分析可以看出，俄罗斯的对外能源战略的核心目标是最大限度地满足国际需求、构建有俄罗斯参与并主导的新能源安全格局以及希望借能源因素恢复俄罗斯大国地位。为了达到这一目标，未来俄罗斯将把自己定位为全球性的能源大国，而非区域性的能源大国，将参与全球能源市场监管，与所有能源进出口国、过境国协调能源领域的安全问题。这也意味着今后俄罗斯对外政策的能源特性将越来越明显。

三、俄罗斯能源外交的重点方向

上文中提到，俄罗斯的能源外交既具有全球辐射能力，也拥有强大的地区影响力，因此根据其影响力可以将俄罗斯的能源外交划分为全球和地区两个层面。

（一）全球层面

俄罗斯全球能源外交指的是俄罗斯对国际能源组织的能源外交活动。作为能源出口型大国，俄罗斯与以能源进口消费国为主的国际能源组织在油气价格问题上有着天然的矛盾，但在稳定国际油气市场的问题上则有着相近的理念；与以油气出口国为主的国际能源组织有着广泛的共同利益，但作为能源独立输出国又要极力避免受到其规则的束缚。

俄罗斯对各国际能源组织的基本外交政策是：广泛参与各组织的活动，争取在现有国际能源秩序中拥有更多的话语权，在新的国际能源秩序形成中拥有更大的影响力；有选择地参加部分国际能源组织，在大部分组织中仅作为观察员参与活动而不谋求成为正式成员国，以避免承担

---

① 陈小沁：《解析〈2030 年前俄罗斯能源战略〉》，载《国际石油经济》，2010 年第 10 期，第 41 页。

过多义务，避免卷入不同取向组织间的纷争；充分利用各组织制定的于己有利的规则，保障自身能源安全，谋求最大能源利益；推动能源输出国、消费国、过境国的各类组织开展广泛的全球对话，完善世界能源政治和多边能源外交机制，实现能源利益的平衡和全球能源市场的稳定。[①]

独立以来，俄罗斯积极发展同国际能源署、欧佩克等国际能源组织的合作，在"八国集团"框架内开展双边能源外交，以此为途径提高其国际地位。1994 年 7 月，俄罗斯与国际能源署签署了《能源领域合作的共同宣言》，正式确立了俄罗斯与国际能源署合作的基础。1995 年，在国际能源署的协助下，俄罗斯出台了《俄罗斯能源概要》。2002 年，国际能源署公布了《关于俄罗斯能源政策的分析报告》。上述文件使俄罗斯与国际能源组织进一步增进了往来，增强了相互了解。1999 年国际石油市场的剧烈波动促使俄罗斯加强了与欧佩克的联系并成为其观察员国，通过定期参加欧佩克石油与能源部长会议，俄罗斯对世界能源市场的影响力得以增强。此外，俄罗斯把加入"八国集团"作为提高自己在国际能源市场地位，实施对外能源战略目标的一个重要途径。1998 年莫斯科的"八国集团"部长会议上应俄罗斯的要求讨论了一些国际能源发展的全球性问题。2006 年，俄罗斯担任"八国集团"的主席国，普京首次将能源安全问题列为"八国集团"会议的主要议题，显而易见，俄罗斯已经在"八国集团"的议事日程中找到了有利于俄罗斯展现其全球影响力的永久性话题。

（二）地区层面

俄罗斯希望通过区域能源合作促进双边和多边合作，最大限度地保障俄罗斯能源安全，维护俄罗斯国家利益，其中主要包括积极发展与独联体国家、里海地区、亚太地区、欧洲和美国的双边和多边合作。

独联体。独联体国家不仅是俄罗斯外交的优先方向，也是其能源外交的优先方向。在能源领域，俄罗斯将其他独联体国家分为两类：一类

---

① 王海运：《"能源超级大国"俄罗斯的能源外交》，载《国际石油经济》，2006 年第 10 期，第 8 页。

是能源进口国，主要是指乌克兰、白俄罗斯、摩尔多瓦、格鲁吉亚、亚美尼亚、塔吉克斯坦和吉尔吉斯斯坦；另一类是能源生产和出口国，包括哈萨克斯坦、土库曼斯坦、乌兹别克斯坦和阿塞拜疆。① 俄罗斯对独联体国家的能源外交战略目标是，通过各种手段加强对这些国家能源资源的控制，其中包括：

第一，进入能源生产国（如哈萨克斯坦、乌兹别克斯坦和土库曼斯坦）的油气上游领域，参与其油气田的勘探、开发和生产，力争从源头上控制能源资源。

到 2009 年，以英美为首的西方公司控制着哈萨克斯坦 70% 的油气资源，为扭转不利局面，俄近年采取多种方式全面介入哈油气上下游领域。如以独资、合资、多方合资等多种形式参与哈油气资源的勘探和开采；扩大经俄出口哈油气的能力，俄将阿特劳—萨马拉石油管道年运力从 1020 万吨提升至 2500 万吨，将田吉兹—新罗西斯克输油管年运力 3200 提升至 6700 的万吨。俄哈两国还签署了《2009～2010 年共同行动纲领》，明确了双方在能源领域在内的优先合作方向。2014 年 5 月，俄罗斯、白俄罗斯和哈萨克斯坦三国共同签署了《欧亚经济联盟条约》，在能源领域，将加快电力、石油、石油产品、天然气统一市场的建设，并积极发展双边、多边能源领域合作。

乌兹别克斯坦也是俄罗斯在中亚的战略伙伴国。近年俄乌天然气贸易量快速递增，从 2004 年的 70 亿立方米增至 2009 年的 160 亿立方米，自 2016 年后，俄罗斯进口乌兹别克斯坦天然气总量将进一步增大，年出口量将达到 31 亿立方米。② 在俄政府的大力推动下，俄乌签署了一系列大规模的能源合作协议，俄石油、"俄气"、卢克石油公司等大型能源企业正积极将这些方案付诸实施。截至 2009 年初，俄能源公司在乌油气行业投资达 9 亿美元，占乌外资总额的 60%，2012 年俄累计投资进一步增

① 2005 年 8 月，土库曼斯坦宣布退出独联体。2008 年 8 月 14 日，格鲁吉亚宣布退出独联体，2009 年 8 月 18 日正式退出。2014 年 3 月，因为克里米亚入俄问题，乌克兰也正式启动退出程序。因此，严格说上述三国已不是独联体国家，本书为了方便研究，将它们与独联体其他国家一并分析。

② 《乌兹别克斯坦扩大向俄罗斯出口天然气》，http://intl.ce.cn/specials/zxgjzh/2016/01/07/t20160107_8107037.shtml。

加。2018 年 10 月，俄罗斯总统普京访问乌兹别克斯坦，两国元首签署了关于建立乌兹别克斯坦首个核电站项目的协议，该核电站由俄罗斯国家原子能公司负责设计建造，项目总价值约 110 亿美元，整座核电站将建有 2 个机组，首个机组计划于 2028 年建成。核电站全部建成后，预计发电量 2300 兆瓦，可保障乌国 20% 的电力供应。[①] 此外，由于国产石油量减少和内需增加，乌又开始从俄进口石油，预计 2020 年乌从俄进口石油量将分别上升到 420 万吨和 670 万吨，这意味着乌对俄石油依赖将增强。

近年来，俄罗斯对土库曼斯坦天然气出口的控制力度被削弱。2003年，俄土签署为期 25 年的天然气合作协议。根据协议，到 2028 年土库曼斯坦应向俄罗斯供应 1.7 万亿立方米天然气，2008 年，俄从土购买天然气达 470 亿立方米（当年土天然气开采量为 600 多亿立方米），俄几乎垄断了土的天然气出口。凭借这中亚—中央天然气管道的控制，"俄气"以中间商的身份，以低于欧洲市场一半的价格收购土天然气后加价转卖给乌克兰，然后以 30% 外汇和 70% 货物或服务的方式向土支付购气款。为了摆脱俄罗斯的控制，土库曼斯坦加快实施天然气出口多元化战略。2009 年底，土库曼斯坦—中国天然气管道建成通气，年设计通气能力达 400 亿立方米。2010 年初，土至伊朗天然气管道二期建成，每年可向伊朗出口 200 亿立方米天然气。俄逐渐失去对土天然气出口的垄断地位。为了维持对土天然气的影响力，俄通过力争进入土油气领域上游，参与土的天然气管道修建工程挽回了部分失地，但是不可否认的是在土天然气领域俄"一家独大"的局面已不复存在。2018 年 10 月，欧盟代表在与土库曼斯坦代表团在布鲁塞尔的谈判中称愿意协助吸引投资促进跨里海天然气管道的建设。与此同时，欧盟执委会副主席塞夫科维奇表示，欧盟预计将自 2019 年开始从土库曼斯坦进口天然气，希望减轻对俄罗斯能源的依赖。

第二，多渠道开展对油气管道过境国（如白俄罗斯、乌克兰）的能

[①] 俄罗斯总统普京表示，俄罗斯将按照最高安全标准和最严格环保的要求，来开展在乌兹别克斯坦核电站的建设。http://sputniknews.cn/economics/201810191026617738/.

源外交，保障俄能源出口运输的畅通和安全。

白俄罗斯是俄罗斯输欧"友谊"石油管道的重要过境国，也是俄输欧天然气的重要过境国。2006 年底、2007 年初，俄、白两国在天然气、石油过境问题上发生争执，经过双方谈判，纠纷最后都得以化解。2009 年底，围绕石油过境费、出口税的争端再起。2010 年 1 月，双方达成新的石油供给协议。根据协议，俄罗斯承诺 2010 年将向白俄罗斯供应 630 万吨免税石油，用于满足白俄罗斯的国内需求，同时白俄罗斯将俄石油的过境费率上调11%。对此，时任俄总统的梅德韦杰夫评价说，新协议的签署符合实现俄、白经济一体化的战略方针。俄、白"天然气之争"。俄罗斯与白俄罗斯在独联体国家中关系最为密切。1999 年底，俄、白签署建立联盟国家条约。2011 年 11 月 18 日，俄、白、哈签署一项协议，计划到 2015 年建立欧亚联盟。2015 年，由俄罗斯、白俄罗斯、哈萨克斯坦等六个原苏联国家为加深政治、经济合作而组成的欧亚联盟成立。尽管双方在联盟国家建设中取得一定进展，但也存在不少分歧，天然气之争就是其中之一。白俄罗斯是一直享受俄天然气最惠国待遇的国家，以每千立方米 46.68 美元的价格从俄进口天然气。从 2006 年起，"俄气"开始对其所有客户实行天然气市场价，其中包括原苏联国家。白俄罗斯最初不在涨价的国家之列。然而到了 4 月份，"俄气"突然向白方提出涨价要求，这被白方称为"蓄意敲诈"。经过多次谈判，同年 12 月31 日，"俄气"与白俄罗斯天然气运输公司签署协议，规定俄方自 2007 年 1 月 1 日起，将出口白俄罗斯天然气价格调至每千立方米 100 美元。根据协议规定，白俄罗斯在 2007 年上半年支付了 55% 的天然气费用，白俄罗斯应在 7 月 23 日之前偿清剩余的 45% 的天然气费用共计 4.56 亿美元，但白俄罗斯到期却未能支付这笔欠款。于是，"俄气"于 2007 年8 月 1 日发表声明说，由于白俄罗斯未能按时支付 2007 年上半年的全部天然气进口费用并缺少支付担保，"俄气"计划从 8 月 3 日开始将对白俄罗斯天然气供应量减少 45%。由于俄每年过境白俄罗斯输往欧洲的天然气占俄输欧总量的 20%，高达 400 亿立方米，因此俄、白"天然气之争"引起欧盟的恐慌。欧洲委员会 8 月 1 日发表声明，呼吁俄、白双方尽早通过和平途径解决问题。经过紧张谈判，白俄罗斯 8 月 2 日从后备资金中拨出专款 4.6 亿美元偿还了俄方天然气欠款。有评论认为，从表面上看，俄、白"斗气"是经济问题，实际上则透露出俄罗斯对俄、白一体化进程进展缓慢的不满，加上卢卡申科在能源公司私有化等问题上对俄罗斯开空头支票，还要求上调天然气过境费。而卢卡申科为了保持权力并不急于推行一体化，反而强调白俄罗斯的"自主性"，他反过来批评俄罗斯施加压力的做法表现出了美国式的帝国主义作风。[①] 2016 年，俄罗斯向白俄罗斯的石油供应量从开始的每季度 530 万吨减少至 350 万吨，最后一季度仅为 300 万吨。减少的原因是迫使白俄罗斯偿还其超过 4 亿美元的天然气债务。白俄罗斯则一直对俄罗斯向其提供远高于国内价格的石油和天然气耿耿于怀，双方未能就过境油气价格、运输价格达成共识。直到 2017 年 4 月，双方才达成了一致，白俄罗斯将向俄偿还 7.26 亿美元天然气欠款，而俄罗斯天然气工业公司将对 2018～2019 年期间向白俄罗斯供应的天然气予以相应折扣。此外，俄还将恢复向白俄罗斯每年供应 2400 万吨原油。[②]

乌克兰是俄罗斯天然气输往欧洲的最重要过境国，欧盟国家约 1/4 的天然气从俄罗斯进口，其中约 80% 经由乌克兰输送。2006 年初开始，俄乌围绕着俄天然气过境费等问题发生纠纷，俄几次中断对欧天然气供应，产生了极为恶劣的国际影响。2010 年 1 月亚努科维奇当选为乌总统后，4 月俄乌最终在此问题上达成一致。根据协议，乌克兰将以折扣价格从俄罗斯购买天然气。双方规定，如果天然气价格高于每千立方米 330 美元，乌克兰将得到 100 美元的价格折扣，如果低于每千立方米 330 美元，乌克兰将享受合同价 30% 的折扣。该折扣方案从 2010 年 4 月 1 日起开始生效。得益于这一折扣条款，2010 年乌克兰因此节省 30 多亿美元的购气费用，2011 年节省 40 多亿美元。

俄罗斯对独联体的能源外交还有一个重要方向就是里海地区。作为一个里海国家，里海地区的大部分都位于俄视之为传统势力范围和战略

① 《全球能源政治：热点透析》，http://www.china.com.cn/international/zhuanti/zzyaq/2008/02/13/content_9675325_6.htm。

② 《俄罗斯与白俄罗斯解决了天然气争端》，http://www.trqgy.cn/outNews/2017/04/29692.html。

缓冲带的后苏联空间，俄在该地区有重大战略利益，该地区是俄必须争夺的战略要地。因此，发展与里海地区能源生产国的"能源关系"对俄至关重要。在此，俄罗斯既要确保自己的政治、军事存在，还要力争对该地区油气资源开发与外运的主导权。控制里海油气资源的开发和外运是俄罗斯对独联体能源外交的战略目标之一。

在里海，俄罗斯主要面临着里海周边独联体国家不断增强的独立自主意识和以美国为首的西方国家对该地区的渗透两大障碍。独立后，俄罗斯一直希望通过积极开展双边和多边国际能源合作达到化解上述困难的目的，如继续坚持早期提出的"划分海底、水域共享"的原则开发里海，鼓励俄大型能源企业参与环里海油气区的开发活动，大力发展由俄主导的里海油气外运管网系统，抵制绕过俄领土和排斥俄参与的管道建设方案等。特别值得注意的是，近年来俄罗斯和阿塞拜疆在天然气领域的合作进展迅速。阿塞拜疆向俄罗斯的天然气出口量一直很少，长期维持在每年 5000 万立方米左右。从 2007 年起，俄罗斯曾多次希望以欧洲市场价格包销阿产天然气，但双方始终未能就此达成一致。2009 年 10 月，阿石油公司和"俄气"签订天然气贸易合同，规定自 2010 年起阿开始通过管道向俄出口天然气（这是阿首次经管道向俄输送天然气），全年计划出口 5 亿立方米，2011 年经双方确认后出口量将有所增加，关于出口价格双方商定将按市场价格并参考石油产品价格确定。俄阿天然气贸易对俄控制里海天然气出口具有重要的战略意义。由于多年来欧盟一直酝酿着从里海修建一条绕过俄罗斯的"纳布科"天然气管道，而该管道的气源之一就是阿塞拜疆，如今俄买断阿出口的天然气无疑对"纳布科"产生了釜底抽薪的效果。但在 2018 年 11 月，"南部天然气走廊"计划的跨安纳托利亚天然气管道项目和跨亚得里亚海管道项目在土耳其和希腊边境的马里查河实现对接，将阿塞拜疆里海沙阿德尼兹气田的天然气经格鲁吉亚、土耳其等国输入欧洲，在实现欧洲能源供应渠道多元化的同时，也提升了阿塞拜疆的出口多元化程度。①

---

① 《"南部天然气走廊"实现对接》，http：//news. cnpc. com. cn/system/2018/11/27/001712018. shtml。

欧盟。欧盟是俄罗斯能源外交中重要性仅次于独联体的地区。其主要原因有三：一是因为欧盟是俄最重要的油气市场。欧盟集中了世界主要工业发达国家，而欧盟大国除英国外又大多是能源资源匮乏的国家，这些国家对俄油气供应具有极大依赖性，俄石油和天然气分别占到欧盟总需求量的23%和20%。2008年，欧盟27国从俄罗斯进口天然气的数量为1340亿立方米，原油进口为1.85亿吨。2011年12月1日，欧盟委员会负责能源事务的委员奥廷格在莫斯科表示，欧盟希望未来十年能将从俄罗斯的天然气进口量从目前的每年1250亿立方米增加到1500亿立方米，将占欧盟总需求量的25%。① 俄罗斯在欧盟能源进口战略中的地位难以撼动。二是欧盟是俄罗斯能源产业新设备和新工艺的来源，俄罗斯需要依靠欧盟的投资实现其燃料动力综合体的现代化。由于受到资金缺乏的掣肘，俄罗斯燃料动力综合体面临严重的投资不足和技术升级门槛，这些长期制约着俄罗斯能源产业的发展。为了保障能源产业这一国家支柱产业的稳定、健康发展，俄罗斯采取了多种方式吸引欧盟能源企业进入其能源上游领域，包括允许欧盟相关企业参与俄罗斯《产品分成协议》中部分油气田的勘探开发，这些油气田地处偏远、地理环境恶劣，俄罗斯很难依靠自己的技术力量实施作业。相比之下，欧盟能源企业拥有更加先进的勘探开采技术。此外，俄罗斯在修建通往欧洲的天然气管道时也广泛邀请欧盟的能源企业参与其中，通过合作解决资金、技术等问题。三是近年饱受"断气"之苦的欧盟，努力推行能源进口多元化战略，开辟新的油气来源、大力开发新能源和节能技术，以此来减少对俄依赖。尤其是《能源宪章条约》的签署，进一步增强了欧盟在国际能源格局中的地位，俄保持对欧"能源高压"的难度大大增加，为维护俄罗斯的能源利益和地缘战略利益，俄需要积极开展对欧盟的能源外交。

出于以上原因，进入21世纪以来，俄罗斯加大了对欧盟的能源外交力度，成效也十分明显。表现在：

第一，双方在能源领域建立了稳定高效的对话机制。20世纪90年

---

① 《欧盟希望扩大从俄罗斯的天然气进口》，http：//news. xinhuanet. com/world/2011/12/01/c_122364748. htm#。

代俄罗斯与欧盟之间的能源合作基本上是在 1994 年 6 月双方签署的《伙伴关系与合作协定》中第 65、66 条款的框架内进行的。这一时期俄欧政府还没有在双方的能源合作中发挥出更多的宏观调控作用，这主要是因为双方都在进行各自内外战略的调整，还没有把能源问题提升到战略合作的高度去认识。进入 21 世纪，俄欧《伙伴关系与合作协定》中的相关条款已经难以满足双方合作不断扩大和深入的需要。俄欧之间需要建立一种更加稳定的高层对话机制来保障 21 世纪初双方能源合作的顺利进行。这直接催生了其后能源对话机制的建立。2000 年 10 月，在巴黎举行的俄欧第 6 次首脑峰会上，俄罗斯总统普京与欧盟委员会主席普罗迪签署了俄欧《战略性能源伙伴关系协议》，正式决定在能源领域建立稳定的伙伴关系。巴黎峰会是俄欧能源关系的一个转折点，从此双方的能源合作完全由政府主导和俄国企参与实施。峰会后，俄欧联合能源工作组随之成立，工作组按照"能源战略与供需平衡""技术转移与基础设施""投资""能源效率和生态环境"等方向设立了四个常设工作小组，以具体执行合作计划。此外，为了更好地协调各专家组的工作，双方后来还成立了协调组。

此后，俄欧以联合能源工作组为依托，展开了全方位的能源对话，在宏观层面达成了诸多一致，如 2002 年 5 月双方决定设立俄罗斯—欧盟能源技术中心，2003 年 5 月双方提出实现"电力与载能体市场一体化"的目标，2008 年 6 月俄罗斯同意不再将能源问题作为政治博弈的筹码，2009 年 11 月签署了旨在建立能源领域早期预警机制的备忘录，并在能源安全等问题上达成了谅解，对此外界认为，俄欧已经摆脱了俄格冲突后的阴影，俄欧能源对话取得新进展。值得注意的是，这些成果大多是在每年举行两次的俄欧峰会上达成的，俄欧峰会几乎成为俄欧能源高层对话的平台。

第二，以贸易和投资为主的油气合作深入展开。在俄欧双方领导人的高度重视和能源对话的直接推动下，俄欧能源合作迅速展开并取得显著成效。首先，双方的能源贸易大幅增加。双方以油气为主的载能体贸易量近年来迅猛增加。据欧盟委员会统计，近几年欧盟从俄罗斯进口的原材料大幅增加，其中以油气为主的载能体的进口增幅更是惊人。其中，欧盟从俄罗斯进口的原油 2000 年为 9400 万吨，2004 年增长到 14400 万吨，增长近 53.2%，2009 年原油进口近 17045 万吨，较 2000 年增长近 81.3%。2000 年欧盟从俄罗斯进口的天然气为 1190 亿立方米，2008 年增长到 1340 亿立方米，增幅达 12.6%。[①] 2015 年，30% 的欧盟原油进口量和 30% 以上的天然气进口量都来自俄罗斯，同时欧洲也是俄罗斯主要的油气出口市场。同年，俄罗斯几乎将 60% 的原油和超过 75% 的天然气出口到欧洲。[②] 2018 年 11 月，国际能源署认为，尽管欧洲对"蓝色燃料"的需求大幅下降，但到 2040 年以前，俄罗斯仍将是欧盟天然气的主要供应国。[③] 其次，欧盟参与投资实施了一批大型能源合作项目。2000 年以来欧盟能源企业对俄能源领域的投资持续增加，它们参与了几乎所有俄方向外国投资者开放的油气合作项目，其中一些大型合作项目都已经进入了实际运作阶段。这些项目主要包括："萨哈林－2"号石油天然气工程，该项工程预计开发总投资为 100 亿美元，其中英荷壳牌石油公司占有 55% 的股份；开发哈里亚卡油田，主要由法国道达尔菲纳埃尔夫公司和挪威海德鲁公司参与开发，它们分别占 40% 和 30% 的股份；修建亚马尔—欧洲天然气管道，该管道途径白俄罗斯、波兰进入西欧，预计总投资 20 亿美元，年输气量为 657 亿立方米，由德国、意大利和法国天然气公司参与修建；北欧天然气管道，该管道从俄罗斯芬兰湾的维堡经由波罗的海海底到达德国北部的格赖夫斯瓦尔德，年输气量为 200 亿～300 亿立方米，由芬兰的富腾公司参与实施；"蓝流"天然气管道（已完工）。该管道从俄北高加索的伊扎比里内经黑海海底至土耳其首都安卡拉，年最高输气量为 160 亿立方米，由意大利埃尼化工石油天然气公司参与修建。通过上述管道，俄罗斯和欧洲之间构建起了一张体系完整、输送能力强大的类似"蛛网"的油气输送网络，为双方能源合作的深化发展奠定了坚实的物质基础。与此同时，俄罗斯也注重同西方贸易公司的合作。2014 年，俄罗斯天然气工业股份公司在俄罗斯东部地区发展论坛上和西方石油公司签订了数个合作协议，其中包括和德国巴斯夫、法

① 《俄罗斯能源部资料》，http：//www.minenegergo.gov.ru。

② 《2016EIA 报告：俄罗斯油气行业现状分析》，http：//www.oilsns.com/article/110533。

③ 《俄罗斯仍是欧盟主要天然气供应国》，http：//news.cnpc.com.cn/system/2018/11/27/001712019.shtml。

国能源巨头 ENGIE 集团、奥地利 OMV 公司以及壳牌达成联合建设被俄能源部部长诺瓦克视为俄一项关键的燃气管道项目——"北溪管道－2"的协议。

尽管各个层面的对话与积极合作是主流，但是博弈也一直伴随着俄欧能源合作的全过程，尤其是 2006 年初俄罗斯因俄乌天然气冲突对欧盟"断气"后，双方之间围绕着"游戏规则"和能源管线方向选择的博弈力度不断加大。

第一，"游戏规则"的博弈。首先，俄罗斯坚持不批准《能源宪章条约》。1991 年 12 月，在欧共体部长会议上，包括欧共体成员国、美国、日本和加拿大在内的 50 个国家和地区签署了《欧洲能源宪章》，其中包括《能源宪章条约》《能源宪章贸易条款修正案》和《能源效率与环保问题议定书》等一揽子法律文件，是一个加强政府间能源合作的国际组织和多边条约，其中《能源宪章条约》具有至关重要的意义。俄罗斯于 1994 年签署了《能源宪章条约》，但是至今未履行相关审批程序。根据该条约相关条款规定，欧盟的能源公司可以使用俄罗斯油气运输管道，在发生运输争端时，各方不能停止或缩减运输数量等，并需要将争端交由第三方裁决，显然这不利于俄罗斯保持对欧洲天然气出口运输的垄断地位。2009 年 4 月，梅德韦杰夫提出建议放弃《欧洲能源宪章》。在同年 5 月举行的俄欧首脑峰会上，梅德韦杰夫重申了这一立场，提出"必须以新的能源安全协议取代现行协议的立场"。[1] 8 月，普京也表示，俄罗斯不会加入旨在将前苏联及东欧地区整合进欧洲共同能源体系的《欧洲能源宪章》。其次，双方围绕关于欧盟第三份能源市场改革方案的分歧依然严重。2007 年 9 月，欧盟委员会提出立法建议，即在欧洲境内分割天然气供应和输送网络业务。这对于一直致力于通过销售和供应"两只手"控制欧洲市场的"俄气"来说无疑是一个坏消息，更何况"俄气"还希望扩大对输欧天然气管道的控制权。2009 年 7 月，欧盟正式通过能源市场改革法案。该法案于 2011 年 3 月开始实施，其主要内容

---

[1] 《俄罗斯重申不批准欧洲能源宪章立场》，http://news.163.com/09/0523/06/59VTOP5F0001121M.html。

是对欧盟的天然气和电力市场进行改革，要求"厂网分离"，避免大型能源生产企业同时控制输送网络。该法案也适用于进入欧盟市场的外国企业，这引起了俄方的强烈不满。10月，在莫斯科的一个能源论坛上，欧盟方面拒绝了俄罗斯能源部长什马特科提出的希望欧盟方面能够兼顾俄方利益的建议。什马特科随即表示，俄方今后将积极促进能源出口的多元化，在东方寻找合作伙伴，推动落实新的能源合作项目。① 12月，欧盟委员会负责能源事务委员奥廷格表示，欧盟方面不打算对已通过的立法作出更改，但准备在现有法律基础上研究对包括俄罗斯企业在内的企业"网开一面"的可能性。② 尽管如此，这一症结能否完全解开还有待观察。

第二，能源管线建设的博弈。近年来欧盟为了减少对俄罗斯的能源依赖，努力寻找修建绕过俄罗斯通往欧洲的油气管道的机会，并稍有斩获。2006年底，由英、希、法、美、日等国能源公司修建的贯穿南高加索的天然气管道——巴库—第比利斯—埃尔祖鲁姆天然气管道（BTE）正式供气，年输气量达到72亿立方米。面对着西方咄咄逼人的进攻态势，俄罗斯针锋相对。为对抗BTE，俄罗斯加大了推动布尔加斯—亚历山德鲁波利斯石油管道（布—亚管道）的力度。该管道计划将俄罗斯和里海的石油从位于保加利亚的黑海港口布尔加斯输送到希腊濒临爱琴海的亚历山德鲁波利斯港，它将作为俄罗斯石油绕过博斯普鲁斯海峡和达达尼尔海峡的一条替代通道。管道项目计划投资10亿欧元，管道最大运力却可达5000万吨，为典型的"小投入大产出"项目。2010年6月，保加利亚政府总理鲍里索夫以该项目无利可图并有可能对保加利亚的环境造成危害为由宣布退出。但最终，俄罗斯成功说服了保加利亚领导人继续参加这一项目。

除了布—亚石油管道以外，近年最受关注的还是俄罗斯与欧盟在"纳布科"和"南流"天然气管道上的博弈。有关这一问题在第五章第二部分有详细的叙述，这里不再赘述。

亚太地区。俄罗斯将亚太地区列为地区能源外交战略优先方向的主

---

① 《俄罗斯重申不批准欧洲能源宪章立场》，http：//news. 163. com/09/0523/06/59VT0P5F0001121M. html。

② 《欧盟希望扩大从俄罗斯的天然气进口》，http：//news. xinhuanet. com/world/2011/12/01/c_122364748. htm#。

要原因是：亚太地区经济的快速发展，对能源的需求急遽增加；开发东西伯利亚和远东的油气资源，推动边疆地区经济的发展；搭上亚太经济发展的快车，融入亚太经济一体化进程中。《2020 年前俄罗斯的能源战略》强调，"在亚太地区，俄罗斯的主要能源合作伙伴是中国、韩国、日本和印度。这些国家是俄罗斯油气、电力、核电技术和核能产品的销售市场。到 2020 年，亚太国家在俄石油出口中的比重将由目前的 3% 上升到 30%，天然气上升到 15%"。① 2014 年 2 月，俄罗斯发布《2035 年前能源战略草案》，称将加快进入亚太市场，包括增加对亚太市场的油气出口、加大和亚洲石油公司的上游合作。② 由此可见，俄罗斯已经将开展与亚太地区国家的能源合作认识上升到相当的高度。但总体来说，俄罗斯与亚太油气合作偏向贸易，上游勘探开发则相对偏弱。与埃克森美孚大力进入俄罗斯北极、BP 战略性入股俄石油相比，亚洲石油公司主要限于处于开发后期提高采收率油田项目。

基于地缘政治经济因素的考虑，在亚太地区俄罗斯能源外交的优先方向是东北亚。目前，东北亚地区的中、日、韩 3 国能源需求就占整个东北亚地区能源需求的 96%。俄罗斯倡导的东北亚能源合作战略涵盖了许多方面，具体有：发展与中、日、韩及其他国家之间的双边和多边能源国际合作，包括吸引日本、韩国的大型能源企业投资开发西伯利亚和远东的油气田，修建从东西伯利亚到太平洋的石油管道，从北萨哈林天然气田到日本、韩国的天然气管道，修建从萨哈林到中国的天然气管道等。③ 尽管这些项目受到较为复杂的东北亚政治、国际关系局势的影响，

---

① Энергетической стратегии России на период до 2020 года, http：//www. minprom. gov. ru/docs/strateg/1.

② 《俄罗斯对外油气合作呈现两面性》，http：//news. cnpc. com. cn/system/2016/02/16/001579519. shtml.

③ 在俄罗斯与东北亚国家的能源合作中，中国占据着非常重要的位置。除了 ESPO 管道项目外，2009 年 2 月 17 日，俄罗斯与中国还签署了俄方有史以来金额最大的能源协议（"石油换贷款"协议），俄罗斯的石油公司以 20 年 3 亿吨的长期原油供应换取中方 250 亿美元贷款。在 2013 年举行的第 17 届圣彼得堡经济论坛上，这一协议被再次扩充，双方达成了一项迄今为止最大的一份双边能源合作协议——俄罗斯石油公司与中国石油天然气集团公司签署的对华原油供应协议，总价值达到 2700 亿美元。根据此协议，中石油从 2018 年起从俄罗斯石油公司获得每年 3000 万吨原油，而随着未来石油管道的建立，这一数字在 2025 年将提高到 4600 万吨。该协议从政治上稳固了中国在中亚和东北亚的经济主导地位。

但是能源合作仍然是俄罗斯扩大与东北亚地区经济联系的主要渠道，也是俄罗斯通过东北亚融入亚太经济一体化的有效手段，未来俄罗斯在此问题上的态度将更坚决，合作手段将更加多样化。

案例 7 – 2　"东西伯利亚—太平洋"石油管道（ESPO）

"东西伯利亚—太平洋"石油管道被称为是当代俄罗斯最大的项目之一。该管道西起东西伯利亚的泰舍特，东至俄罗斯太平洋沿岸的科济米诺湾，全长 4000 多千米，年设计输油能力为 8000 万吨，总投资近 230 亿美元。

这条管道的建设被分成一期和二期两个工程。一期工程（西线管道）包括从伊尔库茨克州的泰舍特到阿穆尔州的斯科沃罗季诺长 2500 千米的石油管道以及在滨海边疆区建设的石油专用港—科兹米诺港，年输量 3000 万吨，于 2009 年 12 月 28 日建成投入运营。二期工程（东线管道）是建设从斯科沃罗季诺到科兹米诺港的输油管道，年输油能力达 3000 万吨，可以根据需要增加到 5000 万吨，于 2012 年 12 月 25 日投入启用。

在俄罗斯看来，这条管道能够将东西伯利亚几大油田生产的石油运送到远东，从而使俄罗斯的石油出口更加多元化。俄罗斯总统普京认为，一方面，管道的建成能够让俄罗斯在快速发展的世界市场和亚太市场上发挥积极作用；另一方面，管道的运营还能够提供大量的工作岗位，促进东西伯利亚和远东地区的投资合作，拉动当地经济发展。俄石油管道运输公司总裁托卡列夫也表示"东西伯利亚—太平洋"石油管道将为东西伯利亚和远东经济社会发展注入新的动力。

修建这一管道，俄罗斯看中的就是亚太市场，而这其中尤以中国为重。备受关注的中俄原油管道实际上就是这条管道一期工程的一个支线，它起自俄罗斯斯科沃罗季诺分输站，穿越黑龙江到达中国大庆末站，年设计输油能力为 1500 万吨，最大年输油量可达 3000 万吨。管道全长约 1000 千米，俄罗斯境内约 63.4 千米，中国境内 933 千米，于 2010 年建成，从 2011 年开始向中国输油。这条支线建成前，中国从俄罗斯进口石油主要靠铁路，而管道输油不仅输油量可以大大提高，而且运输成本和时间成本也可以大大降低，对于中国这样一个石油消费大国来说具有十分重要的意义。

对于中国以外的其他亚太国家而言，该管道的全部启用也是意义非凡。韩国是一个依靠进口中东地区石油的国家，价格并不便宜。由于距离近，运输成本相对较低，因此从俄罗斯进口石油的价格要比中东的石油价格便宜不少。对于日本也同样如此。由此可见，"东西伯利亚—太平洋"石油管道的建成对于亚太国家，特别是对东北亚国家来说也是提供了一个实现石油进口多元化的机会，有利于它们尽可能地确保自身的能源安全。

（资料来源：《中国石油天然气集团公司网站资料》，http：//www.cnpc.com.cn/cn/ywzx/gjyw/Russia/；《"东西伯利亚 - 太平洋"石油管道全线贯通》，http：//news.ifeng.com/world/detail_2012/12/26/20538301_0.shtml。）

案例 7 - 3　亚马尔液化天然气项目

亚马尔液化天然气项目是目前全球在北极地区开展的最大型液化天然气项目，也是"一带一路"倡议提出后中国在俄罗斯实施的首个特大型能源合作项目，整个项目实现了天然气勘探开发、液化、运输、销售的一体化。项目气源地南塔姆贝凝析气田已探明天然气储量超过1.3万亿立方米，凝析油储量超过6018万吨，因而被誉为"镶嵌在北极圈的一颗能源明珠"。

在亚马尔项目中，20%的股权属于中国石油天然气集团公司（CNPC），9.9%的股权属于丝路基金，20%的股权属于法国道达尔公司，50.1%的股权属于俄罗斯诺瓦泰克公司（Novatek）。

亚马尔项目的天然气可采储量达到1.3万亿立方米，凝析油可采储量6000万吨。项目全部建成后每年可生产液化天然气1650万吨，凝析油120万吨。项目的第一条生产线于2017年12月正式投产，第三条生产线于2018年12月11日正式投产，比计划提前一年。第四条年产量近100万吨的生产线正在建设之中。

亚马尔项目向中国供应的首船液化天然气通过北极东北航道已于2018年7月19日运抵中石油旗下的江苏如东接收站，开启了亚马尔项目向中国供应液化天然气的新篇章。根据协议，在亚马尔项目第二条、第三条生产线投产后，中石油将从 2019 年起每年进口来自亚马尔项目的 300 万吨液化天然气。

（资料来源：《亚马尔液化天然气项目》，http：//sputniknews. cn/infographics/201904111028168942/；《亚马尔液化天然气项目第三条生产线正式投产》，http：//www. xinhuanet. com/2018/12/11/c_1123839036. htm。）

在东南亚，俄罗斯最重要的能源伙伴国是越南。俄越能源合作可以追溯到苏联时期。1981 年，苏联和越南成立越俄油气联营企业（Vietsov-petro），至今所开采的石油量占越南石油开采总量的半数以上，而几乎所有的天然气都由该企业负责采掘。越南国家油气集团拥有该企业 49% 的股权，俄罗斯持有 51% 的股权。该企业一直被称作是俄越能源合作的成功典范。近年，双方在核电领域的合作进展迅速。2009 年，两国首脑就签署了一份谅解备忘录，就与越南合作建立首座核电站达成协议。2010年，梅德韦杰夫出访越南，两国签署双边协议，计划启动核电站建设项目。2012 年 7 月，越南国家主席张晋创对俄罗斯进行访问期间，两国首脑就能源开发合作项目达成一致意见。事后普京对媒体表示，俄罗斯将向越南提供 100 亿美元贷款，其中约 80 亿美元用于建设越南首座核电站。据专家介绍，首座核电站拥有两组核反应堆，总发电能力达到 4000兆瓦，项目造价超过 56 亿美元。项目建设 2014 年开始，预计最早 2020年发电。2018 年 9 月，俄罗斯总统普京和越共中央总书记阮富仲进行了互访，两国就深化经贸关系，扩大能源领域合作取得了一致意见，并计划进一步加强与越南的石油天然气合作。从这些年俄越能源合作不断深化来看，俄罗斯抢占东南亚能源市场的战略意图非常明显。

美国。俄罗斯将美国列为其能源外交战略重点方向的主要原因是：首先，美国在国际能源格局中占有非常重要的地位，是世界能源消耗第一大国；其次，苏联解体后，美国开始不遗余力地向包括中亚、独联体国家在内的俄罗斯传统势力范围渗透，而能源领域又是其重中之重；最后，鉴于美国在当今世界经济事务中居于主导，俄美关系的好坏成为影响俄经济转型的关键要素之一。① 尽管俄罗斯非常重视开展对美国能源外交，但双方合作规模并不大，2004 年两国石油贸易仅占美石油进口量的 2% 。这主要是因为美国的主要石油进口源是海湾和拉美，这些地区占美国进口石油的 60% ~ 70% ，而从地缘政治角度看，美国 "遏俄弱俄" 的政策指导方针也不允许从俄进口大量油气，并推动俄成为一个 "能源超级大国"。不过，作为全球最重要的一组外交关系，俄美关系的重要性又决定了双方在很多领域又不得不进行合作，双方在和平利用核能、核不扩散、能源安全和气候问题等方面确实存在着现实的需要和较大的合作前景。

① 陈小沁：《透析俄罗斯能源外交的地区实践》，载《俄罗斯中亚东欧研究》，2010 年第 5 期，第 38 页。

第八章

中国的能源安全
与能源外交

改革开放以来，能源安全问题始终是关系到中国经济发展的一个重大战略问题。经过三十余年的发展，中国虽然形成了煤炭、电力、石油天然气以及新能源和可再生能源全面发展的能源供应体系，能源自给程度也很高，但是能源安全形势依然堪忧。目前，中国已经成为世界最大的能源生产国和消费国，石油、天然气和煤炭的进口量逐年增加。此外，还存在着能源资源人均拥有量很低、结构性矛盾突出和对外依存度高等诸多问题。这些问题制约着未来中国经济的发展，也是新时期中国能源外交面临的主要挑战和需要解决的战略任务。

第一节　中国的能源安全状况

一、能源资源总储量丰富，但人均很低

中国的能源资源总量丰富。根据国土资源部 2008 年 1 月 3 日公布的《关于新一轮全国资源评价和储量产量趋势预测报告》，中国的油气资源很丰富。其中，石油远景资源量 1086 亿吨，地质资源量 765 亿吨，可采资源量 212 亿吨，勘探进入中期；天然气远景资源量 56 万亿立方米，地质资源量 35 万亿立方米，可采资源量 22 亿立方米，勘探处于早期。此外，非常规油气资源储量较为丰富。煤层气地质资源量达 37 万亿立方米，可采资源量为 11 万亿立方米，油页岩折合成页岩油地质资源量达 476 亿吨，可回收页岩油为 120 亿吨，而油砂油地质资源量达 60 亿吨，

可采资源量为 23 亿吨。[1][2]

而根据英国 BP 石油公司的统计，截止到 2017 年底，中国的石油探明储量为 35 亿吨（约合 257 亿桶），占世界总储量的 1.5%，储产比为 18.3 年；天然气为 5.5 万亿立方米，占 2.8%，为 36.7 年；煤炭为 1388 亿吨，占 13.4%，为 39 年。[3]

比较国土资源部的数据和英国 BP 石油公司的数据，不难发现其中有较大的差异。实际上这与双方对资源储量的界定不同有关。国土资源部提供的资源评价数据是确定和可能的储量之和，如果按照欧美的标准，就是不仅包括确定的（measured）和证实的（proved）储量，还包括推定的（indicated）和概略的（probable）储量以及推测的（inferred）或可能的（possible）储量。欧美所指的探明储量一般就只包括确定的和证实的储量，因此数值较小。这在煤炭储量上表现非常明显。中国煤炭的地质预测储量为 5 万亿吨。据世界能源委员会 1991 年的统计，中国煤炭的地质储量占世界总量的 20%，仅次于苏联，居世界第二，但是如果按照世界公认的标准（见 BP 的统计），中国煤炭的探明储量并不突出，或略显不足。

尽管能源资源总储量相对比较丰富，但不争的事实是，中国人均能源资源拥有量在世界上仍处于较低水平，煤炭、石油和天然气的人均占有量仅为世界平均水平的 67%、8% 和 7.5%。虽然近年来中国能源消费增长较快，但目前人均能源消费水平还比较低，仅为发达国家平均水平的 1/3。随着经济社会发展和人民生活水平的提高，未来能源消费还将

---

① 崔民选主编：《中国能源发展报告（2010）》，北京：社会科学文献出版社，2010 年版，第 89 页。

② "资源量"和"储量"是矿山勘查、开发过程中不同阶段的概念。"资源量"是指所有查明与潜在（预测）的矿产资源中，具有一定可行性研究程度，但经济意义仍不确定或属次边际经济的原地矿产资源量。"储量"泛指蕴藏量，而经过勘探之后得知的油气蕴藏量中精确度最高的部分，称为"已探明储量"，"已探明储量"只有在切实的技术和经济条件之下才能转变为可采储量，因此在严格意义上说，"已探明储量"仍属于"资源量"这一概念的范畴。

③ 《BP 世界能源统计年鉴（2017 年）》，http：//www. bp. com/liveassets/bp_internet/china/bpchina_chinese/STAGING/local_assets/downloads_pdfs/Chinese_BP_StatsReview2017. pdf。

大幅增长，中国的资源约束还会不断加剧。[1]

二、能源结构性矛盾突出

中国的能源自给率一直处于高位，[2] 供求总量矛盾不太突出。从总量来看，中国一次性能源的消费总量略大于生产总量（2017 年这一缺口为 8.8 亿吨标准煤）[3] 但是能源结构却长期严重失衡。可以说，虽然目前能源需求缺口问题是影响中国能源安全的重要问题，但是能源消费和生产的结构性问题更加突出，这在能源消费和生产方面表现为：

一方面，中国"富煤、缺油、少气"的资源禀赋特点从根本上决定了国家长期以来"以煤为主"的能源消费结构。2017 年，中国一次性能源消费总量为 44.7 亿吨标准煤，比 2016 年增长 3.1%，其中煤炭占能源消费总量的比重约为 60.4%，比 2016 年下降了 1.6 个百分点，石油和天然气分别占一次性能源消费总量的 19.4% 和 6.6%，分别提高了 0.4 和 0.6 个百分点。非化石能源消费量占一次性能源消费总量的比重为 13.6%，提高了 0.6 个百分点。2017 年，非化石能源消费占一次性能源消费比重达到 13.8%。[4]

据国家统计局初步核算，2017 年能源消费总量 44.9 亿吨标准煤，比上年增长 2.9%。其中，全年原油表观消费量为 6.1 亿吨，首次超过 6亿吨，同比增长 6.0%，增速较上年扩大 0.5 个百分点。全年天然气消费量 2373 亿立方米，同比增长 15.3%，增速约为上一年的两倍。天然气在中国一次性能源消费结构中的占比增至约 7.2%。而 2016 年，能源消费总量为 43.6 亿吨标准煤，同比增速 1.4%。煤炭消费量下降 4.7%，原油消费量增长 5.5%，天然气消费量增长 8.0%，电力消费量增

---

[1] 中华人民共和国国务院新闻办公室：《中国能源政策白皮书（2012）》，新华社，2012 年 10 月 24 日。

[2] 自改革开放以来，我国的能源自给率持续下降，2006 年首次跌破 90%，2007 年跌至最低的 88.2% 的水平。此后逐步回升，2010 年至今一直维持着 91% 左右的自给水平。

[3] 中华人民共和国国家统计局，http://www.stats.gov.cn/tjsj/zxfb/201802/t20180228_1585631.html。

[4] 林伯强著：《中国能源发展报告 2017》，北京：北京大学出版社，2017 年版。

中国的能源安全与能源外交 | 295

长 5.0%。

十年来，能源消费总量持续上升。以 2007 年能源消费总量 31.1 亿吨标准煤为参照，十年间能源消费增长了 44.2 个百分点。自 2014 年以来，增速持续低迷，2017 年同比增速（2.9%）略有回升，距离 2010 年（7.3%）、2011（7.3%）年的高增速仍有相当大的差距。[①] 尽管在能源消费结构调整上取得了不小的进步，但与世界上许多国家相比，中国还有很大差距。据世界能源统计资料，以 2017 年为例，世界一次性能源消费结构中，石油占一次性能源消费总量的 32.9%，煤炭和天然气分别占一次性能源消费总量的 29.2% 和 23.8%，核电占 4.4%，水电占 6.8%。[②] 中国这种以煤为主的消费结构加大了环境、生态保护压力，而煤炭消费是造成煤烟型大气污染的主要原因，也是温室气体排放的主要来源。据统计，中国二氧化硫排放量的 90%、烟尘排放量的 70% 和二氧化碳排放量的 70% 都来自燃煤。[③]

另一方面，能源生产结构基本以煤炭为主。在中国能源生产总量构成中，煤炭占比一直很高。从 2002 年以来，中国煤炭产量在能源生产结构中的比重逐年加大，平均保持在 76% 左右。原油生产在能源生产结构中的占比逐年减少，平均保持在 12% 左右的水平。自 2004 年开始，天然气、水电、核电和风电所占比例虽逐年上升，但整体比例较小。2012年，中国一次性能源生产总量为 33.3 亿吨标准煤，比 2011 年增长 4.8%，其中煤炭 36.5 亿吨，增长 3.8%，原油 2.07 亿吨，增长 2.3%，天然气 1072 亿立方米，增长 4.4%。由于水量较充沛，加上风电、核电增长较快，非化石能源生产量占一次性能源生产总量的比重达到 10%，比 2011 年提高了 1.2 个百分点。[④] 2017 年，中国能源生产总体稳中有升。一次性能源生产总量达到 35.9 亿吨标煤，同比增长 3.6%。其中，

[①] 中国电力传媒集团能源情报研究中心编：《中国能源数据大报告（2018）》。

[②] 《2017 年中国能源总体发展情况分析》，http://www.chyxx.com/industry/2018/02/611045.html。

[③] 崔民选主编：《中国能源发展报告（2012）》，北京：社会科学文献出版社，2012 年版，第 31 页。

[④] 《2012 年非化石能源消费占比达 9.1% 概况》，http://www.chinairn.com/Print/2881589.html。

化石能源生产占比82.3%，同比下降0.4个百分点，非化石能源生产占
比17.3%。中国已成为世界上水电、风电、太阳能发电装机第一大国。[1]
而在二次能源中，无论消费结构还是生产结构，基本上都是以燃煤为主
的火力发电作为主导能源。这也是近几年在煤电价格体制没有理顺的背
景下，一旦煤炭价格大幅上涨，全国各地就频现拉闸限电现象的主要
原因。

总体上看，中国的能源生产及消费呈现出"富煤、缺油、少气"，
以及"新能源短缺"的结构性特征。[2] 这种以低热值的化石燃料为主的
能源结构不仅对生存环境影响较大，由此还产生了一系列社会问题。对
于未来中国能源结构的调整，国家发改委能源研究所副所长戴彦德研究
员并不乐观，称"中国未来能源消费仍要快速增长，以煤炭为主的能源
消费结构短期内难以改变"。[3]

三、能源对外依存度很高

能源对外依存度是能源净进口量与能源总消费量的比例，是衡量一
个国家能源安全的重要指标之一。一般来说，能源依存度越高，能源安
全系数越低。随着国民经济的持续发展，城乡一体化的快速推进，中国
能源供需形势自20世纪90年代以来，由供需平衡逐步转变为偏紧，对
外能源依存度不断上升，尤其是石油的对外依存度几乎呈直线上升。

1993年，中国的石油进口量首次超过了出口量，成为石油净进口
国，石油净进口量达988万吨，对外石油依存度为6.7%。1999年中国
的石油进口依存度超过20%。从2000年开始中国石油进口依存度开始
大幅攀升，当年石油进口依存度首次超过30%。2003年，中国成为仅次
于美国的世界第二、亚洲第一石油消费大国，同年石油净进口量攀升至

---

① 《中国能源发展报告（2017）》，http://www.xinhuanet.com/power/2018/04/12/c_
129848923.htm。

② 崔民选主编：《中国能源发展报告（2010）》，北京：社会科学文献出版社，2010年版，
第89页。

③ 《中国以煤为主的能源消费结构难改》，http://cn.reuters.com/article/cnInvNews/idC-
NCHINA-4027820110324。

9113 万吨。2004 年世界石油价格大涨，同年中国石油进口再创新高，一举突破 1 亿吨大关，达到 12272.4 万吨，进口依存度也高达 45%，比2003 年提高了 10 个百分点。从 2005～2011 年，中国的石油对外依存度依次为 42.9%、47%、50.5%、51.3%、53.7%、54.8%、56%，年均增加 2 个百分点。2012 年，中国生产石油 20748 万吨，同比增长 1.9%；进口石油 27109 万吨，同比增长 7.3%，石油对外依存度 56.4%。[①] 2015年中国石油净进口量 3.28 亿吨，同比增长 6.4%，增速比上年高 0.6 个百分点。中国石油消费持续中低速增长，对外依存度首破 60%，达到60.6%。[②] 2017 年中国国内石油净进口量约为 3.96 亿吨，同比增长10.8%，增速比上年高 1.2 个百分点，石油对外依存度达到 67.4%，较上年上升 3%。[③] 2017 年中国的石油对外依存度创下历史新高。近年来，石油对外依存度的不断攀升产生的负面影响是很明显的，它不仅对中国的能源安全造成了直接威胁，还对中国经济发展造成了负面影响，甚至加剧了中国同周边石油进口大国之间的竞争。

此外，还有一个值得注意的现象是，前些年中国的煤炭进口持续增长。2009 年，中国成为煤炭净进口国。2011 年首次超过日本成为世界最大煤炭进口国。2012 年，中国进口煤炭 2.9 亿吨，与 2011 年相比增加1.076 亿吨，同比增长 59%。[④] 2012 年中国的煤炭进口量继续稳居世界第一。2013 年中国煤炭进口达到 3.27 亿吨，创下历史最高，但此后进口量回降，2014 年，中国进口煤炭 2.91 亿吨，[⑤] 同比下降 10.9%，2015 年进口 2.0 亿吨，同比下降 29.9%。[⑥] 直到 2016 年，中国煤炭进口

① 《中国石油对外依存度涨至 56% "十二五"力争控制在 61%》，http：//news. china. com. cn/2013/02/05/content_27886976. htm。

② 《2016 年国内外油气行业发展报告》，http：//news. cnpc. com. cn/system/2017/01/13/001629933. shtml。

③ 《2017 年国内外油气行业发展报告》，http：//news. cnpc. com. cn/system/2018/01/17/001675468. shtml。

④ 《2012 年中国仍是最大煤炭进口国》，http：//www. chinacoal. gov. cn/templet/3/ShowArticle. jsp? id = 36746。

⑤ 《2014 年煤炭进出口双降》，http：//paper. people. com. cn/zgnyb/html/2015/01/26/content_1527834. htm。

⑥ 《2015 年全国煤炭进出口情况》，http：//www. ndrc. gov. cn/jjxsfx/2016/01/t20160129_773471. html。

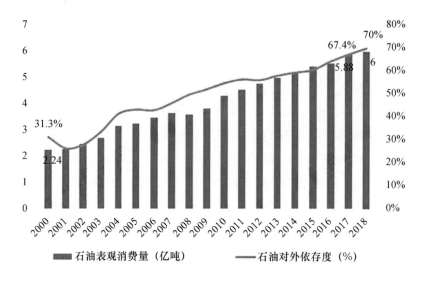

图 8 - 1　2000 ~ 2018 年中国石油表观消费量和对外依存度变化情况

资料来源：http：//www. qianzhan. com/analyst/detail/220/180131 - b7e3dc8b. html。

量才回升至 2. 56 亿吨，同比增长 25. 2% ，① 2017 年中国煤炭进口量 2. 71 亿吨，同比增长 6. 1% 。②

四、能源进口过于集中

中国主要从中东、原苏联地区和西非等产油地区进口石油，并均呈上升趋势。据中国海关总署 2012 年的数据显示，这一年中国共计进口原油 27109 万吨，同比增加 6. 79% ，前十大原油来源国分别是：沙特阿拉伯，5391. 6 万吨，同比增加 7. 24% ；安哥拉，4015. 2 万吨，同比增加 28. 9% ；俄罗斯，2432. 9 万吨，同比增加 23. 35% ；伊朗，2192. 2 万吨，同比下降 21. 02% ；阿曼，1956. 7 万吨，同比增加 7. 79% ；伊拉

① 《2016 年全球煤炭产量、进口和出口排名》，http：//www. cwestc. com/newshtml/2017/4/1/453531. shtml。

② 《2017 年我国进口煤炭 27090 万吨》，http：//paper. people. com. cn/zgnyb/html/2015/01/26/content_1527834. htm。

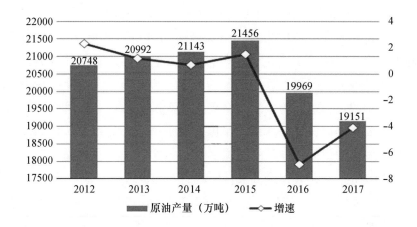

图 8 – 2　2012 ~ 2017 年中国原油生产年度走势图

资料来源：《2012 ~ 2017 年中国原油产量及进口量统计》，http：//www. chyxx. com/in-dustry/2018/04/629483. html。

克，1568. 4 万吨，同比增加 13. 87%；委内瑞拉，1529. 1 万吨，同比增加 32. 76%；哈萨克斯坦，1070. 4 万吨，同比下降 4. 53%；科威特，1049 万吨，同比增加 9. 94%；阿联酋，874. 4 万吨，同比增加 29. 82%。① 其中，从 6 个中东国家共进口原油 13032. 3 万吨，占中国进口原油的 48. 1%；从 2 个苏联加盟国家中共进口原油 3503. 3 万吨，占 12. 9%。与 2011 年相比，苏丹的石油生产因受北非政治动荡和内部问题的影响大幅减产甚至一度停产，导致苏丹退出了十大原油来源国之列，2011 年中国从苏丹进口原油 1298. 93 万吨，居十大原油来源国第七位。②

　　此后几年，中国的原油需求依旧强劲，进口来源国虽有变化，但是主要进口来源地区依然集中在中东、苏联和西非。根据中国海关总署公布的数据显示，2017 年全年中国原油进口量为 4. 2 亿吨，同比增长 10. 1%，创

① 《2012 年中国十大原油来源国一览》，http：//oil. in – en. com/html/oil – 15391539291709355. html。
② 《2011 年中国十大原油进口国》，http：//www. china – consulting. cn/news/2012/02/01/s3194. html。

出历史记录新高。[①] 前五大原油来源国分别为：俄罗斯、沙特阿拉伯、安哥拉、伊朗、阿曼，中国也取代美国成为全球最大原油进口国。

从主要原油进口地区来看，中国的原油进口主要集中在中东地区，存在着很大的风险。中东是"世界油库"，也是各大能源进口国最重要的利益攸关地区，围绕着这一地区的地缘政治博弈、军事冲突从未停止过，这使中国在该地区的能源安全受到极大的威胁，一旦爆发突发事件中国能源安全难以保证，从而使中国经济遭受重大的损失。例如，受近年来持续发酵的伊朗核危机的影响，中国从 2012 年开始被迫放缓了在伊朗的能源投资，并且大幅降低来自伊朗的石油进口量（2011 年从伊朗进口石油 2775.6 万吨，2012 年为 2192.2 万吨，2015 年略有回升，为 2661.5 万吨）。此外，从中东进口石油主要依靠海洋运输，运输线路单一，其中必经的霍尔木兹海峡和马六甲海峡都属于高风险石油海运通道，这在一定程度上增加了中国能源运输的风险。

五、能源储备严重不足

相比西方发达国家庞大的战略能源储备，中国的能源储备机制还很落后。进入 21 世纪以后，随着石油对外依存度的不断提高，建立石油储备，保障国家能源安全变得越来越紧迫。2007 年 12 月 28 日，中国国家石油储备中心正式成立，其目的在于加强中国的战略石油储备建设，健全石油储备管理体系。为此，中国决定用 15 年的时间，分三期完成石油储备基地的建设。第一期由政府投资的 4 个战略石油储备基地主要集中于东部沿海城市，分别位于浙江舟山和镇海、辽宁大连及山东黄岛，储备总量为 1640 万立方米，约合 1400 万吨原油，[②] 相当于我国 10 余天原油进口量，加上国内 21 天进口量的商用石油储备能力，中国总石油储备能力可达到 30 天原油进口量。第一期基地建设已于 2008 年全部投入使用。此后，石油储备基地二期建设开始向内陆地区布局。2009 年 9 月 24

---

① 《海关总署介绍 2017 年全年进出口情况》，http：//www.gov.cn/xinwen/2018/01/12/content_5255987.htm#1。

② 按照 BP 石油公司统计资料的换算标准，1 立方米原油相当于 0.8581 吨。

日，随着新疆独山子国家储备基地的开工，标志着中国第二期石油储备基地全面展开。[①] 而根据计划，中国 8 个二期战略石油储备基地分布在广东湛江和惠州、甘肃兰州、江苏金坛、辽宁锦州及天津等地，设计总储量为 3800 万吨以上。到 2020 年整个项目一旦完成，中国的石油储备能力将提升到约 8500 万吨，达到 100 天左右的石油净进口量，从而符合国际能源署（IEA）规定的 90 天战略石油储备能力的标准。

即便如此，中国的战略石油储备体系与西方国家相比还是相距甚远。例如缺乏立法层面的支持，缺乏包括政府储备、企业商业储备、企业义务储备在内的完整储备体系建设等。[②] 这也意味着，要形成西方发达国家战略石油储备所具备的应对石油供应中断、抑制油价、稳定市场等方面的综合能力，中国还有很长的路要走。

六、能源使用效率不高

能源使用效率是考察能源利用程度和水平的一项综合指标，它可以反映能源消费过程中管理、技术、经济等因素的影响及其效果，具有高度概括性和很强的对比性。一个国家的能源使用效率，取决于其能源资源条件、能源消费结构、能源利用的技术水平，以及产业结构和经济社会发展状况。[③]

进入 21 世纪以来，中国在节能减排、提高能源效率方面取得了很大的进展，然而中国的单位国内生产总值（GDP）能耗不仅与西方发达国家相比有很大差距，甚至高于一些新兴工业化国家。近年，中国单位 GDP 能耗比世界平均水平高 2.2 倍左右，比美国、欧盟、日本和印度分别高 2.4 倍、4.6 倍、8 倍和 0.3 倍。[④] 2012 年，中国的单位 GDP 能耗

---

① 独山子基地规划建设 30 座储罐，每座储罐的容积为 10 万立方米，总库容约 220 万吨，工程投资 26.5 亿元人民币。

② 崔民选主编：《中国能源发展报告（2012）》，北京：社会科学文献出版社，2012 年版，第 32 页。

③ 孙永祥：《世界能源使用效率排名中国仅居第 74 位》，载《中国经济导报》，2013 年 1 月 5 日。

④ 崔民选主编：《中国能源发展报告（2010）》，北京：社会科学文献出版社，2010 年版，第 293 页。

是国际的 2 倍，是发达国家的 4 倍。[①] 在 2012 年底由《世界经济论坛》
与埃森哲咨询管理公司（Accenture）共同推出了《2013—全球能源工业
效率研究》的报告。该报告对世界不同国家的能源强项和弱项从经济、
生态和能源安全观点进行了评估，其中中国仅位列第 74 位。2012 年出
版的中国能源政策白皮书也不回避能源使用效率低下的事实，指出能源
密集型产业技术落后，第二产业特别是高耗能工业能源消耗比重过高，
钢铁、有色、化工、建材四大高耗能行业用能占到全社会用能的 40% 左
右。[②] 即使近年来能源消费结构有所优化，天然气、水电、核电、风能
等清洁能源消费占能源消费总量有所提高：2015 年全国单位 GDP 能耗下
降 5.6%；2016 年全国单位 GDP 能耗下降 5%；[③] 2017 年全国单位 GDP
能耗下降 3.7%；[④] 但严峻的现实提醒我们，无论是国家，还是企业都需
要不断提高认识，加强管理和创新科学技术水平，制定切实可行的能源
发展战略与企业发展规划，在能源使用上进行变革。

第二节　中国能源战略的演变

一、改革开放前中国的能源战略

新中国成立后至改革开放前，中国没有明确的能源战略。这一阶段，
中国能源开发、利用的基本思想是经济发展需要多少能源，就生产多少，

[①] 《去年中国单位 GDP 能源消耗是发达国家 4 倍》，http：//www.chinareform.org.cn/Economy/consume/Practice/2013/08/t20130801_173085.htm。

[②] 中华人民共和国国务院新闻办公室：《中国能源政策白皮书（2012）》，新华社，2012
年 10 月 24 日。

[③] 《2010—2016 年我国单位 GDP 能耗情况》，http：//www.xjdrc.gov.cn/info/11504/
14497.htm。

[④] 《2017 年全国万元 GDP 能耗同比下降 3.7%》，http：//www.xjdrc.gov.cn/info/11061/
23367.htm。

这种完全依靠能源生产供应来发展经济的战略指导思想被称为"开源战略"。[①] 实施"开源战略"的背景既有建国后严峻的经济形势、国家发展的迫切心态和计划经济指令性宏观调控的因素，也有世界石油市场影响的作用。[②] 这种能源开发思路虽然解决了国家建设的燃眉之急，实现了能源的自给自足，但是负面影响也是很明显的。最突出的就是国内生产总值能耗不断攀升，综合能源利用效率很低。这一阶段，中国累计浪费能源 35.5 亿吨标准煤，损失国内生产总值 5.85 万亿元（1980 年价），严重污染了环境。[③] 在能源领域，石油过度开采以及投资失衡且过重等问题日益严重，而由能源引起的运输紧张、环境污染和资源浪费等一系列现象也十分突出，这迫使中国不得不对能源战略进行反思。

二、改革开放后到 20 世纪末中国的能源政策

改革开放以后，中国能源发展面临的国内外形势比较严峻。一方面，落后的能源产业难以满足国家经济改革和发展的需要。1982 年，中国共产党的十二大正式提出了在 20 年内经济翻两番的伟大战略目标。而当时作为国民经济命脉的能源工业发展落后，是国民经济的薄弱环节，"能源动力不足"难以支持经济翻两番战略目标的实现。当时国务院组织多方专家进行论证，到 2000 年中国的能源产量最多只能达到 12 亿吨标准煤，这仅比 1980 年翻一番。另一方面，世界能源形势对中国能源发展不利。20 世纪 70 年代末 80 年代初，国际石油价格受伊朗"伊斯兰革命"和两伊战争的影响大幅上涨并剧烈波动，尽管中国当时还不需要进口石油，但是改革开放的大背景使中国也难以完全置身事外。

为了实现党的十二大制定的战略目标，中国根据实际情况确定了新时期中国能源发展战略的基本思路，即开源与节能并重，节能优先。中

[①] 徐寿波：《改革开放 30 年中国能源发展战略的变革》，载《北京交通大学学报（社会科学版）》，2008 年第 3 期，第 9 页。

[②] 1973 年第一次石油危机以前，西方发达国家也都实行开源战略，由于当时国际油价很低，发达国家基本上是需要多少石油就供应多少石油。

[③] 徐寿波：《改革开放 30 年中国能源发展战略的变革》，载《北京交通大学学报（社会科学版）》，2008 年第 3 期，第 9 页。

国工程院院士徐寿波先生将改革开放后中国的能源战略定义为"综合能源效率战略"，或"广义能源效率战略"。① 这一战略源自于徐寿波先生1979 年提出的"广义节能工程理论"。在其所著的《论广义节能》一书中，徐寿波先生对广义节能做出了详细的阐述和分析。他指出，"广义节能就是在满足相同需要或达到相同目的条件下，既包括直接节能也包括间接节能的完全节能。对于经济领域来说，我们的目的是取得最大的经济效果，因此，广义节能就是在达到相同经济效果的条件下，包括直接节能和间接节能在内的完全节能。广义节能的途径很多，它既包括'软途径'，也包括'硬途径'。所谓'软途径'就是指合理规划设计，合理生产运输，合理分配使用和合理管理制度等等。'软途径'主要依靠智力，故可叫做智力节能办法。所谓'硬途径'就是指改革低效率的设备、工艺、原材料和技术，采用高效率的设备、工艺、原材料、能源和技术等等。广义节能主要包括这样十种节能内容：合理提高能源系统效率的节能；合理节约各种经常性消耗物资（如原材料、日常消耗品等）的节能；合理节省劳务量（如运输周转量等）的节能；合理节约人力和减少人口增长的节能；合理节约机器设备等固定资产和原材料能源等流动资金占用量的节能；合理节约其他能源消耗的节能；合理提高各种产品产量和劳务量的节能；合理提高产品质量和劳务质量的节能；合理降低成本费用（包括工资费用和不包括工资费用两种情况）的节能；合理改变经济结构、产品方向和劳务方向的节能。"② 可见，广义节能理论是一种全新的节能理论，它是包括直接节能和间接节能、技术节能和经济节能在内的全面节能，节能的对象除能源本身以外，还包括所有花费能源代价得来的原材料、自然力、运力、资金、劳力等各种载体。

根据科学的能源发展思想，中国政府采取了一系列的政策措施。如：成立国家能源委员会；组建能源部；③ 运用市场机制调节能源生产和消

---

① 中国没有制定以"广义节能"为题的国家能源发展战略，但是这一理念一直贯穿于我国相关能源政策、法律、法规之中。

② 徐寿波著：《论广义节能》，长沙：湖南人民出版社，1982 年版，第 5 页。

③ 我国于 1980 年成立国家能源委员会，但两年后即被撤销。1988 年组建能源部，1993 年撤销，自此一直到 2005 年再没有一个统一的能源管理部门。

费，放开煤价、进行油价改革和电价改革；改革煤炭体制，重组三大石油公司并建立股份公司，实行电力政企分开；开展能源对外合作，推动能源领域投资多元化；提出"能源开发与节约并重，把节约放在优先位置"的方针，为此先后颁布了《中华人民共和国节约能源法》（1997年）和《中国节能产品认证管理办法》（1999年）等法律法规。

事实证明，实施广义能源效率战略的成效十分明显。据统计，改革开放以后的20年间，中国单位GDP能耗和二氧化碳排放"六五"期间年均降低5.2%，"七五"期间年均降低2.5%，"八五"期间年均降低5.8%。广义能源效率从1978年的682元/吨标准煤提高到1995年的476元/吨标准煤，年均提高4.7%。在施行新的能源战略时期，从1981～1995年的15年间，累计节约能源12.7亿吨标准煤，多创造国内生产总值5.4万亿元（1980年价）。[1] 也正是得益于正确能源战略的实施，中国在从1981～1995年的15年间顺利实现了经济翻两番的战略目标，比原计划提前了5年的时间。这一时期也因此被认为是建国后能源与经济协调发展的最好时期。

表 8 - 1　1981～1995 年中国广义节能分析

广义节能项目	节能量 （万吨标煤）	百分比 （%）	备注
提高能源利用效率	30350	23.9	
提高原材料利用效率	20000	15.7	
提高运力利用效率	3920	3.1	
提高人力利用效率	27420	21.6	
提高财力利用效率	12120	9.5	
提高自然力利用效率 提高规模 提高质量	6500	5.1	由于缺乏资料无法分别粗略估算。
降低物耗成本 调整经济结构	26690	21.0	
合计	127000	100	

资料来源：徐寿波：《改革开放30年中国能源发展战略的变革》，载《北京交通大学学报（社会科学版）》，2008年第3期，第12页。

---

[1] 徐寿波：《中国经贸导刊》，1999年第13期，第28页。

三、21 世纪以来中国的能源战略

21 世纪以来，中国的国民经济建设进入了一个新的时期。2002 年，在中国共产党的十六大上，党中央正式提出了新世纪要全面建设小康社会的宏伟奋斗目标，要求国内生产总值到 2020 年力争比 2000 年翻两番。这对中国能源工业的发展提出了更高的要求。为了推动这一战略目标的实现，中国开始建设并逐步完善能源发展战略。

2001 年 10 月 30 日，中国正式出台了第十个五年计划纲要，其中明确了"十五"期间能源发展的总的指导方针，即"能源建设要发挥资源优势，优化能源结构，提高利用效率，加强环境保护"。具体内容包括：以煤炭为基础能源，提高优质煤比重，推进大型煤矿改造，建设高产高效矿井，开发煤层气资源，加大洁净煤技术研究开发力度，通过示范广泛推广使用；实行油气并举，加快天然气勘探、开发和利用，统筹生产基地、输送管线和用气工程建设，引进国外天然气，提高天然气消费比重；开发燃料酒精等石油替代产品，采取措施节约石油消耗；加强石油资源勘探，合理开发石油资源，努力发展海洋石油；积极利用国外资源，建立海外石油、天然气供应基地，实行石油进口多元化；建立国家石油战略储备，维护国家能源安全。加强城乡电网建设和改造，建设西电东送的北、中、南三条大通道，推进全国联网；进一步调整电源结构，充分利用现有发电能力，积极发展水电、坑口大机组火电，压缩小火电，适度发展核电，鼓励热电联产和综合利用发电。开工建设龙滩、小湾、水布垭、构皮滩、三板溪、公伯峡、瀑布沟等大型水电站，抓紧长江上游溪洛渡或向家坝水电站开发的前期论证工作，在山西、陕西、内蒙古、宁夏、贵州、云南建设大型坑口电站；深化电力体制改革，逐步实行厂网分开、竞价上网，健全合理的电价形成机制。积极发展风能、太阳能、地热等新能源和可再生能源；推广能源节约和综合利用技术。①

① 《中华人民共和国国民经济和社会发展第十个五年计划纲要》，http: // news. xinhuanet. com/zhengfu/2001/10/30/content_82963. htm。

2004 年 6 月 30 日，时任国务院总理温家宝主持召开了国务院常务会议，讨论并原则通过了《能源中长期发展规划纲要（2004～2020）》（草案）。该《纲要》提出了到 2020 年全国能源需求控制在 30 亿吨标准煤以内的目标，同时明确了建设节约型社会的理念和目标。《纲要》认为，解决中国能源问题，必须坚持从国情出发，尊重自然规律和经济规律，借鉴国际经验，走中国特色的能源发展之路。《纲要》还提出了未来国家能源产业建设的主要方向：一是坚持把节约能源放在首位，实行全面、严格的节约能源制度和措施，显著提高能源利用效率；二是大力调整和优化能源结构，坚持以煤炭为主体、电力为中心、油气和新能源全面发展的战略；三是搞好能源发展合理布局，兼顾东部地区和中西部地区、城市和农村经济社会发展的需要，并综合考虑能源生产、运输和消费合理配置，促进能源与交通协调发展；四是充分利用国内外两种资源、两个市场，立足于国内能源的勘探、开发与建设，同时积极参与世界能源资源的合作与开发；五是依靠科技进步和创新。无论是能源开发还是能源节约，都必须重视科技理论创新，广泛采用先进技术，淘汰落后设备、技术和工艺，强化科学管理；六是切实加强环境保护，充分考虑资源约束和环境的承载力，努力减轻能源生产和消费对环境的影响；七是高度重视能源安全，搞好能源供应多元化，加快石油战略储备建设，健全能源安全预警应急体系；八是制定能源发展保障措施，完善能源资源政策和能源开发政策，充分发挥市场机制作用，加大能源投入力度。深化改革，努力形成适应全面建设小康社会和社会主义市场经济发展要求的能源管理体制和能源调控体系。①

随着国际能源安全形势的日益严峻，从第十一个五年规划开始，中国配套专门制定能源发展规划，以指导能源领域的工作。2007 年 4 月，国家发改委制定了《能源发展"十一五"规划》。该规划是"十一五"期间中国能源发展的总体行动纲领，阐明了国家的能源战略，明确了能源发展目标、开发布局、改革方向和节能环保重点。规划指出，"十一

---

① 《能源中长期发展规划纲要（2004～2020）》，http：//www.gov.cn/misc/2005/08/20/content_24916.htm。

五"期间，中国将贯彻落实节约优先、立足国内、多元发展、保护环境，加强国际互利合作的能源战略，努力构筑稳定、经济、清洁的能源体系，以能源的可持续发展支持我国经济社会可持续发展。规划首次将节约能源资源和保护环境列为能源发展的重要内容，明确提出力争 2010年万元 GDP（2005 年价）能耗由 2005 年的 1.22 吨标准煤下降到 0.98吨标准煤左右，年均节能率 4.4%，相应减少排放二氧化硫 840 万吨、二氧化碳（碳计）3.6 亿吨。到 2010 年，重点耗能行业环保状况和主要产品（工作量）单位能耗指标总体达到或接近 21 世纪初国际先进水平，主要耗能设备能源效率达到 20 世纪 90 年代中期国际先进水平，部分汽车、家用电器能源效率达到国际先进水平。[①]

2011 年 3 月，中国颁布了第十二个五年规划纲要。2013 年 1 月 1日，国务院正式出台《能源发展"十二五"规划》。该规划根据对"十二五"时期经济社会发展趋势的总体判断，按照"十二五"规划纲要总体要求，综合考虑安全、资源、环境、技术、经济等因素，明确了至2015 年中国能源发展战略的主要目标是：

第一，能源消费总量与效率。实施能源消费强度和消费总量双控制，能源消费总量 40 亿吨标煤，用电量 6.15 万亿千瓦时，单位国内生产总值能耗比 2010 年下降 16%。能源综合效率提高到 38%，火电供电标准煤耗下降到 323 克/千瓦时，炼油综合加工能耗下降到 63 千克标准油/吨。

第二，能源生产与供应能力。着眼于提高安全保障水平、增强应急调节能力，适度超前部署能源生产与供应能力建设，一次能源供应能力 43 亿吨标准煤，其中国内生产能力 36.6 亿吨标准煤。石油对外依存度控制在61% 以内。

第三，能源结构优化。非化石能源消费比重提高到 11.4%，非化石能源发电装机比重达到 30%。天然气占一次能源消费比重提高到 7.5%，煤炭消费比重降低到 65% 左右。

---

① 《能源发展"十一五"规划》，http://news.xinhuanet.com/fortune/2007/04/11/content_5960916.htm。

第四，国家综合能源基地建设。加快建设山西、鄂尔多斯盆地、内蒙古东部地区、西南地区、新疆五大国家综合能源基地。到 2015 年，五大基地一次能源生产能力达到 26.6 亿吨标准煤，占全国 70% 以上；向外输出 13.7 亿吨标准煤，占全国跨省区输送量的 90%。

第五，生态环境保护。单位国内生产总值二氧化碳排放比 2010 年下降 17%。每千瓦时煤电二氧化硫排放下降到 1.5 克，氮氧化物排放下降到 1.5 克。能源开发利用产生的细颗粒物（PM2.5）排放强度下降 30% 以上。煤炭矿区土地复垦率超过 60%。

第六，城乡居民用能。全面实施新一轮农村电网改造升级，实现城乡各类用电同网同价。行政村通电，无电地区人口全部用上电，天然气使用人口达到 2.5 亿人，能源基本公共服务水平显著提高。

第七，能源体制机制改革。电力、油气等重点领域改革取得新突破，能源价格市场化改革取得新进展，能源财税机制进一步完善，能源法规政策和标准基本健全，初步形成适应能源科学发展需要的行业管理体系。[①]

2016 年 3 月，中国颁布了第十三个五年规划纲要。2016 年 12 月，《"十三五"能源规划》印发并实施，主要阐明能源发展的指导思想、基本原则、发展目标、重点任务和政策措施。该文件是"十三五"期间能源发展的总体蓝图和行动纲领。《规划》综合考虑了安全、资源、环境、技术、经济等因素，确定了至 2020 年能源发展的主要目标，主要包括：

第一，能源消费总量。能源消费总量控制在 50 亿吨标准煤以内，煤炭消费总量控制在 41 亿吨以内。全社会用电量预期为 6.8 万亿千瓦时～7.2 万亿千瓦时。

第二，能源安全保障。能源自给率保持在 80% 以上，增强能源安全战略保障能力，提升能源利用效率，提高能源清洁替代水平。

第三，能源供应能力。保持能源供应稳步增长，国内一次能源生产量约 40 亿吨标准煤，其中煤炭 39 亿吨，原油 2 亿吨，天然气 2200 亿立方米，非化石能源 7.5 亿吨标准煤。发电装机 20 亿千瓦左右。

---

① 《能源发展"十二五"规划》，http://www.gov.cn/zwgk/2013/01/23/content_2318554.htm。

第四，能源消费结构。非化石能源消费比重提高到 15% 以上，天然气消费比重力争达到 10%，煤炭消费比重降低到 58% 以下。发电用煤占煤炭消费比重提高到 55% 以上。

第五，能源系统效率。单位国内生产总值能耗比 2015 年下降 15%，煤电平均供电煤耗下降到每千瓦时 310 克标准煤以下，电网线损率控制在 6.5% 以内。

第六，能源环保低碳。单位国内生产总值二氧化碳排放比 2015 年下降 18%。能源行业环保水平显著提高，燃煤电厂污染物排放显著降低，具备改造条件的煤电机组全部实现超低排放。

第七，能源普遍服务。能源公共服务水平显著提高，实现 15 基本用能服务便利化，城乡居民人均生活用电水平差距显著缩小。①

第三节　中国能源外交与实践

一、中国能源外交的原则、目标与任务

20 世纪 70 年代初，第一次石油危机使能源外交登上西方资本主义国家的外交舞台。相比之下，中国的能源外交真正出现并获得长足发展是改革开放以后的 30 年里，尤其是 20 世纪 90 年代以来。随着 1993 年中国从石油净出口国转变为净进口国，能源进口安全问题被提上政府议事日程，这时候开展对外能源交流与合作变得越来越迫切。进入 21 世纪，中国先后成为一次性能源生产第一大国和能源消费第一大国，能源对外依存度不断攀升，能源外交在整体外交中被提升至前所未有的高度。

"十二五"期间，中国开展能源外交遵循的基本原则是：统筹国内国

---

① 《能源发展"十三五"规划》，http：//www.ndrc.gov.cn/zcfb/zcfbtz/2017/01/W020170117 335278192779.pdf。

际两个大局，大力拓展能源国际合作范围、渠道和方式，提升能源"走出去"和"引进来"水平，推动建立国际能源新秩序，努力实现合作共赢。战略目标是：坚持互利合作、多元发展、协同保障的新能源安全观，积极参与境外能源资源开发，扩大能源对外贸易和技术合作，提升运输、金融等配套保障能力，构建国际合作新格局，共同维护全球能源安全。主要任务是：第一，深入实施"走出去"战略。着眼于增强全球油气供应能力，发挥市场和技术优势，深入开展与能源资源国务实合作；继续加强海外油气资源合作开发；积极推进炼化及储运业务合作；支持优势能源企业参与境外煤炭资源开发，开展境外电力合作；依托境外能源项目合作，带动能源装备及工程服务"走出去"。第二，提升"引进来"水平。坚持引资引智与能源产业发展相结合，优化利用外资结构，引导外资投向能源领域战略性新兴产业，带动先进技术、管理经验和高素质人才的引进。鼓励外资参与内陆复杂油气田、深海油气田风险勘探。在四川、鄂尔多斯等页岩气资源富集盆地选择勘探开发合作区，建设先导性示范工程。鼓励与石油资源国在境内合作建设炼化和储运设施。鼓励开展煤炭安全、高效、绿色开采合作。借鉴国际能源管理先进经验，加强与主要国家和国际机构在战略规划、政策法规和标准、节能提效等方面的交流合作。第三，扩大国际贸易。一是要优化能源贸易结构。以原油为主、成品油为辅，巩固拓展进口来源和渠道，扩大石油贸易规模，增加管输油气进口比例；以稀缺煤种和优质动力煤为主，稳步开展煤炭进口贸易；适度开展跨境电力贸易；优化能源进出口品种。二是要推进能源贸易多元化。鼓励更多有资质的企业参与国际能源贸易，推进贸易主体多元化；综合运用期货贸易、长协贸易、转口贸易、易货贸易等方式，推进贸易方式多元化；积极推进贸易渠道、品种和运输方式多元化。第四，完善国际合作支持体系。鼓励国内保险机构开展"国油国保"和境外人身、财产保险；积极稳妥参与国际能源期货市场交易，合理规避市场风险；积极参与全球能源治理，充分利用国际能源多边和双边合作机制，加强能源安全、节能减排、气候变化、清洁能源开发等方面的交流对话，推动建立公平、合理的全球能源新秩序，协同保障能源安全。[1]

"十三五"期间，中国开展能源外交遵循的基本原则是：革命引领，创新发展；效能为本，协调发展；清洁低碳，绿色发展；立足国内，开放发展；以人为本，共享发展；筑牢底线，安全发展。主要任务是：第一，高效智能，着力优化能源系统。优化能源开发布局；加强电力系统调峰能力建设；实施能源需求响应能力提升工程；实施多能互补集成优化工程；积极推动"互联网＋"智慧能源发展。第二，节约低碳，推动能源消费革命。实施能源消费总量和强度"双控"；开展煤炭消费减量行动；拓展天然气消费市场；实施电能替代工程；开展成品油质量升级专项行动；创新生产生活用能模式。第三，多元发展，推动能源供给革命。着力化解和防范产能过剩；推进非石化能源可持续发展；夯实油气资源供应基础；补齐能源基础设施短板。第四，创新驱动，推动能源技术革命。加强科技创新能力建设；推进重点技术与装备研发；实施科技创新示范工程。第五，公平效能，推动能源体制革命。完善现代能源市场；推进能源价格改革；深化电力体制改革；推进油气体制改革；加强能源治理能力建设。第六，互利共赢，加强能源国际合作。推进能源基础设施互联互通；加大国际技术装备和产能合作；积极参与与全球能源治理。第七，惠民利民，实现能源共享发展。完善居民用能基础设施；精准实施能源扶贫工程；提高能源普遍服务水平；大力发展农村清洁能源。[2]

二、中国能源外交的全球战略布局[3]

世界油气资源分布不均，常规油气资源聚集在以中东为中心，向北延伸至中亚、里海、俄罗斯，向南到南大西洋两侧的地区，非常规油气

---

[1] 《能源发展"十二五"规划》，http://www.gov.cn/zwgk/2013/01/23/content_2318554.htm。

[2] 《能源发展"十三五"规划》，http://www.ndrc.gov.cn/zcfb/zcfbtz/2017/01/W020170117335278192779.pdf。

[3] 有关中东、中亚、里海、俄罗斯的能源外交在其他章节有详尽阐述，此处不再过多赘述。

资源主要聚集在北美和南美北部。作为对外能源依存度近 60%的国家，近年中国能源外交的全球战略布局也是围绕着这些地区展开的。

中东地区。长期以来，中东地区都是中国石油进口的最大来源地。2012 年，在中国前十大原油进口国中，中东国家占了 6 个，分别是沙特阿拉伯、伊朗、阿曼、伊拉克、科威特和阿联酋。从这些国家进口的原油达 13032.3 万吨，占中国进口原油的 48.1%。[①] 而 2016 年、2017 年，在中国前十大原油进口国中，中东国家依旧占据 6 个席位，分别是沙特阿拉伯、伊朗、阿曼、伊拉克、科威特和阿联酋。2016 年从这些国家进口的原油达 18211 万吨，占中国进口原油的 47.8%，2017 年从这些国家进口的原油达 17960.53 万吨，占中国进口原油的 43.4%。[②] 为了保证这一进口渠道的畅通，中国不仅与能源合作伙伴国保持和发展良好的双边关系，而且还促进有关各方通过谈判解决各类地区冲突，促使地区局势降温。近年来，在解决伊朗核危机、阿以和谈、黎巴嫩维和、伊拉克重建、叙利亚冲突等问题上中国都积极展开外交斡旋，在维护地区和平与稳定上发挥出越来越重要的建设性作用。

中亚、里海、俄罗斯。中国能源外交最成功的地区之一当属中亚、里海和俄罗斯。冷战结束后，尤其是随着中国与毗邻的原苏联国家边境问题的解决，中亚里海国家（以哈萨克斯坦、土库曼斯坦为重点）及俄罗斯逐渐成为中国油气进口的重要来源地之一。2012 年，中国从俄罗斯和哈萨克斯坦进口原油共计 3503.4 万吨，占中国进口原油的 12.9%。[③] 2016 年和 2017 年中国从俄罗斯和哈萨克斯坦进口原油共计 5571.31 万吨和 6299.85 万吨，分别占进口原油的 14.6% 和 14.8%。[④] 相对于其他地区而言，该地区不仅油气资源丰富，而且与中国保持着良好的政治关系，经济和中国互补性也很强，加上互为邻国，修建油气管道不受第三方的影响，这些都是推动中国能源外交极为有利的因素。得益于之前打下的坚实基础，未来中

[①] 《2012 年中国十大原油来源国一览》，http：//oil. in－en. com/html/oil－15391539291709355. html。

[②] 《2017 年中国石油进出口状况分析》，http：//www. gyii. cn/m/view. php？aid＝207916。

[③] 《2012 年中国十大原油来源国一览》，http：//oil. in－en. com/html/oil－153915392917 09355. html。

[④] 《2017 年中国石油进出口状况分析》，http：//www. gyii. cn/m/view. php？aid＝207916。

国与中亚里海和俄罗斯开展国际能源合作潜力依然很大。

非洲。中国与非洲有着传统的友好关系，这是近年中国开展对非洲能源外交的有利条件。非洲地质条件相对简单，油品好（如苏丹原油低硫高含蜡，与大庆原油相似），但是勘探和开发程度低，这也有利于中国能源企业的进入。在非洲，中国已与苏丹、乍得、安哥拉和尼日利亚等国建立起稳定的能源合作伙伴关系。尤其是苏丹，自 20 世纪 90 年代中期以来，中石油通过十多年的努力帮助苏丹从无到有，建立了一个崭新的石油工业体系。这些不仅有力地推动了与非洲的国际能源合作进程，也加强了中非之间的传统友谊。目前中国在非洲面临的主要挑战是，随着 2011 年南苏丹的独立及随后爆发的南北苏丹冲突，中国在苏丹和南苏丹的石油权益受到重大打击，直接导致 2012 年中国从苏丹的石油进口锐减。南苏丹独立后，曾一直致力于吸引国际资本进入本国石油产业开发，以期摆脱过分依赖中石油的现状。而这个拥有整个苏丹地区石油探明储量 75% 的新国家内部武装冲突不断，也使石油工业备受打击。①

案例 8 - 1　中石油的苏丹困局

中石油涉足苏丹石油业务，始于 20 世纪 90 年代中期。1995 年，苏丹总统巴希尔访华，提出希望中国公司到苏丹勘探开发石油，帮助苏丹建立自己的石油工业体系。当时，美国雪佛龙等石油巨头在苏丹勘探石油已近 20 年，收效甚微，加上美国制裁和孤立苏丹巴希尔政府，西方石油企业遂全部撤出苏丹。

此后，中石油与苏丹政府达成了一系列石油合作项目，分别于 1995 年、1997 年、2000 年、2005 年和 2007 年获得了 6 区、1/2/4 区、3/7 区、15 区和 13 区的石油勘探开发权。为保证项目的顺利运行，中石油承建了苏丹大部分石油基础设施，其中包括从哈季利季（Heglig）油田经喀土穆至苏丹港的输油管线，这是迄今南、北苏丹唯一的原油出口管道。苏丹港附近可以停靠 30 万吨级油轮的苏阿金（Suakim）输油终端设施，也由中石油投资修建。据业内高层人士透露，中石油在苏丹的总投资超过了 70 亿

① 《进退两难的中石油苏丹困局》，http：//oil. in - en. com/html/oil - 2497128. shtml。

美元，而中国企业在苏丹的投资总额大约超过了 200 亿美元。

在中方支持下，苏丹建立了比较完整的石油工业体系——油田主要在南方，炼油厂、输油管道等下游设施则全部集中在北方。随着 2011 年 7 月 9 日南苏丹的独立，南、北双方就石油利益的分配开始激烈冲突。南苏丹的石油产量占整个原苏丹的 3/4，但由于地处内陆，南苏丹只能依靠北方管道出口石油，导致双方在过境费用问题上争吵不休。苏丹提出南方出口石油的过境费用为每桶 2.333 美元，以抵消南方独立后北方丧失的石油收益；而南方只接受基于国际标准的过境费用条款，即每桶低于 1 美元。

石油收益在两国经济中都占有举足轻重的地位。IMF 有数据显示，石油分别占了苏丹 50% 以上的财政来源和 90% 的出口收入，而在南苏丹财政收入中的比重高达 98%。由于关系巨大，南、北苏丹就石油利益分配先后进行了数轮谈判，谁也不肯让步，一直没有达成协议。2012 年 1 月底，南苏丹决定停止其境内的全部石油生产。

由于中石油是苏丹境内最大的外国投资方，其在苏丹拥有的四大油田区块中的三块（1/2/4 区块、3/7 区块和 6 区块）都处于南苏丹或南北苏丹交界区域，而这三大区块又是苏丹的主力油田，因此苏丹南北分裂及其带来的频繁地区冲突对中石油的原油勘探和生产活动造成巨大冲击，导致 2012 年原油生产大幅下降。

目前，南苏丹正筹划修建从南方通往肯尼亚沿海港口城市拉穆（Lamu）的输油管线，以求在石油问题上南、北"脱钩"。尽管南苏丹政府曾多次要求尽快开展新输油管道的建设，但中石油与马来西亚的合资公司却一直未给予明确表态。外界认为，由于原苏丹 3/4 的石油产量都在南苏丹境内，如果新管道建成，意味着中石油投巨资修建的原有石油管道将被废弃，这使中石油难以权衡。

（资料来源：《中石油苏丹困局》，http://news.ifeng.com/shendu/fhzk/detail_2012/05/16/14567828_0.shtml；《苏丹政府承诺不阻断南苏丹的过境石油出口》，http://news.xinhuanet.com/world/2011/11/30/c_111206957.htm；《中石油苏丹项目积极复产》，http://news.xinhuanet.com/fortune/2012/08/31/c_112921590.htm。）

美洲地区。南北美洲拥有大量包括页岩气、油砂、重油在内的非常规

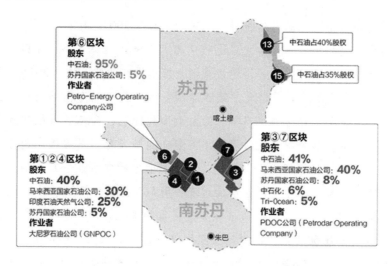

图8-3　中石油在苏丹和南苏丹的油田分布

资料来源：中石油官方网站，http://www.cnpc.com.cn/cn/ywzx/gjyw/Sudan/。

油气资源。近些年，中国积极开展对美洲国家的能源外交，努力推动与委内瑞拉和加拿大等国之间的能源合作，取得了良好的成效。在委内瑞拉。从1997年中石油进入委内瑞拉油气领域开始，中石油先后在该国投资了4个项目。其中，陆湖项目：1997年6月，中石油中标委内瑞拉卡拉高莱斯和英特甘博油田，合称陆湖勘探开发项目。中石油接管后，利用精细开发技术和水平井技术，用了不到3年时间使产量得到大幅提升，被委内瑞拉当地石油公司誉为"中国石油模式"。苏马诺项目：2007年，委内瑞拉总统查韦斯签署总统转移令，将中石油在苏马诺油田从事勘探开发活动的权益转移到与委内瑞拉国家石油公司（PDVSA）合资的苏马诺石油公司。2009年，苏马诺项目通过优化油井措施、加强老井恢复力度和换层作业等，日增产原油1500多桶。MPE3项目：2001年，中石油与委内瑞拉国家石油公司合资成立中委奥里乳化油公司，2006年全面投产。2008年2月，乳化油项目转制为MPE3项目。该项目是中石油在委内瑞拉奥里诺科重油带上的第一个合作项目。胡宁4项目：胡宁4区块也位于委内瑞拉奥里诺科重油带。2006年8月，中石油与委内瑞拉国家石油公司签署联合开发奥里诺科重油带胡宁4区块合资框架协议。2007年，胡宁4启动区块评价。2010年12月1日，中委签订关于胡宁4区块的合资经营协议。在加拿大。

中国对加拿大石油资源的投资可以追溯到1993年，当时中石油获得加拿大北湍宁（North Twining）油田的部分股权，这是中石油在加拿大参与的第一个石油开发项目。之后中加石油开发合作陆续取得了一些实质性成果。据不完全统计，到2011年中石化收购加拿大日光能源公司（Daylight Energy）为止，中国对加拿大油气领域投资近100亿美元。2012年，中海油以151亿美元的巨资收购尼克森公司，将中加能源合作推向新的高度。在阿根廷，2016年，中石油管道局中标阿根廷科尔多瓦省天然气管道项目，该项目是一项惠及全省166个地区700多万民众的大型国际招标项目。本项目由10个区域标段组成，包括长度约2331千米的天然气主干线、支线、光缆系统和181座减压、分离、计量、加臭、清管等输气站场，项目计划工期48个月。中石油管道局与阿根廷伊林集团组成的联营体中标了北部和南部两个地区系统，合同金额约2.8亿美元。①

亚太地区。尽管该地区油气储产量占全球比例低，但是中国的近邻，地缘优势突出，而且也是重要的天然气和液化天然气（LNG）生产供应区，有的国家还是中国能源进口的重要通道，因此也受到中国能源外交的重点关注。该地区的重点国家是印度尼西亚、巴基斯坦、缅甸和澳大利亚。

印尼是中国的第二大煤炭进口来源国，2011年中国从印尼进口煤炭6470万吨，占我国煤炭进口量的36.5%。② 2016年和2017年，中国从印尼进口煤炭7376万吨和10901万吨，占煤炭进口量的37.6%和40.2%。③ 近年，中国与印尼在石油天然气领域的合作也卓有成效。目前仅中海油在印尼就投资有9个合同区，总投资额接近60亿美元。2012年，中国从印尼进口天然气达33亿立方米，占总进口量的8%。④

澳大利亚是仅次于卡塔尔的LNG出口国。进入2010年后，中国对

---

① 《中标阿根廷2.8亿美元大单，中石油管道局挺进美洲市场》，http://jjckb. xinhuanet. com/2016 – 01/25/c_135041346. htm。

② 《印尼计划调整关税 中国煤炭市场将很"受伤"》，http://coal. in – en. com/html/coal – 08190819611358647. html。

③ 《2016年全球煤炭产量、进口和出口排名》，http://www. cwestc. com/newshtml/2017/4/1/453531. shtml。

④ 《2012年中国天然气进口来源国及进口量》，http://www. china5e. com/news/news – 342770 – 1. html。

LNG 的需求增长迅猛，这为中澳 LNG 合作奠定了基础。2011 年 4 月，中石化与澳大利亚太平洋液化天然气有限公司签署液化天然气购销协议，从 2015 年开始，中石化每年从澳大利亚太平洋液化天然气有限公司项目采购 430 万吨液化天然气，为期 20 年。[①] 2017 年，中国从澳大利亚进口液化天然气达 1726.7 万吨，总金额 62.0 亿美元，澳大利亚也成为当前中国最大的液化天然气进口国。2013 年 5 月，中海油宣布与英国天然气集团（BG 集团）签署系列协议，向 BG 集团每年采购 500 万吨、为期 20 年的液化天然气。[②] 2013 年 6 月 7 日，澳大利亚矿业巨头必和必拓与中石油签署股权转让协议，以 16.3 亿美元的价格向中石油出售位于西澳大利亚的布劳斯（Browse）液化天然气（LNG）项目部分股权，占项目总体权益约为 10.2%。[③]

巴基斯坦是中国的传统友好伙伴国家。2010 年 12 月，温家宝总理访问巴基斯坦期间，国家能源局与巴基斯坦石油和自然资源部签署了《关于成立能源工作组的谅解备忘录》，标志着两国能源合作机制的正式建立。2011 年 8 月，随着中巴能源工作组第一次会议在北京成功召开，两国间能源合作机制正式启动。2013 年 5 月，李克强总理访问巴基斯坦期间，与巴基斯坦总理谢里夫就建设从中国新疆喀什至巴基斯坦瓜达尔港的"中巴经济走廊"达成共识，该项目建成，既可以缓解巴基斯坦的能源短缺问题，也可以大大缩短原本需要绕过马六甲海峡的远洋运输行程，极大改善中国海外能源运输环境。近年来，中国与巴基斯坦在清洁能源领域的合作不断深入，随着巴基斯坦风电项目一期二期的完工、卡洛特水电站建设实现截流、科哈拉水电等一批清洁能源领域重点项目务实开展，中巴绿色能源合作已经并将继续给巴基斯坦带去实际利益。[④]

缅甸是中国近年能源外交的最重要方向之一。2009 年 12 月，中石油

---

① 《中石化向澳公司年购 430 万吨 LNG》，http：//news. xinhuanet. com/fortune/2011/04/22/c_121334503. htm。

② 《LNG：中澳能源合作新坐标》，http：//news. cnpc. com. cn/system/2013/05/14/001426841. shtml。

③ 《中石油将以 16.3 亿美元收购必和必拓海上天然气项目权益》，http：//news. xinhuanet. com/fortune/2012/12/12/c_114004905. htm。

④ 《绿色能源：中巴"一带一路"合作的亮色》，http：//silkroad. news. cn/2018/10/29/116638. shtml。

与缅甸能源部签署了关于修建中缅油气管道的协议。该项目包括原油管道和天然气管道，其中原油管道的设计能力为 44 万桶/天（2200 万吨/年），天然气管道的输气能力为 120 亿立方米/年。2010 年 6 月 3 日和 9 月 10 日，中缅油气管道境外和境内段分别正式开工建设，2013 年，中缅油气管道全线贯通。中缅油气管道是中国继中哈原油管道、中土天然气管道、中俄原油管道之后的第四大能源进口通道，可以使原油运输不经过马六甲海峡，从西南地区输送到中国，对保障中国的能源安全具有重要战略意义。

三、中国能源企业"走出去"战略

中国能源企业"走出去"战略是中国能源外交取得的最重要成就之一，是一个伟大的创举。"走出去"战略的提出与实施不仅丰富了能源外交的理论内涵，而且有效地增强了中国对国际能源资源的掌控力，有力地提升了中国应对国际能源市场波动冲击的能力，最大限度地保障了能源安全。

（一）"引进来"战略向"走出去"战略的过渡

改革开放前期（1993 年以前），中国开展国际能源合作的主要方式是"引进来"。其主要特点就是通过开放市场和出口石油换取西方发达国家的资金、相关技术设备，并学习它们的管理经验。这在与日本的能源合作中表现得很明显。1972 年中日恢复邦交正常化之后，中国开始向日本出口石油。① 1978 年 2 月，中日两国签订了长期贸易协议，该协议的主要内容是：中日加强在节能技术和设备以及环保技术和设备方面的合作，中国向日本出口石油和煤炭，日本向中国出口节能和环保技术和设备等。1978 ~ 1985 年中国总共向日本出口近 5000 万吨原油，贸易金

---

① 自 1978 年长期贸易协议签订以来，煤炭和石油一直是中国向日本出口的大宗商品。中国大庆原油出口到日本持续 30 年。1972 年，中国向日本首次出口原油 100 万吨；1973 年 9 月 17 日，大庆原油首次运抵日本。至 2003 年，中国每年对日出口原油约为 300 万 ~ 400 万吨。1999 年 2 月，中国对日原油出口一度中止，2001 年恢复。随后中日双方未能就 2004 ~ 2005 年原油出口数量和价格达成一致，对日原油出口于 2004 年 1 月开始正式停止。2005 年 12 月初，中日两国的长期贸易协议委员会签署了 2006 ~ 2010 年的中日长期贸易协议。本次协议首次未约定从中国出口石油到日本，这意味着从协议上中国终止向日本供应石油。

额约为 200 亿美元。① 可见，能源产品的出口创汇对缓解中国改革开放初期的外汇紧缺状况具有至关重要的意义。通过实施"引进来"战略，中国的能源企业获得了急需的投资贷款，引进了先进的技术和管理经验，兴建了油气生产炼化企业，培养了油气领域专业人才，提高了国际合作水平，这为以后中国能源企业"走出去"战略的实施奠定了坚实的基础。

1993 年 11 月，中国共产党第十四届三中全会讨论了建立社会主义市场经济体制的若干重大问题，提出要"坚定不移地实行对外开放政策，加快对外开放步伐，充分利用国际国内两个市场、两种资源，优化资源配置。积极参与国际竞争与国际经济合作，发挥我国经济的比较优势，发展开放型经济，使国内经济与国际经济实现互接互补。依照我国国情和国际经济活动的一般准则，规范对外经济活动，正确处理对外经济关系，不断提高国际竞争能力。"② 这次会议关于充分利用"两个市场、两种资源"发展经济的理论对于推动中国融入世界主流经济体系具有指导意义。在 2000 年 10 月举行的中国共产党第十五届五中全会通过《中共中央关于制定国民经济和社会发展第十个五年计划的建议》，明确提出实施"走出去"战略。这两次会议所做出的决议为中国开展积极的能源外交，为中国能源企业"走出去"奠定了理论基础。

（二）"走出去"战略的实施

1993 年至今，中国能源企业"走出去"已有 20 余年的历史。根据不同时期"走出去"战略实施的特点，可以大致将其划分为以下三个阶段：

1. 起步阶段（1993～1997 年）

在"走出去"的起步阶段，我国能源企业在海外投资规模不大，主要以小项目运作为主，大多是寻求油田开发项目特别是老油田提高采收

---

① 余建华：《世界能源政治与中国国际能源合作》，长春：长春出版社，2011 年版，第 277 页。

② 《中共中央关于建立社会主义市场经济体制若干问题的决定》，http://www.china.com.cn/chinese/archive/131747.htm。

率项目，也不求高效益，主要目标是熟悉国际环境，积累国际化经营经验。① 1993 年，中石油中标秘鲁塔拉拉 7 区项目，开始走出国门，参与国际油气合作。该项目于 1999 年全部收回投资，成为我国首个成功收回投资的海外油气项目。1994 年，中海油成功收购了印度尼西亚马六甲油田 32.58% 的股权，并成为其最大股权者，中海油由此迈出开拓国际市场和建设跨国石油公司的第一步。此后，我国能源企业先后在秘鲁、加拿大、泰国和巴布亚新几内亚等国参与了多个低风险小项目，尝试了产品分成、许可证和服务合同等多种模式的国际合作。尽管运作这些小项目投资少、风险低、利润也不大，但是通过尝试，我国的能源企业逐渐熟悉了国际市场环境，积累了海外投资实践经验，培养了一批有经验的海外经营人才，为下一步的扩大发展做好了准备。

2. 成长阶段（1997～2007 年）

这一时期，中国能源企业"走出去"战略的主要目标是逐步涉足大中型油气项目，争取获得海外油气项目一定规模的储量和产量，物色和建立海外油气资源战略替补区。② 作为中国能源企业海外投资的先行者，从 1997 年开始，中石油的海外投资逐步向油气资源上游领域——勘探与开发进军。随着苏丹 1/2/4 项目、③ 哈萨克斯坦阿克纠宾项目④和委内瑞拉陆湖三大项目的顺利实施，中石油在北非、中亚和南美取得了战略立足点。2004 年，中哈原油管道开工建设。2005 年，

---

① 周吉平：《中国石油天然气集团公司"走出去"的实践与经验》，载《世界经济研究》，2004 年第 3 期。

② 同上。

③ 苏丹 1/2/4 区项目位于穆格莱德盆地，合同区总面积 4.9 万平方千米。1996 年 11 月，苏丹政府就该项目进行国际招标，中石油获胜，并作为领导公司，与马来西亚、加拿大等国石油公司组成国际联合投资集团，中石油为最大股东，拥有 40% 股份，马来西亚国家石油公司拥有 30% 的股份，加拿大 State 石油公司（后转让给加拿大 Talisman 能源公司）拥有 25% 的股份，苏丹国家石油公司拥有 5% 的干股。经过两年多建设，建成年产近 1000 万吨的大油田，铺设了非洲最长的 1506 千米输油管线。

④ 哈萨克斯坦阿克纠宾项目是中石油在中亚地区第一个海外投资项目。哈萨克斯坦油气资源丰富，但由于历史原因，勘探基础相对薄弱。1997 年中石油从哈萨克斯坦"阿克托别油气公司"购入 60.2% 的股份，后改名为"中石油阿克纠宾油气公司"，2003 年购入哈萨克斯坦拥有的另外 25.12 的股份。中石油发挥技术优势，成功解决了阿克纠宾州肯基亚克盐下油藏钻井难题，将阿克纠宾州不可动用的 2800 多万吨可采储量转变为可高效开发的优质储量。

中石油成功并购哈萨克斯坦 PK 石油公司，实现海外公司并购的突破。2007 年 10 月，中石油再投资 41.8 亿美元收购哈萨克斯坦 PK 石油公司全部股权。这一时期中海油的海外业务扩展也取得突破。2002~2004 年，中海油进行了 6 次、共计 15.53 亿美元的海外收购，对 Repsol 印尼油气田取得了控股地位，此外还收购了澳大利亚的 NWS 天然气项目。2005 年，中海油以 185 亿美元的天价竞购美国优尼科石油公司未果，但此举仍然引发了国际资本市场和世界能源市场的极大震动。2006 年，中海油还出资 22.68 亿美元，以参与产品分成的方式，现金收购尼日利亚深水项目 "OML130" AKPO 油田 45% 工作权益，成功进入非洲市场。与此同时，中石化也开始实施 "走出去" 战略。其最著名的收购案是 2006 年 8 月成功完成收购俄罗斯乌德穆尔特石油公司 96.86% 股权的交易。这笔交易总价值为 35 亿美元，中石化由此获得每年超过 300 万吨的产量，中石化也因此成为第一家进入俄罗斯能源上游市场的中国能源企业。这个阶段，中国三大能源企业通过各种方式、多种渠道向海外扩展，取得了良好的业绩。

3. 跨越发展阶段（2008 年至今）

以 2008 年金融危机为节点，中国能源企业 "走出去" 战略进入跨越发展阶段。经过前两个阶段的发展，中国能源企业的整体投资实力不断增强，海外油气业务运作经验逐渐成熟。这一时期，以中石油、中海油和中石化为代表的能源企业成功不断在中东、北美和拉美取得突破，进而完成了全球布局。相比之前国际能源合作的领域和规模，这一时期无论是在投资目标区域（从传统的北非、中亚和南美转向北美和澳大利亚等地）、合作领域（从上游到下游、从常规到非常规、从陆上到海上）、合作方式（整体并购、战略联盟、参股投资），还是投资规模（单笔并购投资项目金额屡创新高）都表现出跨越式发展的特征。

近年中国能源企业海外投资主要情况如下：

（1）2008 年度。2008 年 10 月，中海油耗资 25 亿美元收购挪威海上钻井公司 AWO。12 月，中石化以 17 亿美元完成加拿大石油公司 Tanganyika Oil 的收购。

（2）2009 年度。2009 年 2 月，中石油以 4.99 亿加元收购加拿大一油气公司在利比亚的石油资产。4月，中石油联合哈萨克斯坦国家石油和天然气公司收购曼格什套石油天然气公司的全部股权。6月，中石油收购英力士位于苏格兰 Grangemouth 的炼油厂。6月，中石油完成收购新加坡石油公司45%股权。7月，中石油和 BP 石油公司联合中标伊拉克鲁迈拉油田服务项目。8月，中石化以72.4亿美元的价格收购总部位于瑞士的 Addax 石油公司。12月，中石油以116.11亿元人民币购买加拿大两项待建油砂项目60%股份。

（3）2010年度。2010年1月，中石油联合道达尔勘探生产伊拉克公司、马来西亚石油公司联合中标伊拉克哈法亚油田服务项目。12月，中石化宣布与美国西方石油公司（OXY）签署确定性协议，以24.5亿美元收购 OXY 阿根廷子公司100%股份及其关联公司。

（4）2011年度。2011年2月，中石化全资子公司国际石油勘探开发有限公司（SIPC）与澳大利亚太平洋液化天然气 APLNG 公司签署股份认购协议，中石化认购 APLNG 公司15%股份，交易价格为17.65元。7月，中海油宣布，其间接全资附属公司——CNOOC Luxembour 签订协议收购加拿大油砂生产商 OPTI Canada Inc，该交易价格约为18.42亿美元，项目总投入达21亿美元。10月，中石化宣布将以21.2亿美元收购加拿大石油和天然气生产商日光能源公司。11月，中石化宣布与葡萄牙 Galp 能源公司签署股权认购协议，出资51.8亿美元，通过认购增发股份和债权的方式，获得 Galp 巴西公司及对应的荷兰服务公司30%的股权。

（5）2012年度。2012年是中国能源企业海外油气并购历史性的一年，全年累计达成并购交易金额340亿美元，创历史最高水平，成为全球石油公司中最大的海外油气资产收购方。这一年并购金额最多的中国能源企业是中海油，其全年并购金额达214亿美元，其次是中石化，并购金额为64.4亿美元，中石油的交易金额为38.8亿美元，是其近几年收购力度最大的一年。①

2012年北美是中国能源企业海外并购最多的地区，占海外并购总金

---

① 《去年中企海外并购达340亿美元 成全球最大油气买家》，载《第一财经日报》，2013年1月31日。

额的比重超过七成，收购的资产主要是非常规项目，包括油砂和页岩气。此外，澳大利亚越来越受到中国公司关注，2012 年中石油、中石化和中海油三大石油企业在澳大利亚均有收购项目，主要是煤层气和 LNG 项目。中国能源企业海外并购金额创纪录的同时，2012 年全球油气上游领域的并购交易金额也创下了历史最高水平。

表 8 - 2　2012 年中国能源企业主要海外收购案例

被收购区块或公司名称	中方收购企业名称	大致桶油成本
必和必 Fast Browse 8.33% 股份，West Browse 20% 权益	中石油国际投资有限公司	估算 2.5 美元/桶
加拿大 Talisman 公司英国子公司 49% 股权	中石化国际石油勘探开发公司	3 美元/桶
尼克森公司	中海油	6.6 美元/桶
道达尔 OML138 区块 20% 权益	中石化国际石油勘探开发公司	24 美元/桶
加拿大能源公司 Duvernay 项目 49.9% 权益	中石油 Phoenix Duvernay Gas 公司	估算 45 美元/桶
Devon 公司 Niobmra、Mississippian、Utica Ohio、UticaMichiga 和 Tuacaloosa 5 个岩油气资产权益1/3	中石化国际石油勘探开发公司	无储量报告，处于三维地震勘探阶段

资料来源：《三桶油 2012 海外收购花 1581 亿 三排行榜揭晓》，http：//finance. china. com. cn/industry/energy/sytrq/20121221/1202198. shtml。

（6）2013 年度。2013 年 2 月，中海油以溢价 61%、折合约 151 亿美元的价格收购加拿大尼克森公司，且中海油承担其 43 亿美元债务。自此，尼克森成为中海油的全资子公司。对尼克森的收购使得中海油在油气上游主要获得了三大权益。在原油领域，由于持有 Buzzard 油田 43.2% 和 Golden Eagle 区块 36.5% 的权益，中海油成为英国北海原油产量第二大的公司；在页岩气领域，中海油持有美国陆上 Eagle Ford 和 Niobrara 两个页岩油气项目中 33.3% 的非作业者权益，并拥有墨西哥湾约 175 个勘探区块；在油砂领域，中海油持有了加拿大三个油砂项目的全部权益，占其总体资源量的 64%。①

（7）2014 年度。2014 年，过去热衷于海外油气并购的中国三大石油公司放慢了步伐，全年新项目并购总额总计不到 30 亿美元，比 2013 年下降近 90%。②

2014 年 6 月，海默科技宣布拟 714 万美元收购位于美国得克萨斯州 Howard 县净面积 5712.56 英亩（约合 23.1 平方千米）的油气区块租约的 100% 工作权益。6 月 26 日，正和股份完成以自筹资金对哈萨克斯坦马腾公司 95% 股份的收购，马腾公司成为公司全资子公司中科荷兰能源控股 95% 的境外子公司，其主要资产是位于哈萨克斯坦滨里海盆地的三个在产油田区块。10 月，复星国际成功控股澳洲油企 Roc Oil Company Limited（ROC）。③

（8）2015 年度。中国企业借国家推动"一带一路"倡议之势，加快海外油气全产业链的合作布局。在中亚俄罗斯地区，中国公司与俄油、俄气签署了包括上、中、下游各领域的多项协议或谅解备忘录；完成了一系列资产收购，其中包括丝路基金收购亚马尔 LNG 项目 9.9% 的股权，中石化收购西布尔炼化公司 10% 的股权，华信公司收购俄远东地区三个油气区块及哈萨克斯坦国家石油国际公司（KMGI）下属企业 51% 的股权。此外，三大石油公司还与阿联酋、越南、印尼等"一带一路"沿线国家签署了多项油气合作协议。④

（9）2016 年度。2016 年，在中天能源收购"青岛中天石油投资有限公司"后，通过中天石油投资及其海外设立的收购平台最终现金收购加拿大油气田公司 Long Run。Long Run 成立于 1999 年，总部位于加拿大，是一家从事石油开采、并购、勘探和生产的油气公司。其拥有的区

---

① 《中海油将整合重组尼克森》，http：//news.cnpc.com.cn/system/2017/11/24/001669803.shtml。

② 《"三桶油"2014 年海外并购额骤降 90%》，http：//companies.caixin.com/2015/01/29/100779531.html。

③ 《中国企业掀海外能源并购热潮》，http：//www.ccin.com.cn/ccin/news/2014/07/29/300803.shtml。

④ 《2015 年油气行业发展概述及 2016 年展望》，http：//news.cnpc.com.cn/system/2016/01/26/001577225.shtml。

块面积高达 1 万多平方千米。中天能源此次的收购可以积极拓展公司上游业务，从而直接增加资源来源的多样性，同时也可增加下游客户，并且还可以有效降低油气资源供应的不确定性及其价格波动带来的风险。通过纵向多元化的手段，中天能源有效保障了公司国内能源供给的安全。[①]

（10）2017 年度。2014 年，中石油在海外的收购活动明显减少，并开始调整发展战略，将经营重心从购买资产转向对已收购资产的优化运营转变，而其海外收购在 2017 年初再次重启。2017 年 2 月，中石油董事长王宜林与阿布扎比国家石油公司（ADNOC，下称阿布扎比石油）CEO 贾比尔签署了 ADCO 陆上油田开发项目购股协议。根据协议，中石油将斥资 18 亿美元收购阿布扎比陆上石油公司 8% 的股权，作为回报，阿布扎比石油将授予中石油 ADCO 油田项目 8% 的权益，合同期 40 年。[②]

总的来看，近年我国能源企业海外并购的步伐越来越快，巨型并购接踵而至，在全球能源市场发挥着越来越重要的作用。

（三）"走出去"战略面临的挑战

挑战一，能否提升国际商务运作能力。中国的能源企业"走出去"仅 20 余年时间，尽管取得了不斐的业绩，但是和国际一流跨国石油企业相比各方面的差距依然很大，其中成熟的国际商务运作能力尤为欠缺。中国能源企业的管理者大多熟谙国内市场的经营和管理，对于如何有效规避国际能源市场的风险，如何与国际大型跨国石油企业打交道，如何盘活花巨资购得的油气资产，都缺乏成熟的理念和规范。此外，跨国企业要发展，人才是关键。中企还需要坚持不懈地培养和锻炼一支具备完善的国际商务知识和国际商务分析与决策能力，熟练掌握现代国际商务实践技能，很高的外语水平和较强的跨文化交流能力的高层次、应用型、复合型和职业型的国际商务人才队伍，这是决定未来我们的能源企业能

---

① 《中天能源曲线并购加拿大油气公司 Long Run》，http：//gas. in － en. com/html/gas － 2443594. shtml。

② 《中石油与阿布扎比国家石油公司扩大油气业务合作》，http：//finance. china. com. cn/roll/20171117/4440812. shtml。

否真正"走出去"的关键因素。

挑战二,能否提高企业持续盈利水平。持续盈利水平是一个跨国企业生存发展的基础。对于中国大型能源企业来说,保证持续盈利水平既是衡量其国际商务运作能力强弱的准绳,也是检验"走出去"战略实施成败的标准之一。也可以说,提高企业的持续盈利水平既是企业发展的自身要求,也是中国大型国企所应该承担的政治使命。正如中石油在苏丹南北分裂后不顾恶劣的大环境坚持与南、北苏丹斡旋一样,这里面既有中石油维护十几年建立起来的企业既得利益的需要,也是协助国家保住非洲能源基地的政治要求。当然,在现在的国际能源合作中,中国企业不能时刻强调国家的因素,因为毕竟海外投资并购主要是一个商业行为。这就需要中国能源企业在实施海外资本运作时,更多地突出商业色彩,以提高企业盈利水平为目标,在实现企业长远发展基础上,保证国家利益的最大化。

四、关于中国能源外交的几点思考

(一) 要制定面向未来的能源发展战略

中国一直缺乏一部立足长远、全面规划、面向未来的能源战略规划。自改革开放以来,中国先后制定了一系列能源政策和法律法规,如从第六个五年计划开始,每个五年计划都十分重视发展能源工业和解决能源问题,"十一五规划""十二五规划"和"十三五规划"更是出台了专门的能源发展规划,其中也包括有关国际能源合作的具体内容。这些能源政策都是中国政府根据国情和社会发展需要适时制定的,对于解决中国能源领域的迫切问题,保证中国的能源安全起到了重要的作用。但是,这些能源政策一般都被置于国家经济总体发展规划之中,缺乏独立性和战略性。与改革开放前期相比,目前中国的能源安全形势已经发生了巨大的变化。近年来,作为世界级的能源进口消费大国,中国的国际能源贸易量和能源企业对外投资额持续猛增,众多大型能源建设项目接踵而来,客观现实因素迫使中国必须加强能源宏观战略规划能力。因此,制定一部时限为 20 ~ 30 年的国家能源发展战略显得尤为必要。

（二）要将能源外交与能源安全问题紧密联系起来

随着经济全球化的深度演进，能源安全也趋向全球化，如今能源安全问题既是一个国内问题，也是一个国际问题。无论是能源进口国，还是能源出口国或者能源过境国，在制定能源外交战略时都不断强化能源安全意识，并将其贯彻到本国的能源外交实施进程当中。对于当下的中国来说，能源安全不仅仅是一个涉及到能源进口安全的笼统概念，而且是一个内容十分广泛的综合概念，它关系到中国上千亿美元的海外油气资产的安全问题，关系到世界各能源产地的能源博弈问题，关系到贯通全球的能源进口通道安全问题，关系到国际地缘政治格局变化的问题。可以说，如何保障能源安全是中国确定能源外交战略取向时面临的巨大挑战。未来，在制定长远的能源外交战略时，中国不仅要将维护国家能源安全作为制定能源外交政策的根本出发点，更重要的是，要使能源外交政策在解决一系列国际能源安全问题时发挥出应有的指导作用。

（三）要正确处理好能源外交中各个层次的关系

每个国家能源外交的侧重点不尽相同，这是由其所处的能源安全环境决定的。由于全球能源市场高度融合，每个国家都不能忽视这个统一市场中的任何一个环节，必须认真处理好与任何一个国家的能源外交关系。中国作为一个世界级能源大国的身份决定了在构建能源外交体系中，需要全面发展与不同利益诉求的组织、地区或国家的能源外交关系。

1. 国际能源组织

在开展对国际能源组织的能源外交时，必须清醒地认识到，无论是对代表产油国利益的欧佩克，还是对代表西方发达国家利益的国际能源署，或者是对近年来在八国集团、联合国、国际能源论坛、欧洲能源宪章等全球和地区多边国际论坛框架下形成的能源对话机制，中国的能源话语权都很弱。这使中国难以通过这些国际能源组织达到有效维护本国能源安全的目的，也不能对现行的全球能源市场规则和运行秩序产生较大的影响。未来中国需要以更加积极的姿态加强与国际能源组织的联系，力争在国际舞台上发挥一定的主导作用。

2. 重要能源产地

中东、中亚里海及俄罗斯、非洲、美洲是全球能源资源最集中的地区。其中，中东一直是中国最主要的能源进口地区。相比其他地区而言，各个利益集团近一个世纪的争夺导致地区局势的长期动荡是中国开展对中东产油国能源外交必须面对的最大挑战，也是中国对中东能源外交难以回避的重大课题。中亚里海国家和俄罗斯是冷战结束后中国能源外交最成功的地区。中国与这一地区的能源合作经历了从无到有、从小到大的历史性转变，先后开辟了东北、西北三条油气管道，未来如何在此基础上进一步丰富能源合作的内涵，并以此为基础推动与这些国家关系的全面发展是各方共同的期待。非洲是中国传统的友好地区。自新中国成立以来，中国通过真诚无私的援助与非洲国家建立起了深厚的友谊，这也成为了近些年来中国与非洲国家能源合作顺利进行的基石。在非洲面临的主要问题是冷战后非洲政治局势的变化导致的外交方向调整，以及国际势力对非洲能源资源的觊觎与渗透，这使中国对非洲能源外交的环境越来越复杂，不确定性越来越多。美洲非常规油气资源丰富，能源相对独立，排他性也较强。未来中国需要在现有基础上加大对美洲，尤其是对加拿大、委内瑞拉、巴西等国的能源外交力度。

3. 主要能源大国

能源大国是全球能源外交的主角。能源大国既包括出口大国，如中东产油国、俄罗斯、加拿大等，也包括进口大国，如日本、欧盟成员国、印度等。无论是能源出口大国还是能源进口大国，它们在世界能源供需格局中都不同程度地拥有某些优势，对全球能源安全形势的变化具有重要的影响力。可以说，这些国家既是国际能源安全的主导性因素，也是全球能源治理的主要参与者。现在和未来，中国要实现确保能源安全的战略目标，并有效参与全球能源治理进程，都需要重视与这些能源大国的关系，并有针对性的开展能源外交。

参考文献

一、中文资料

（一）著作

1. 《能源百科全书》，北京：中国大百科全书出版社，1997年。

2. 《简明大英百科全书》（中文版），台北：台湾中华书局，1989年。

3. 余陶生、刘兴斌、柳新元编著：《马克思主义政治经济学原理》，北京：首都经济贸易大学出版社，2000年。

4. 郑羽、庞昌伟：《俄罗斯能源外交与中俄油气合作》，北京：世界知识出版社，2003年。

5. 曹建华、邵帅主编：《国民经济安全研究：能源安全评价研究》，上海：上海财经大学出版社，2011年。

6. 张学斌著：《经济外交》，北京：北京大学出版社，2003年。

7. 周永生著：《经济外交》，北京：中国青年出版社，2004年。

8. 鲁毅、周启朋等著：《外交学概论》，北京：世界知识出版社，2004年。

9. ［日］辻中丰著，郝玉珍译：《利益集团》，北京：经济日报出版社，1989年。

10. 《普京文集》，北京：中国社会科学出版社，2002年。

11. 托伊·法罗拉、安妮·杰诺娃著，刘显法、王震编，王大锐、王翯译：《国际石油政治》，北京：石油工业出版社，2008年。

12. 董秀成编著：《石油权力与跨国经营》，北京：中国石化出版社，2003年。

13. 中国社会科学院欧洲研究所、中国欧洲学会编：《欧盟的国际危机管理：2006－2007 欧洲发展报告》，北京：中国社会科学出版社，2007 年。

14. ［俄］斯·日兹宁著，强晓云、史亚军、成键等译，徐小杰主审：《国际能源政治与外交》，上海：华东师范大学出版社，2005 年。

15. 国家发展计划委员会编：《能源宪章条约（条约、贸易修正案及相关文件）》，北京：中国电力出版社，2000 年。

16. 安维华、钱雪梅主编：《海湾石油新论》，北京：社会科学文献出版社，2000 年。

17. 《世界经济》（第 2 册），北京：人民出版社，1981 年。

18. 《列宁选集》第 2 卷，北京：人民出版社，1972 年。

19. 左文华、肖宪著：《当代中东国际关系》，北京：世界知识出版社，1999 年。

20. 张士智、赵慧杰著：《美国中东关系史》北京：，中国社会科学出版社，1993 年。

21. ［美］维克托·配罗著：《美国金融帝国》（中译本），北京：世界知识出版社，1958 年。

22. 彭树智著：《二十世纪中东史》，北京：高等教育出版社，2001 年。

23. 国际问题译丛编辑部编：《帝国主义与石油》，北京：世界知识出版社，1958 年。

24. 舒先林著：《美国中东石油战略研究》，北京：石油工业出版社，2010 年。

25. 伊斯拉姆·卡里莫夫著：《临近 21 世纪的乌兹别克斯坦安全的威胁、进步的条件和保障》，北京：国际文化出版公司，1997 年。

26. 季志业主编：《俄罗斯、中亚"油气政治"与中国》，哈尔滨：黑龙江出版社，2008 年。

27. 崔民选主编：《中国能源发展报告（2010）》，北京：社会科学文献出版社，2010 年。

28. 崔民选主编：《中国能源发展报告（2011）》，北京：社会科学文献出版社，2011 年。

29. 崔民选主编：《中国能源发展报告（2012）》，北京：社会科学文献出版社，2012 年。

30. 崔宏伟著：《欧盟能源安全战略研究》，北京：知识产权出版社，2010 年。

31. 刘强著：《伊朗国际战略地位论》，北京：世界知识出版社，2007 年。

32. ［日］日本通商产业省通商产业政策史编纂委员会编，中国日本通商产业政策史编译委员会译：《日本通商产业政策史》（第 16 卷 年表 统计），北京：中国青年出版社，1996 年。

33. 何中顺著：《新时期中国经济外交理论与实践》，北京：时事出版社，2007 年。

34. 许勤华著：《新能源政治：中亚能源与中国》，北京：当代世界出版社，2007 年。

35. 黄嘉敏等著：《欧共体的历程——区域经济一体化之路》，北京：对外贸易教育出版社，1993 年。

36. 徐寿波著：《论广义节能》，长沙：湖南人民出版社，1982 年。

37. 余建华著：《世界能源政治与中国国际能源合作》，长春：长春出版社，2011 年。

38. 黄晓勇主编：《中国的能源安全》，北京：社会科学文献出版社，2014 年。

39. 朴光姬等主编：《"一带一路"建设与东北亚能源安全》，北京：中国社会科学出版社，2017 年。

（二）刊物

1. 《自然资源学报》

2. 《全球科技经济瞭望》

3. 《世界经济》

4. 《现代国际关系》

5. 《石油知识》

6. 《亚非纵横》

7. 《中亚信息》

8. 《俄罗斯中亚东欧市场》

9. 《国际展望》

10. 《外交评论》

11. 《国际石油经济》

12. 《世界经济与政治论坛》

13. 《经济研究导刊》

14. 《地质科技情报》

15. 《国际论坛》

16. 《世界经济研究》

17. 《国际经济合作》

18. 《俄罗斯中亚东欧研究》

19. 《理论参考》

二、外文资料

（一）著作

1. 山本進著：『東京・ワシントン：日本の経済外交』，岩波書店，1961 年版。

2. 渡辺昭夫編：『戦後日本の対外政策：国際関係の変容と日本の役割』，有斐閣，1991 年版。

3. 徐承元著：『日本の経済外交と中国』，慶應義塾大学出版会，2004 年版。

4. 日本経済産業省：「新・国家エネルギー戦略」，2006 年版。

5. 日本経済産業省編：『エネルギー白書』，2010 年版。

6. 日本経済産業省編：『新経済成長戦略』，2006 年版。

7. В. И. Попов, Современная дипломатия – теория и практика. М.：Научная книга，2000г.

8. И. Д. Иванов, Хозяйственные интересы России и ее экономическая дип – ломатия. М.：2001，РОССПЭН – МГИМО.

9. Peter A. G. Van Bergeijk, *Economic Diplomacy and the Geography of International Trade*, Cheltenham: Edward Elgar, 2009.

10. Chae - Jin Lee, *China and Japan: New Economic Diplomacy*, Stanford, Calif.: Hoover Institution Pr., 1984.

11. Под редакцией О. С. Богданова, Краткий внешнеэкономический словарь, М.: Международные отношения, 1984г.

12. Edited by AliM. EL - Agraa, "The European Union: History, Instiution Economic and Politics," Prentice Hall Europe, 1998.

（二）刊物

1. Foreign Affairs

2. Security Dialogue

3. Financial Times

4. Washington Quarterly

5. The National Interest

6. Financial Times

7. Foreign Policy

8. Energy Law Journal

三、主要网站

1. http://www. bp. com.

2. http://www. gov. cn.

3. http://www. china. com. cn.

4. http:// www. people. com. cn.

5. http://www. aspi. org. au.

6. http://www. nea. gov. cn.

7. http:// www. xinhuanet. com.

8. http://www. mofcom. gov. cn.

9. http://www. energy. gov.

10. http：//www. iea. org.

11. http：//www. opec. org.

12. http：//www. in − en. com.

13. http：//www. sinopecnews. com. cn.

14. http：//www. news. cnpc. com. cn.

15. http：//www. chinanews. com.

16. http：//www. cn. reuters. com.

17. http：//www. mofa. go. jp.

18. http：//www. guancha. cn.

19. http：//www1. eere. energy. gov.

20. http：//www. georgewbush − whitehouse. archives. gov.

21. http：//www. eia. gov.

22. http：//www. europa. eu. int.

23. http：//www. kantei. go. jp.

24. http：//www. jogmec. go. jp.

15. http：//www. cpcia. org. cn.

26. http：//www. rieti. go. jp.

27. http：//www. enecho. meti. go. jp.

28. http：//www. minprom. gov. ru.

29. http：//www. minenergo. gov. ru.

30. http：//www. президент. рф.

31. http：//www. minenegergo. gov. ru.

32. http：//www. chinairn. com.

后　记

　　本书是作者 2013 年 12 月出版的《国际能源安全与能源外交》的修订本。

　　本书自出版以来得到了学校和社会的较高评价。该书 2017 年被评为国际关系学院优秀教学成果一等奖，2019 年被评为北京市高校"优质本科教材"。

　　2016 年底，时事出版社告知作者该书已经售罄。同时，鉴于国际能源安全形势已经发生变化，各国能源政策也随之做出了调整，而涉及能源问题的许多数据也都需要更新，这使得修订再版工作势在必行。幸运的是，修订计划得到了国际关系学院的大力支持：2018 年获得了中央高校基本科研基金的科研立项支持（项目号 3262018T34），2020 年又得到了国际关系学院创新团队项目（项目号 3262019T01）的出版资助，这些都是修订本得以最终出版的重要保障。

　　在修订本即将付梓之际，我衷心感谢外交学院硕士研究生陈雪薇、王梦园和北京大学硕士研究生杨舒涵等三位同学为本书数据更新所做的细致工作！感谢时事出版社编辑部同志们的辛勤工作！感谢历届学生们对我授课提出的宝贵意见！

罗英杰

2020 年 5 月于北京市海淀区万寿寺甲 2 号